·本书获闽南师范大学教材建设基金资助

机械制图

王小兰 编著

厦门大学出版社 国家一级出版社
XIAMEN UNIVERSITY PRESS 全国百佳图书出版单位

图书在版编目(CIP)数据

机械制图/王小兰编著.—厦门:厦门大学出版社,2020.12
ISBN 978-7-5615-7991-6

Ⅰ.①机…　Ⅱ.①王…　Ⅲ.①机械制图—高等学校—教材　Ⅳ.①TH126

中国版本图书馆 CIP 数据核字(2020)第 237663 号

出 版 人	郑文礼
责任编辑	李峰伟

出版发行　**厦门大孝出版社**

社　　　址	厦门市软件园二期望海路 39 号
邮政编码	361008
总　　　机	0592-2181111　0592-2181406(传真)
营销中心	0592-2184458　0592-2181365
网　　　址	http://www.xmupress.com
邮　　　箱	xmup@xmupress.com
印　　　刷	厦门兴立通印刷设计有限公司

开本	889 mm×1 194 mm　1/16
印张	17.5
字数	552 千字
版次	2020 年 12 月第 1 版
印次	2020 年 12 月第 1 次印刷
定价	49.00 元

本书如有印装质量问题请直接寄承印厂调换

厦门大学出版社
微信二维码

厦门大学出版社
微博二维码

前　言

随着时代的发展,绘图软件在各行各业中的运用越来越多。为了加强高校相关教材建设工作,以适应新形势下制图原理与 AutoCAD 绘图软件的更深入融合,也为了更有针对性地开展高等院校非机械类各专业(土木工程、化工除外)的基于问题探究式、案例式、项目化的制图课程教学,并把计算机辅助设计(computer aided design,CAD)部分教学重心转移到学生身上,让学生有较强的自学能力和动手能力,本教材根据教育部高等学校工程图学课程教学指导委员会 2015 年制定的《普通高等院校工程图学课程教学基本要求》及实际高校(非机械类)工科专业 4 节/周或少于 4 节/周的教学需要编写而成,其中制图部分增加了课堂提问环节和举一反三练习,CAD 教学采用项目教学法。本教材采用了我国最新颁布的《技术制图》与《机械制图》国家标准及制图有关的其他国家标准。

一、编写背景

作为非机械类工科专业的工程制图,在课时不多的前提下如何精选内容,紧跟国家新标,并充分利用科技时代 CAD 绘图软件来代替大部分的传统手工绘图是亟待解决的问题。而目前相关的机械制图教材针对非机械类专业的较少,为了加强高校相关教材建设工作,以适应新形势下学科大融合和知识的更迭,闽南师范大学出台了很多教材建设相关的管理文件和鼓励政策,本教材就是在这样的背景下组织编写的。

二、教材特色

本教材编写特色如下:

(1)凸显“机械制图”课程立体化教学包的主教材,与之相配套的还有 ACI 助教课件,举一反三课后练习题,吸引学生学习兴趣的贴近生活、丰富多样的 CAD 实体编辑案例,轻松搞定的专业零件绘制等板块,是编者多年来践行“案例设计教材＋矩阵对应教材的制图 CAI 课件＋CAD 理论项目教学＋PBL 的 CAD 上机的混合模式”教学的有力保障。

(2)在教学思路上有较大改变,把制图与 CAD 教学合二为一,由一个老师系统教学,有利于科学、系统、准确地根据授课节数对教材和课件进行取舍。特别是为了应对这次新冠肺炎疫情,依托制图 PPT 录制了对应电气专业 3 学分完整的 32 课时的制图教学视频和 16 课时的 AutoCAD 软件项目教学视频。

(3)制图原理部分紧密结合 PPT 课件,案例翔实多样,针对性强,以理论授课为主,少而精的练习为辅,目的是使学生能正确绘制和阅读比较复杂的机械图样,为非机械工科专业的学生的毕业设计提供足够的投影理论基础。

(4)根据本课程各部分之间的内在联系,本教材制图原理部分的内容主要有制图标准、几何作图、抄绘平面图形、点线面投影、基本体、体的截交线、体的相贯线、组合体、轴测图、机械图样常见表达方法、零件图、形位公差、装配图及常用件和标准件,均以教次(2 课时/次)形式编写,由浅入深,循序渐进,以利于培养学生分析问题和解决问题的能力,也为 CAD 辅助绘图打下专业基础。

(5)AutoCAD 软件绘图部分以项目教学法来编写,分三大块:基本操作、平面图形绘制、实体编辑,以项目教学方式进行,减少了 CAD 软件中命令行输入的绝大部分命令的介绍,取而代之的是快捷工具栏的使用,内容翔实,图例丰富,避免了空洞的说教和枯燥的解说。先浅后深,二维平面绘图和三维实体编辑平分秋色,重在实践,示例鲜明有特色,绘图步骤详细易懂,配图充分、辅以适当文字说明,图文并茂,力求学生能依据教程详解完成自学,上机时实现教与学的主次角色转换。

(6)综合考虑到课时少和 AutoCAD 实体编辑功能的特点,不盲目地追求不适合学生的高级版,也省略了对 CAD 软件中众多命令的详细介绍。AutoCAD 绘制功能选择在 2007 版本 AutoCAD 及以上完成。

(7)把丰富的上机及练习素材汇总成第 11 章,必须掌握常见机械零件的 CAD 绘制,为以后的毕业设计提供有力的专业知识储备,并增加了生活中常见小物件的 CAD 绘制,以开拓学生的创作思路。同时,本教材兼具习题集的功能,可减少学生的用书数量,携带更方便。

(8)为了便于读者查阅和比对,本教材在附录中设置了翔实的图表数据以供参考。

三、教学建议

本教材以总学时为 68 学时设计,其中 12 学时为上机实践课,另外 56 学时为理论课,具体学时分配建议见下表:

制图原理的章次	学 时	制图原理的章次	学 时
绪论及第 1 章 制图的国家标准及几何作图	6	第 6 章 机件图样的画法	2
第 2 章 点线面的投影	6	第 7 章 零件图	4
第 3 章 立体的投影	6	第 8 章 装配图	4
第 4 章 组合体	6	第 9 章 螺纹紧固件及常用件	2
第 5 章 S 轴测图	4		
CAD 案例	学 时	CAD 案例	学 时
10.1 CAD 基本操作练习	2	10.2 的五、二维轴测图绘制及标注	2
10.2 的二、平面图形抄绘及标注	2	10.2 的六、三维线框轴测图绘制及标注	2
10.2 的三、三视图绘制及标注	2	10.2 的七、实体编辑基本操作	2
10.2 的四、零件图绘制及标注	2	10.2 的八、机械零件实体编辑及组装	2

四、教材编写团队

本教材由编者根据多年教学经验编著而成,在这个过程中,得到闽南师范大学物理与信息工程学院分管教学的学院领导张华林教授的大力支持和鼓励,得到电气工程系主任刘金海老师的重视,并邀请本系李细荣老师审稿,提出了许多宝贵意见。定稿后得到学院领导陈添丁教授的推荐,在此谨向他们表示最真挚的谢意。

本教材在编写过程中查阅了大量的相关书籍及部分国家相关标准资料,在此对原著者表示诚挚的谢意。

由于编者水平有限,书中难免有疏漏或不妥之处,欢迎读者批评指正。

另外,本教材的数字资源请扫下面的二维码:

编著者

2020 年 8 月

目　录

绪　论

0.1　课程的研究对象

在工程中,根据国家标准和有关规定,应用正投影理论准确地表达物体的形状、大小及其技术要求的图纸,称为图样。

那么,什么叫工程图样?什么叫机械图样?

工程图样:工程技术上根据投影方法并遵照国家标准的规定绘制成的用于工程施工或产品制造等用途的图,简称图样。

机械图样:机械制造业所使用的图样。

图样是工程技术人员借以表达和交流技术思想不可缺少的工程语言,在表达设计思想,描绘物体形状、大小、精度等性质方面,具有语言和文字无法比拟的形象、直观之优势。图样是产品设计与制造过程中不可缺少的技术资料,从构思草图、设计图到装配图、零件图、加工工序图等各个阶段都离不开图样。

0.2　课程性质

"机械制图"是一门绘制、阅读和研究机械图样的理论和方法的基础技术课程,是每一个从事机械行业和相关专业的工程技术人员都必须掌握的技能。所以,"机械制图"是工科类的一门既有系统理论,又有较强实践的专业基础课程。

机械图的重要性:在机械工业企业中,设计和技术人员要绘制机械图,以表达产品的设计意图;加工人员要读懂机械图,根据机械图加工、装配和检验产品。交流和引进技术,也必须先交流和引进图纸。一个机械工人如果不识机械图,那等于不懂"行话",工作起来将困难重重,漏洞百出,给企业、给自己带来严重的经济损失。识读机械图是现代机械工业及相关专业的入门知识。

0.3　学习方法

(1)理论联系实际。

(2)具体到抽象、抽象到具体自由转换。

(3)正确、熟练地使用绘图仪及绘图软件。

(4)认真听课,加强练习。

0.4　学习任务

(1)掌握正投影的基本理论、图样表达方法的基本要求和国家标准中有关制图的规定。

(2)能够绘制和看懂简单的零件图和装配图。所绘制的图样应做到:投影正确、视图选择和配置合理、尺寸齐全、字体工整、图面整洁且符合标准规定。

（3）培养空间想象能力和空间分析能力。

（4）能够正确使用绘图仪器和工具，掌握用绘图仪器和徒手作图的能力。

（5）学会用计算机绘图软件绘制二维图形的基本方法，且具有一定的实体编辑能力。

（6）培养认真细致的工作作风和严格遵守国家标准规定的品质。

第1章 制图的国家标准及几何作图

本章内容主要是国家标准的一些基本规定,只对重点内容加以讲解,部分内容自学后加强练习。

图样作为"工程界的共同技术语言",必须有统一的规定才能用来交流技术思想,顺利地组织工程产品的生产和其他相关工作。为此,我国制定并实施《技术制图》与《机械制图》国家标准,从图纸、格式、图线、字体,到图样中每项内容的表示方法和方式等都做了明确的规定。《技术制图》国家标准是工程界各专业制图统一的通则性基本规定,而《机械制图》国家标准是为了适应机械领域自身特点,在选用技术制图国家标准的若干基本规定,或在不违背技术制图标准规定的前提下做出一些必要的具体补充。每一个工程技术人员都必须以严肃认真的态度遵守国家标准规定。

本章主要介绍制图有关图纸幅面、格式、比例、字体、图线、尺寸标注等新的国家标准,以及基本的几何作图方法和平面图形抄绘。

1.1 《国家制图标准》的基本规定

一、图纸幅面和格式（摘自 GB/T 14689—2008）

1. 机械制图图幅区域的划分

机械制图图幅区域的划分如图 1-1 所示。

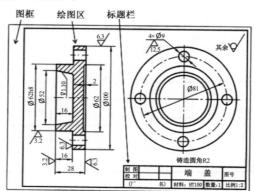

图 1-1　图幅区域的划分

2. 图纸幅面和格式

(1)图纸幅面。A4:210 mm×297 mm。A3:297 mm×420 mm。A2:420 mm×594 mm。A1:594 mm×841 mm。A0:841 mm×1 189 mm。

(2)图框格式(图 1-2)。

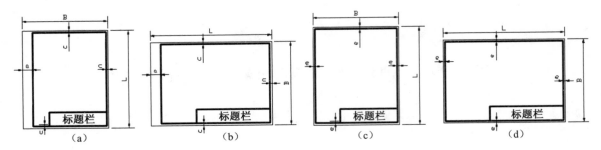

图 1-2　图框格式

注：(a)(b)为留有装订边的，(c)(d)为不留有装订边的；(a)(c)为竖放格式，(b)(d)为横放格式

(3)图幅及图框尺寸(表 1-1)。

表 1-1　基本幅面尺寸及图框尺寸　　　　　　　　　　　单位：mm

幅面代号	A0	A1	A2	A3	A4
$B \times L$	841×1 189	594×841	420×594	297×420	210×297
e	20			10	
c	10			5	
a	25				

3. 标题栏

标题栏是由名称、代号区、签字区、更改区和其他区域组成的栏目。标题栏的基本要求、内容、尺寸和格式在国家标准 GB/T 10609.1—1989《技术制图　标题栏》中有详细规定。标题栏规定放在图框右下方。它一般有两种常用格式，生产用的标题栏如图 1-3 所示。

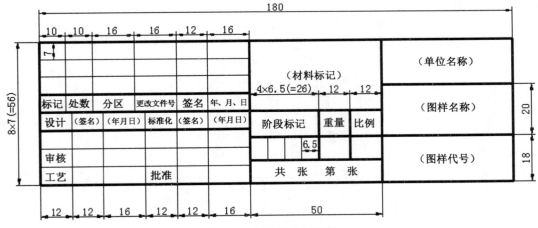

图 1-3　生产用的标题栏

二、比例、字体、图线

比例、字体、图线相关内容见表 1-2。

表 1-2　比例、字体、图线相关内容

比例	是指图形与其实物相应要素的线性尺寸之比	原值比例：如 1：1	GB/T 14690—1993
		放大比例：如 2：1	
		缩小比例：如 1：2	

字体	汉字应写成长仿宋体,字母和数字可写成直体或斜体	汉字高不小于 3.5 mm。要求:字体工整、笔画清楚、间隔均匀、排列整齐	GB/T 14691—1993
图线	图线分粗、细两种,粗线宽 d 可在 0.5～2.0 mm 之间选择,细线宽为 $d/2$	六种常用图线: 1. 粗实线:—— 2. 细实线:—— 3. 波浪线:〜〜 4. 虚 线:------ 5. 细点划线:-·-·-·- 6. 双点划线:-··-··-	GB/T 4457.4—2002

1. 比例(摘自 GB/T 14690—1993)

比例分缩小、原值、放大三种,尺寸标注只标实物大小尺寸,与比例无关。图 1-4 所示为用不同比例画出的图形。比例系列见表 1-3。

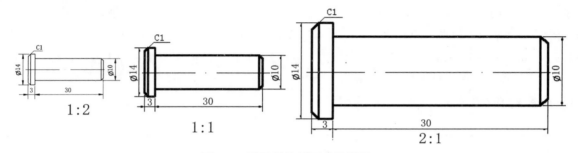

图 1-4　用不同比例画出的图形

表 1-3　比例系列

种　类	优先选择系列	允许选择系列
原值比例	1:1	—
放大比例	5:1　2:1	4:1　2.5:1
缩小比例	1:2　1:5　1:10 1:2×10ⁿ　1:5×10ⁿ　1:10×10ⁿ	1:1.5　1:2.5　1:3　1:4　1:6 1:1.5×10ⁿ　1:2.5×10ⁿ　1:3×10ⁿ 1:4×10ⁿ　1:6×10ⁿ

注:n 为正整数。

2. 字体(摘自 GB/T 14691—1993)

技术图样及有关技术文件中字体的基本要求:①书写字体必须做到:字体工整、笔画清楚、间隔均匀、排列整齐。②字体高度(用 h 表示)的公称尺寸系列为:1.8 mm、2.5 mm、3.5 mm、5 mm、7 mm、10 mm、14 mm、20 mm(公比为 $\sqrt{2}:1$)。

(1)汉字:应采用长仿宋体字,高度不应小于 3.5 mm,字号视图样大小而定。同一图样上,只允许采用一种形式的字体。常用字体示例如图 1-5 所示。

图样汉字采用 长 仿 宋 体 字

图 1-5　长仿宋体字示例

(2)数字和字母:可以写成直体或斜体,斜体字字头向右倾斜,与水平基准线成75°,如图1-6所示。

0 1 2 3 4 5 6 7 8 9

0 1 2 3 4 5 6 7 8 9

A B C D E F G H I J K L M N

A B C D E F G H I J K L M N

图 1-6 数字和字母示例

(3)应用:应用示例如图1-7所示。

$$10^3 \qquad \varnothing 20^{+0.010}_{-0.023} \qquad D_1 \qquad T_d$$

图 1-7 应用字示例

3. 图线(GB/T 17450—1998;GB/T 4457.4—2002)

图线是图样中所采用的各种形式的线。国家标准规定图线的基本线型有15种,所有线型的图线宽度(d)应按图样的类型、图的大小和复杂程度在数系0.13 mm、0.18 mm、0.25 mm、0.35 mm、0.5 mm、0.7 mm、1 mm、1.4 mm、2 mm中选取,此数系的公比为$\sqrt{2}:1$。机械图样中的图线按线宽分为粗线和细线两种,宽度比为2:1,手绘图样粗线宽度一般以0.7 mm为宜。

(1)基本线型(表1-4)。

表 1-4 基本线型

图线名称	图线形式	线 宽	一般应用
粗实线	——————	b	可见轮廓线、剖切符号用线
细实线	——————	约$b/2$	尺寸线及尺寸界线、剖面线、重合断面的轮廓线、指引线、辅助线等
波浪线(细)	～～～	约$b/2$	断裂处的边界线、视图与剖视图的分界线等
双折线(细)	—／＼／—	约$b/2$	断裂处的边界线
细虚线	— — — —	约$b/2$	不可见轮廓线
粗虚线	▬ ▬ ▬ ▬	b	允许表面处理的表示线
细点画线	— · — · —	约$b/2$	轴线、对称中心线、剖切线等
细双点画线	— · · — · · —	约$b/2$	相邻辅助零件的轮廓线、可动零件极限位置的轮廓线、轨迹线、中断线等

(2)线宽:机械图样中的线宽是指线的宽度,用b表示,主要有细线和粗线,细线线宽约为1/2b。

常用的线宽有0.13 mm、0.18 mm、0.2 mm、0.25 mm、0.3 mm、0.35 mm、0.4 mm、0.45 mm、0.5 mm、0.7 mm、1 mm、1.4 mm、2 mm等。

在CAD绘图中,A0至A1中可取$b=0.5$ mm或1 mm;A2至A4可取$b=0.3$ mm或0.5 mm。

注意:同一张图纸中粗线线宽要相等,细线线宽也要相等,且细线线宽约为粗线线宽的1/2。

图线画法注意事项:

①同一图样中同类图线线宽应基本一致。细虚线、细点画线及细双点画线的线段长和间隔应各自相同。

②绘制圆的对称中心轴线时,圆心应为长画线的交点,且超出图形的轮廓线3~5 mm。

③虚线与虚线相交或与其他线相交,应在画线处相交,虚线与实线相交则应不留空隙。

④在较小的图形上绘制点画线和双点画线有困难时,可用细实线代替。

图线的应用示例如图 1-8 所示。图线画法如图 1-9 所示。

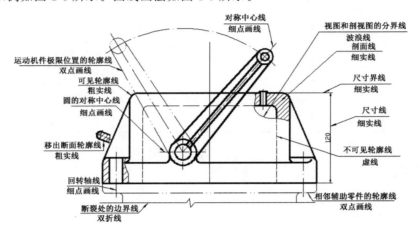

图 1-8　图线的应用示例

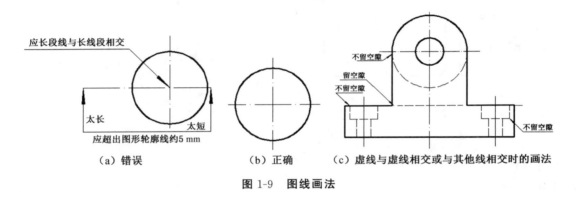

（a）错误　　　　　　（b）正确　　　（c）虚线与虚线相交或与其他线相交时的画法

图 1-9　图线画法

1.2　尺寸标注

图样上的尺寸主要是线性尺寸和角度尺寸,还有弧长尺寸。线性尺寸是指物体某两个点间的距离,如物体的长、宽、高、直径、半径等;角度尺寸是指两相交线或相交两平面所形成的夹角。

一、《技术制图》尺寸标注的基本规定

(1)尺寸数值为机件的真实大小,与绘图比例及绘图的准确度无关。

(2)图样中的尺寸,以毫米为单位,如采用其他单位时,则必须注明单位名称。

(3)图中所注尺寸为零件完工后的尺寸,否则应另加说明。

(4)每个尺寸一般只标注一次,并应标注在最能清晰地反映该结构特征的视图上。

(5)标注尺寸时,应尽量使用符号和缩写词。

二、尺寸标注中常用符号和缩写词

尺寸标注中常用符号和缩写词见表 1-5。

表 1-5　尺寸标注中常用符号和缩写词

名　称	符号或缩写词	名　称	符号或缩写词	名　称	符号或缩写词
直径	∅	均布	EQS	埋头孔	∨
半径	R	正方形	□	深度	⊤
圆球直径	S∅	45°倒角	C	沉孔或锪平	⊔
圆球半径	SR	厚度	t		

三、尺寸组成

尺寸组成如图 1-10 所示。

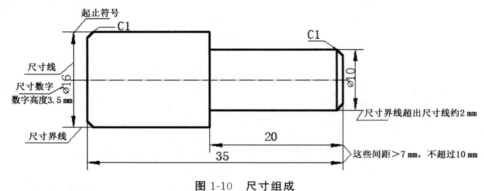

图 1-10　尺寸组成

1. 尺寸界线

尺寸界线为细实线,并应由轮廓线、轴线或对称中心线引出,也可利用轮廓线、轴线或对称中心线作为尺寸界线。

2. 尺寸线

(1)尺寸线为细实线,一端或两端带有终端(箭头或斜线)符号,如图 1-11 所示。

(2)尺寸线不能用其他图线代替,也不得与其他图线重合或画在其延长线上。

(3)标注线性尺寸时,尺寸线必须与所标注线段平行。

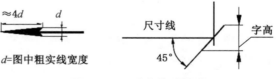

图 1-11　尺寸线终端符号

3. 尺寸数字

(1)一般应注在尺寸线的上方,也可注在尺寸线的中断处。

(2)尺寸数字应按国标要求书写,并且水平方向字头向上,垂直方向字头向左,字高 3.5 mm,如"89":⊡ 应为 ⊡, ⊡ 应为 ⊡。

(3)线性尺寸数字的方向,一般应按图 1-12 所示方向标注书写,并尽可能避免在图示 30°范围内标注尺寸,无法避免时应引出标注。

(4)尺寸数字不可被任何图线所通过,否则必须将该图线断开,如图 1-13 所示。

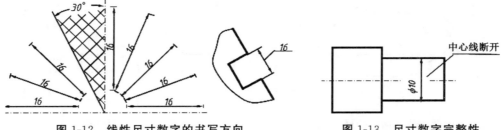

图 1-12　线性尺寸数字的书写方向　　　　　**图 1-13　尺寸数字完整性**

四、特殊尺寸的标注

1. 角度尺寸

(1)尺寸界线沿径向引出,尺寸线应画成圆弧,其圆心是该角的顶点。

(2)角度数字一律水平写,通常写在尺寸线的中断处,必要时允许写在尺寸线的外面,或引出标注,如图 1-14 所示。

2. 直径尺寸

(1)标注直径尺寸时,应在尺寸数字前加注符号"∅",如图 1-15 所示。

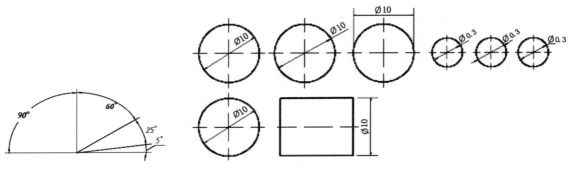

图 1-14　角度数字水平书写　　　　　**图 1-15　直径的标注**

(2)直径尺寸可以标注在非圆视图上。

(3)标注球面直径时,应在符号"∅"前加注符号"S"。

3. 半径尺寸

(1)标注半径尺寸时,应在尺寸数字前加注符号"R",如图 1-16 所示。

(2)半径尺寸应标注在圆弧的视图上。

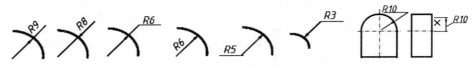

图 1-16　半径的标注

(3)标注球面半径时,应在符号"R"前加注符号"S"。

(4)当圆弧半径过大或在图纸范围内无法注出圆心位置时的标注方法,如图 1-17 所示。

4. 狭小部位尺寸的标注

狭小部位尺寸的标注方法如图 1-18 所示。

5. 均布的孔的标注

(1)沿直线均布(图 1-19)。

(2)沿圆周均布(图 1-20)。

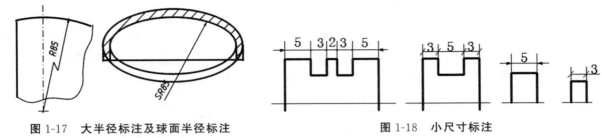

图 1-17　大半径标注及球面半径标注　　　　　图 1-18　小尺寸标注

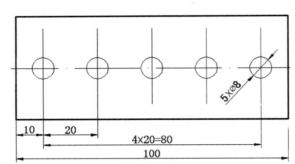

图 1-19　沿直线均布的孔的尺寸标注

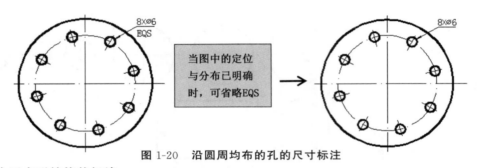

当图中的定位与分布已明确时，可省略EQS

图 1-20　沿圆周均布的孔的尺寸标注

6. 断面为正方形结构的标注

断面为正方形结构的标注如图 1-21 所示。

7. 均匀厚度板状零件的标注

均匀厚度板状零件的标注如图 1-22 所示，不必另画视图表示厚度。

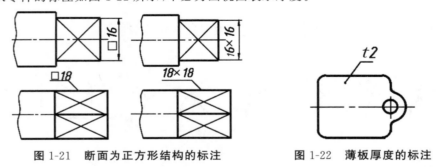

图 1-21　断面为正方形结构的标注　　　　　图 1-22　薄板厚度的标注

1.3　尺规几何作图

一、绘图板和丁字尺、三角板

在手工绘图工具中，图板是支撑和固定图纸的，要求板面平整光滑，4 个侧面垂直于上下面，尤其是板的左侧面是丁字尺的导面应平直。

丁字尺由尺头和尺身组成,是绘制长的水平线以及与三角板配合绘制特殊角度直线的工具,故要求尺头和尺身垂直,且尺身应笔直。丁字尺早先由木板制成,现在大多用有机玻璃制作而成,故不用时应垂直悬挂,以免尺身弯曲或折断。

三角板一般要配一副,包括 45° 和 30° 的直角三角板各一块。三角板主要用于配合丁字尺画垂直线及与 15° 成倍数的特殊角度的斜线;也可利用两块三角板的配合来绘制任意已知直线的平行线或垂直线。

相应的绘图示意如图 1-23 至图 1-25 所示。

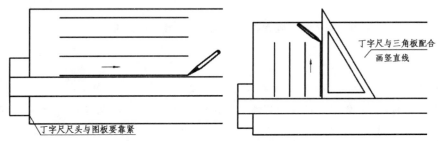

图 1-23　用丁字尺画水平线和竖直线

图 1-24　用丁字尺、三角板画特殊角度的直线

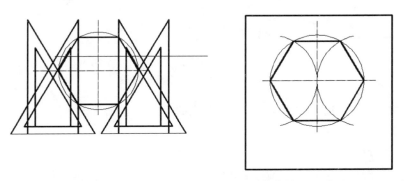

图 1-25　绘图板和丁字尺、三角板配合画的内接正六边形

二、铅　笔

绘图铅笔笔芯有 B 系列和 H 系列,B 前面的数字越大笔芯越软,H 前面的数字越大则笔芯越硬。常用软硬适中的 HB 绘制底稿,再用 B 或 2B 加深成稿。铅笔的削法如图 1-26 所示。

图 1-26　圆规中的铅芯和铅笔中的铅芯

三、圆规和分规

圆规一只脚是装钢针的,另一只脚是装铅笔芯的,用于绘制圆和圆弧,画圆时应均匀地沿顺时针方向画,钢针应保证垂直于纸面;分规两只脚均为钢针,用于精确地量取线段,如图 1-27 所示。

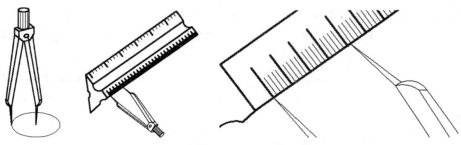

图 1-27　画圆弧的圆规和量取线段的分规

四、几何作图

在绘制机件的图样时,经常会遇到正多边形、圆弧连接、非圆曲线以及锥度和斜度等几何作图问题,现将其中常用的作图方法介绍如下。

1. 直线作图

(1)射线法任意等分线段。

[例 1-1]　已知线段 AB,把 AB 三等分。

步骤:①以 A 为起点,画一条任意直线,用分规以适当长从 A 点所作的辅助直线上量取三段长,等分点分别为 1、2、3。

②连接 $3B$,拿一块三角板的斜边紧靠着 $3B$ 线,并拿另一块三角板的一边紧贴着第一块三角板的直角边,按住第二块三角板,把第一块三角板向左下角推移,直至斜边经过 2 点,用铅笔画出斜边与 AB 线的交点,得 1_1 等分点,同理可得 2_2 等分点,如图 1-28 所示。

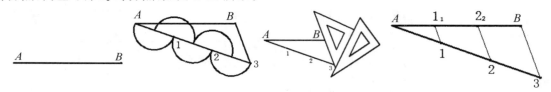

图 1-28　射线法三等分线段

举一反三课堂提问环节:过已知点 K 作已知直线的垂线。看图 1-29 回答,怎么作?(温馨提示:$30°+60°+90°=180°$)

(2)中垂线法二等分线段。

[例 1-2]　用中垂线法把已知线段 AB 二等分。

步骤:①分别以 A、B 为圆心,以相等长度(大于 $1/2AB$ 长)为半径 r 作圆弧,两弧相交于 AB 线上下方各一点 C、D。

②连接这两个交点,即为已知线段 AB 的中垂线 CD,中垂线与 AB 交点 E 则为线段 AB 的二等分点,如图 1-30 所示。

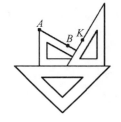

图 1-29　过已知点 K 作已知直线的垂线

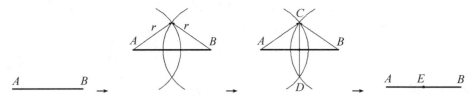

图 1-30　用中垂线法把已知线段 AB 二等分

2. 等分圆周

复习环节:看图说话,初高中知识点,尺规作圆的内接正六边形和正五边形的方法。

(1)用圆规作圆的内接正六边形：分别以已知圆的水平直径两端点 A、B 为圆心，以已知圆的半径为半径作出圆弧，交已知圆弧于 1 点、2 点、3 点、4 点，包括 A、B 两点，共 6 点，依次连接这 6 点，加粗，即为已知圆的内接正六边形，如图 1-31 所示。

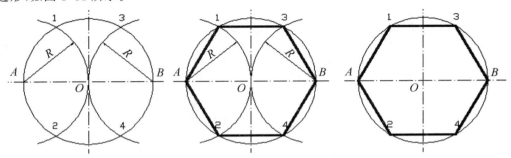

图 1-31　用圆规作圆的内接正六边形

(2)用 60°三角板和丁字尺作已知圆的内接正六边形：取丁字尺，放置在尺身与已知圆水平轴线平行的地方；另取一个 60°的三角板，60°的直角边紧贴着尺身，并用左手按住丁字尺，右手轻轻地推动三角板，当三角板斜边恰好经过 B 点时，用铅笔紧贴着斜边画线，与已知圆相交于 4 点；继续推动三角板，当三角板的直角边经过 4 点时，紧贴着尺身画垂直线，与已知圆相交于 3 点；把三角板翻转 180°，60°的直角边紧贴着尺身，并左手按住丁字尺，右手轻轻地推动三角板，当三角板斜边恰好经过 A 点时，用铅笔紧贴着斜边画线，与已知圆相交于 2 点；继续推动三角板，当三角板的直角边经过 2 点时，紧贴着尺身画垂直线，与已知圆相交于 1 点；依次连接这 6 点，加粗，即为已知圆的内接正六边形，如图 1-32 所示。

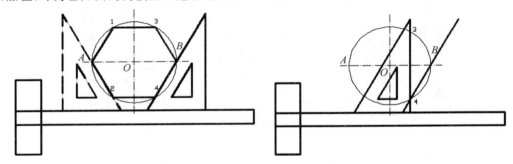

图 1-32　用 60°三角板和丁字尺作已知圆的内接正六边形

(3)用圆规作已知圆的内接正五边形。

步骤：①分别以 O 和 B 为圆心，以相同的值且大于 $1/2OB$ 为半径作弧，相交于两点；连接交点得到 OB 的中垂线，与 OB 相交于垂足，也是 OB 的二等分点 E。

②以 E 为圆心，EC 为半径画弧，交 AO 于 F 点。

③以 C 为圆心，CF 为半径作圆，交已知圆于 1 点和 4 点。

④分别以 1 点、4 点为圆心，$1C$ 长为半径作弧，交已知圆于 2 点和 3 点。

⑤依次连接 $C1234C$，加粗，即为已知圆的内接正五边形，如图 1-33 所示。

(4)用三角板作已知圆的内接正四边形。

步骤：①取一块 30°的三角板，使之斜边与已知圆的水平轴线平行，另取一块 45°的三角板，使之直角边紧贴着 30°的三角板的斜边，按住 30°的三角板不动，水平推动 45°的三角板至斜边经过已知圆的圆心，紧贴着斜边画 45°线，与已知圆弧相交于 2 点、3 点。

②翻转 45°的三角板 180°，同理可绘制另一条 45°线，与已知圆弧相交于 1 点、4 点。

③依次连接 12341，加粗，即可得已知圆的内接正四边形，如图 1-34 所示。

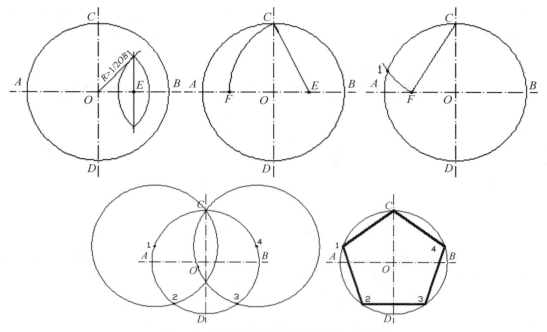

图 1-33　用圆规作已知圆的内接正五边形

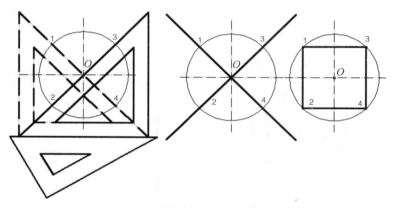

图 1-34　用三角板作已知圆的内接正四边形

（5）射线法作圆的任意内接正多边形。

［例 1-3］　已知圆 O，作其内接正七边形。

步骤：①以圆 O 直径的某一端点（如 A 点）为起点，画一条射线。

②在射线上取七等分，把最后一点与圆 O 的竖直直径的另一端点 B 连接起来。

③过射线上的各分点作上一步连线的平行线，分别与 AB 相交于 1 点、2 点、3 点、4 点、5 点、6 点。

④以 B 为圆心，AB 长为半径作弧，交水平轴线于 M、N 点。

⑤连接 $M1$，交圆 O 于一点，即为等分点之一，依次连接 $M3$、$M5$，并延长与圆 O 相交，得另两个等分点。

⑥分别作各等分点关于 AB 对称的点，即为另外的七等分点之一。

⑦用粗实线依次连接包括 B 点的各等分点，即可得到圆的内接正七边形，如图 1-35 所示。

举一反三课堂提问环节：认真比较图 1-35 和图 1-36 两张图，想一想，有什么区别？能总结出什么规律？

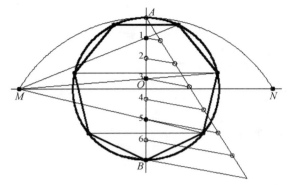

图 1-35　射线法作圆的内接正七边形 1

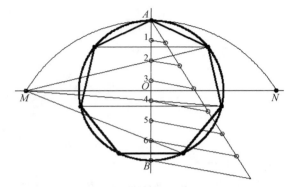

图 1-36　射线法作圆的内接正七边形 2

3. 四心圆弧法作椭圆

[例 1-4]　已知椭圆的长轴 AB 和短轴 CD，求作椭圆。

步骤：①连接长轴和短轴的一个端点，如 AC。

②以 O 为圆心，OA 长为半径，作弧交短轴于 A_1 点。

③以 C 为圆心，CA_1 长为半径作弧，交 AC 于 M 点。

④作 AM 的中垂线，交短轴于 O_3 点，交长轴于 O_1 点。

⑤作 O_3 关于 O 的对称点 O_4，作 O_1 关于 O 的对称点 O_2。

⑥连接椭圆的 4 段弧的各自圆心 O_1O_3、O_1O_4、O_2O_3、O_2O_4。

⑦分别以 O_1 为圆心、O_1C 为半径，得椭圆的第一段长弧；以 O_2 为圆心、O_2D 为半径，得椭圆的第二段长弧；以 O_3 为圆心、O_3A 为半径，得椭圆的第一段短弧；以 O_4 为圆心、O_4B 为半径，得椭圆的第二段短弧；各弧以它们的圆心连线为分界线，4 段弧两两对称，组成光滑的椭圆。

⑧整理成图：擦除辅助线，加粗 4 段弧。

作图过程如图 1-37 所示。

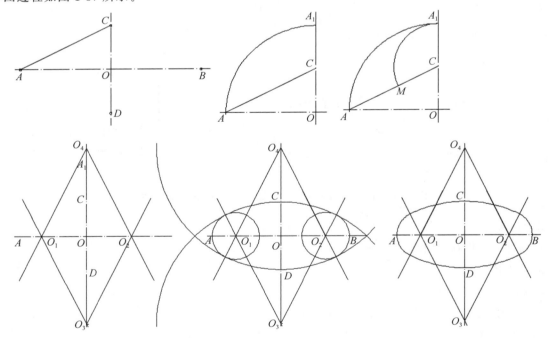

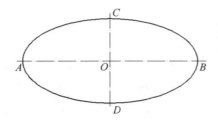

图 1-37　四心圆弧法作椭圆的过程

4. 斜度与锥度

(1)斜度:指直线或平面对另一直线或平面的倾斜程度,如图 1-38 所示。斜度＝tgα＝H∶L。

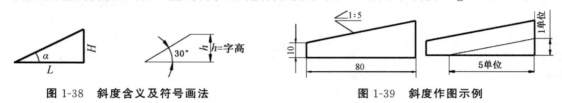

图 1-38　斜度含义及符号画法　　　　　图 1-39　斜度作图示例

[**例 1-5**]　画如图 1-39 所示图形。

步骤:①画一条长度为 80 mm 的水平线。

②过水平线的左端点作一条 10 mm 长的垂线。

③在水平线的右端点作垂线,并取出一个单位长。

④再在水平线上取出 5 个单位长。

⑤连接两点,得一斜度为 1∶5 的斜线。

⑥过左边高为 10 mm 的垂线端点作斜线的平行线直至与右垂线相交。

⑦作引出线,并在引出线上方标注斜度符号和数值。

(2)锥度:指圆锥的底面直径与高度之比,或是圆锥台的底圆直径与顶圆直径之差与高度之比。锥度＝$\dfrac{D}{L}=\dfrac{D-d}{l}=2\mathrm{tg}\alpha$,通常写成 1∶$n$ 的形式,如图 1-40 所示。

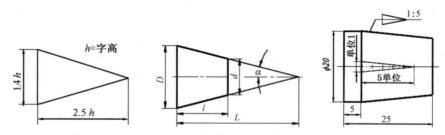

图 1-40　锥度符号的画法、锥度的含义、锥度的画法示例

5. 圆的切线

(1)过圆外一点作圆的切线。

步骤:①连接 OA。

②作 OA 的二等分点 O_1。

③以 O_1 为圆心、O_1O 为半径作圆,交已知圆 O 于 C_1、C_2,即为切点。

④连接 AC_1、AC_2,即为过 A 点作已知圆 O 的切线,如图 1-41 所示。

(2)作两圆的外公切线。

步骤:①以 O_1 为圆心,R_1-R_2 为半径作辅助圆。

②过 O_2 作辅助圆的切线 O_2C。

③连接 O_1C 并延长使其与 O_1 圆交于 C_1。

④过 O_2 作 O_1C_1 的平行线,切点为 C_2。

⑤连接 C_1C_2 即为两圆的外公切线,如图 1-42 所示。

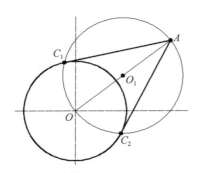

图 1-41 过圆外一点 A 作圆的切线

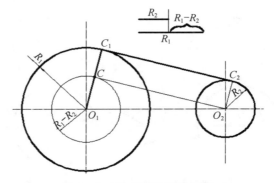

图 1-42 作两圆的外公切线

(3)作两圆的内公切线。

步骤:①以 O_1O_2 为直径作辅助圆。

②以 O_2 为圆心,R_2+R_1 为半径作圆弧与辅助圆相交,交点为 K。

③连接 O_2K,与圆 O_2 交于 C_2 点。

④过 O_1 作 O_2C_2 的平行线 O_1C_1。

⑤连接 C_1C_2 即为两圆的内公切线,如图 1-43 所示。

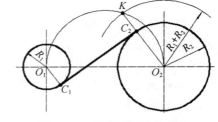

图 1-43 作两圆的内公切线

6. 圆弧连接

(1)用半径为 R 的圆弧连接两已知直线。

步骤:①作两条辅助线分别与两已知直线平行且相距 R,交点 O 即为连接圆弧的圆心。

②由点 O 分别向两已知直线作垂线,垂足 M、N 即为切点。

③以点 O 为圆心、R 为半径画连接圆弧,如图 1-44 所示。

(2)用半径为 R 的圆弧光滑连接两已知圆弧(外切)。

步骤:①以 O_1 为圆心,R_1+R 为半径画圆弧。

②以 O_2 为圆心,R_2+R 为半径画圆弧。

③分别连接 O_1O_3、O_2O_3,求得两个切点 C_1、C_2。

④以点 O_3 为圆心、R 为半径画连接圆弧,如图 1-45 所示。

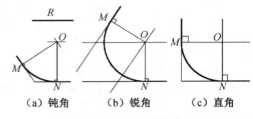

图 1-44 用半径为 R 的圆弧连接两已知直线

(a) 钝角   (b) 锐角   (c) 直角

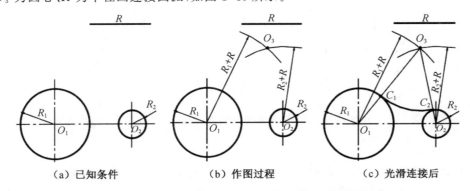

(a) 已知条件   (b) 作图过程   (c) 光滑连接后

图 1-45 用半径为 R 的圆弧光滑连接两已知圆弧(外切)

(3)用半径为 R 的圆弧连接两已知圆弧(内切)。

步骤:①以 O_1 为圆心,$R-R_1$ 为半径画圆弧。

②以 O_2 为圆心，$R-R_2$ 为半径画圆弧。

③分别连接 O_3O_1、O_3O_2，并延长求得两个切点 C_1、C_2。

④以点 O_3 为圆心、R 为半径画连接圆弧，如图 1-46 所示。

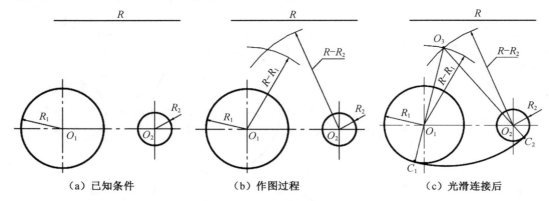

（a）已知条件　　　　　　（b）作图过程　　　　　　（c）光滑连接后

图 1-46　用半径为 R 的圆弧连接两已知圆弧(内切)

温馨提示：由三角形两边之和大于第三边得：$R>R_1+R_2+X/2$，X 为两已知圆圆心距 $O_1O_2-R_1-R_2$，因两已知圆不相交，故 $X>0$，推导出 $R>R_1+R_2$。

举一反三课堂提问环节：已知两已知弧，圆心分别为 O_1、O_2，半径 R_1、R_2，以及光滑连接弧的半径 R，如图 1-47 所示，求用光滑连接弧与弧一内切、与弧二外切。

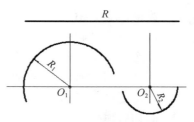

图 1-47　两已知弧的光滑连接

（4）用半径为 R 的圆弧连接已知圆弧和直线。

步骤：①以点 O_1 为圆心，R_1+R 为半径作圆弧。

②作与已知直线平行且相距为 R 的直线。

③连接 O_1O，求得与已知圆弧的切点 C_1。

④由点 O 向已知直线作垂线，求得与已知直线的切点 C_2。

⑤以点 O 为圆心、R 为半径画连接圆弧，如图 1-48 所示。

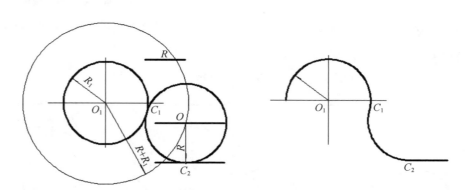

图 1-48　用半径为 R 的圆弧连接已知圆弧(圆心 O_1、半径 R_1)和直线

圆弧连接作图小结：

（1）无论哪种形式的连接，连接圆弧的圆心都是利用动点运动轨迹相交的概念确定的。

①距直线等距离的点的轨迹是直线的平行线。

②与圆弧等距离的点的轨迹是同心圆弧。

（2）连接圆弧的圆心是由作图确定的，故在标注尺寸时只注半径，而不注圆心位置尺寸。

1.4 平面图形的画法及尺寸标注

一、平面图形的尺寸分析

平面图形的尺寸,按作用可分为定形尺寸和定位尺寸。

1. 定形尺寸

定形尺寸是指确定平面图形上几何要素形状大小的尺寸。

2. 定位尺寸

定位尺寸是指确定各几何要素相对位置的尺寸。

注意: 有时候一个尺寸可以兼具定形与定位两种作用。

3. 定位基准

平面图形中定位基准是点或线,常用的点基准有圆心、球心、矩形的中心等;线基准往往是图形的对称中心线或图形的边线。

二、平面图形的线段分析

平面图形的线段分类:已知线段、中间线段和连接线段。

1. 已知线段

定形、定位尺寸齐全的线段、圆弧、圆,称为已知线段。对于圆和圆弧,必须用尺寸确定直径(或半径)和圆心的位置;对于直线,必须由尺寸确定线上两个点的位置或一点和直线的方向;当直线的方向与基准线方向一致时,定向尺寸不注。

2. 中间线段

只有定形尺寸和一个定位尺寸的线段,称为中间线段。作图时必须根据该线段与相邻的已知直线段的几何关系,通过几何作图的方法求出。

3. 连接线段

只有定形尺寸没有定位尺寸的线段,称为连接线段。其定位尺寸需根据与该线段相邻的线段的几何关系,通过几何作图的方法求出。

绘图顺序:已知线段→中间线段→连接线段。

三、平面图形绘制示例

1. 吊钩平面图形

根据吊钩平面图形中所标注的尺寸和线段间的连接关系,图形中的线段分析如图 1-49 所示。

2. 画图步骤

①画定位线;②画已知线段、弧;③画中间弧;④画连接弧;⑤整理、加深、标注尺寸,如图 1-50 所示。

四、平面图形的尺寸标注

平面图形中所注的尺寸,必须能唯一地确定图形的形状和大小,即所注的尺寸对于确定各封闭图形中各线段的位置(或方位)和大小是充分而必要的,如图 1-51 所示。标注尺寸的方法和步骤如下所述。

1. 选定基准

一般按直角坐标原理,在长度和高度方向各选一条直线作为尺寸基准;通常选择图中的对称线、较长的直线或过大圆弧的圆心的两条中心轴线作为基准,有时也以点为基准。

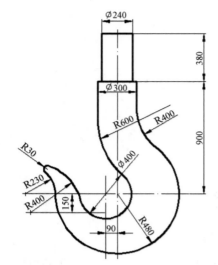

已知线段：图中的 Ø400、R480、Ø300、Ø240。

中间线段：图中的 R400、R600、R230。

连接线段：图中的 R30、R400。

定位尺寸：90、900、380、150。

定形尺寸：Ø400、R480、Ø300、Ø240、R400、R600、R30、R230。

兼具定形尺寸、定位尺寸：Ø300、Ø240、380。

图 1-49　吊钩平面图形

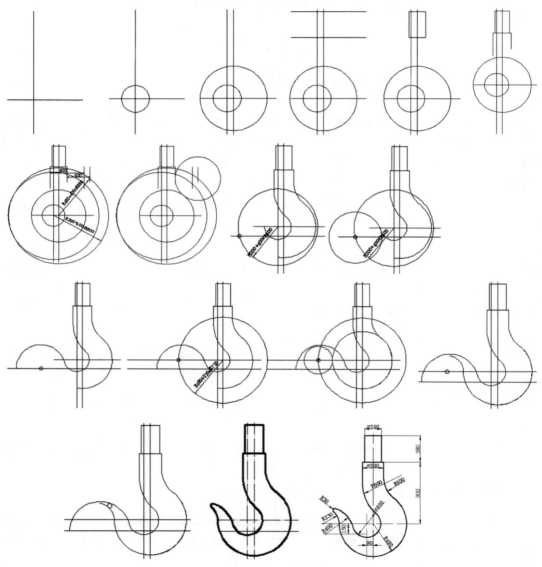

图 1-50　吊钩平面图形绘制过程

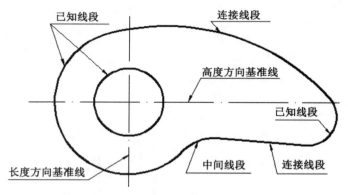

图 1-51　平面图形的尺寸标注

2. 确定图形中各线段的性质

根据图形中各线段的作用,将线段进行分类,分别确定已知线段、中间线段和连接线段。

3. 按已知线段、中间线段和连接线段的次序逐个标注尺寸

三类线段中的圆和圆弧,其定形尺寸——直径或半径都必须直接注出,定位尺寸——圆心位置可通过以下任意一种方式确定:

(1)用尺寸确定圆心位置。圆心位置所需的两个定位尺寸可直接或间接地进行标注,如图 1-52 所示"36"和"3"即为确定 R6 的圆弧圆心的两个定位尺寸。而 Ø30 的圆弧与 Ø14 的圆同圆心,它们的两条中心轴线均为尺寸基准,无须标出定位尺寸,必须最先画出。

(2)用几何关系确定圆心位置。一个几何关系(如通过一个已知点、与已被确定的相邻线段相切等)能起到一个定位的尺寸的作用。如 R8 弧的圆心定位,一个依靠尺寸 17,另一个则依赖其与直线相切的关系。

最后的中间线段需要利用一个几何关系确定圆心位置,而连接线段则需要利用两个几何关系来确定,应最后绘制,也应最后标注。

直线不需标注半径。用几何关系确定直线方位时,和已定圆弧的一个相切关系就能确定直线上的一个点。

标注尺寸的顺序可一个方向先后完成,再标注另一个方向,也可分不同对象依次完成。

平面图形的尺寸标注过程(图 1-52):

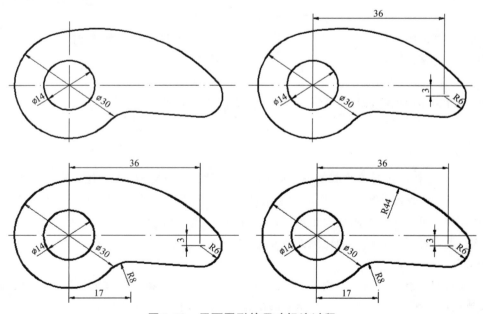

图 1-52　平面图形的尺寸标注过程

(1)线段分析。

(2)先标已知弧定形尺寸 Ø14、Ø30。

(3)再标已知弧定形尺寸 R6 和它的长度方向定位尺寸 36 及高度方向定位尺寸 3。

(4)标注中间弧定形尺寸 R8 及长度方向定位尺寸 17。

(5)最后标注连接弧定形尺寸 R44。

举一反三课后习题:分析图 1-53 所示平面图形,说出它们的定形尺寸和定位尺寸有哪些,它们由哪些已知线段、弧,中间线段、弧,连接弧组成,并抄绘平面图形。

温馨提示:本习题关键是作以 R10 的圆心为圆心的辅助圆 R40,因为 50−10=40;和水平轴线距离 35 的平行线,因为 50−30/2=35,辅助圆与辅助直线相交点即为 R50 的圆心。

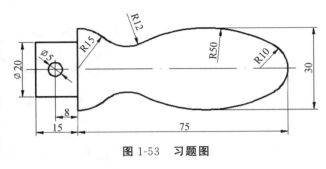

图 1-53　习题图

1.5　手工绘图的方法和步骤

一、尺规作图

1. 准备工作

画图前,应先了解所画图样的内容和要求,准备好必要的绘图工具,清理桌面。

2. 选定图幅

根据图形大小和复杂程度选定比例,确定图纸幅面。

3. 固定图纸

图纸要用透明胶带固定在图板左下方,下部空出能放下丁字尺的位置。

尺规作图示例如图 1-54 所示。

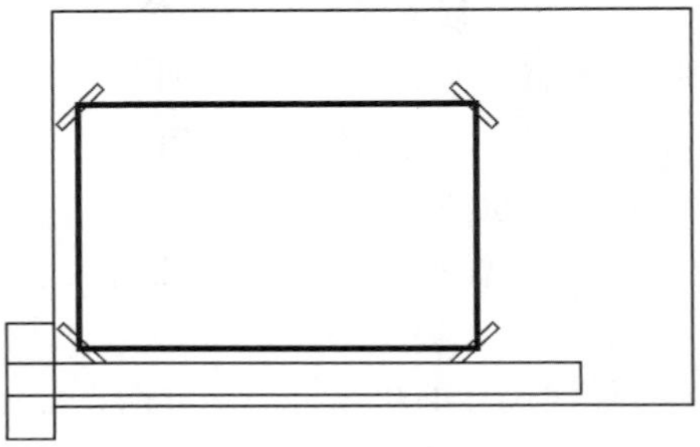

图 1-54　尺规作图

4. 画底稿

根据国家规定,画出图框和标题栏,先安排好图样位置,画出各图样基准线,注意布图的美观,底稿用 HB 铅笔绘制,要细但要清晰。

5. 完稿

检查并清理底稿,加深图线,标注,填写文字说明、技术要求、标题栏等。

二、徒手作图

用目测或徒手方法按一定要求绘制的图,称为草图。草图上各部分的大小比例应近似反映实物对应部分的比例关系。草图在设计、测绘、修配机器时常用,所以徒手绘图是和使用尺规作图一样重要的技能。

练习徒手作图时,可先在纸上画出大小均等的小方格,尽量使所画的线条与方格线重合,这样不但所画线条有轨迹可循,也容易保证各部分的比例关系。

1. 直线的画法

画直线时,眼睛要注意线段的终点位置,保证方向的准确;对于有特殊角度的斜线,可以根据勾股定理中直角边比值大致绘出。画水平线时,应自左至右画出;画垂直线时,应自上而下画出。斜线斜度较大时,可自左至右上画出或自左上至右下方画出;斜度较小时,可自左向右上画出,也可把纸张旋转一定角度。

徒手画直线示例如图 1-55 所示。

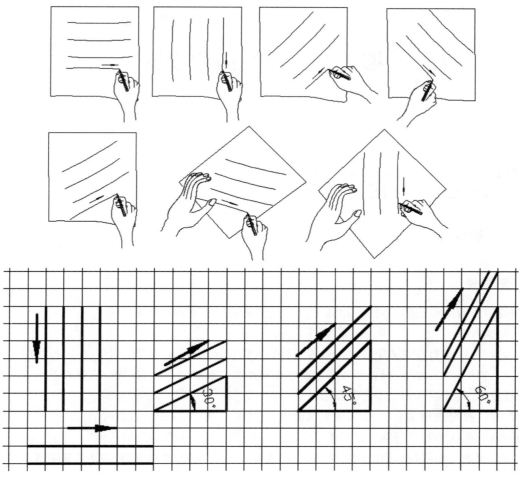

图 1-55　徒手画直线

2. 圆的画法

画小圆时,可按半径先在中心线上截取 4 点,然后分段画弧;画大圆时,可加 45°的角平分线,分 8 段绘制,如图 1-56 所示。

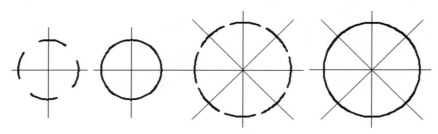

图 1-56　徒手画圆

第2章 点线面的投影

前面我们学习了国家有关制图标准和几何作图,那么制图是如何将空间的物体转化为图样的呢? 本章开始介绍用正投影方法绘制工程图样。

2.1 投影法及三视图的形成

一、投影法

投影法是指投射线通过物体向选定的面投射,并在该面上得到影子的方法。

投影法分类如下:

(1)中心投影法:投射线是从中心出发且投射线相交的投影法,所得的投影叫中心投影,如图 2-1 所示。

投影特性:投影中心、物体、投影面三者之间的相对距离对投影的大小有影响,度量性差。

(2)平行投影法:投射线相互平行的投影法。

①斜投影法:投射线相互平行,但与投影面倾斜,用于画轴测图,如图 2-2(a)所示。

②正投影:投射线相互平行且与投影面垂直,用于画工程图样,如图 2-2(b)所示。

投影特性:投影大小和投影面之间的距离无关,度量性好;但斜投影会变形,故工程图样多采用正投影法绘制。

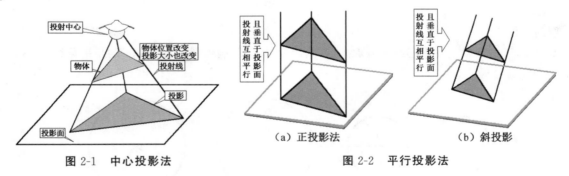

图 2-1 中心投影法   图 2-2 平行投影法

二、三视图的形成

1. 空间三面体系的建立

(1)空间三面投影体系:由两两垂直的三个投影面组成,如图 2-3 所示。

(2)投影面:正面投影面(简称正面或 V 面)、水平投影面(简称水平面或 H 面)和侧面投影面(简称侧面或 W 面)。

(3)投影轴:OX 轴(V 面与 H 面的交线)、OY 轴(W 面与 H 面的交线)和 OZ 轴(V 面与 W 面的交线)。

(4)投影原点:OX 轴、OY 轴和 OZ 轴的交点。

三面投影图是采用正投影的方法将空间几何元素或几何形体分别投影到相互垂直的三个投影面上,并按一定规律将投影面展开成一个平面,把获得的投影排列在一起,以便准确地反映物体的空间形状和位置的图样,如图 2-4 所示。

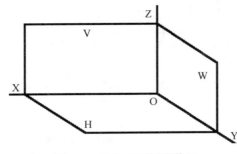

图 2-3　空间三面投影体系

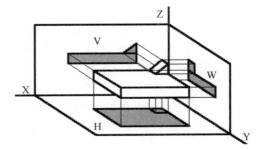

图 2-4　空间三面投影图形成

三面投影图有正面投影(从前向后在 V 面上投影→主视图)、水平投影(从上到下在 H 面上投影→俯视图)和侧面投影(从左到右在 W 面上投影→侧视图)三种。

方位:正面投影反映物体的左右、上下四个方位;水平投影反映物体的左右、前后四个方位;侧面投影反映物体的前后、上下四个方位。X 轴上远离 O 原点的是左,靠近 O 原点的是右,平行于 X 轴的轮廓线的最左点和最右点之间距离为长;Y 轴上远离 O 原点的是前,靠近 O 原点的是后,平行于 Y 轴的轮廓线的最前点和最右点之间距离为宽;Z 轴上远离 O 原点的是上,靠近 O 原点的是下,平行于 Z 轴的轮廓线的最上点和最下点之间距离为高。

2. 空间三面体系向平面三面体系的转化

以正投影图为主,保持 V 面不动,将 H 面绕 OX 轴向下旋转 90°,再将 W 面绕 OY 轴向后旋转 90°,三个投影图就在同一平面内了,如图 2-5 和图 2-6 所示。此时 OY 轴被一分为二,随 H 面向下旋转的标为 Y_H 轴,随 W 面向后旋转的标为 Y_W 轴。

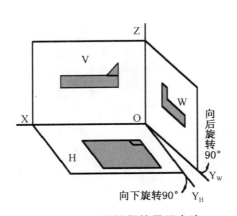

图 2-5　三面投影的展开方法

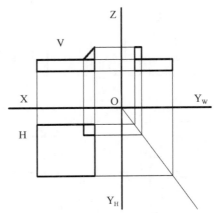

图 2-6　展开后的三视图

三面投影图的投影规律满足三等关系:正投影与水平投影长对正;正面投影与侧面投影高平齐;水平投影与侧面投影宽相等,如图 2-7 所示。

三视图名称与物体方位对应关系关系口诀:物体左右主俯见,物体上下主左见;俯视、左视显前后,远离主视是前面,如图 2-8 所示。

课堂提问环节:请根据图 2-9 所示的右边轴测图,在左边找到对应的三视图,并填写正确的编号。

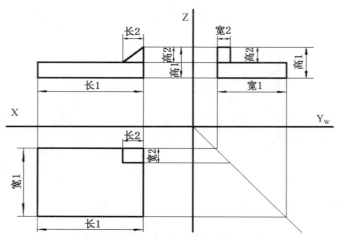

图 2-7　三视图之间的投影规律

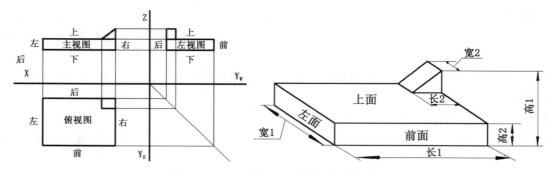

图 2-8　三视图名称与物体方位对应关系

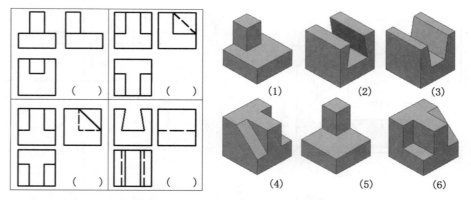

图 2-9　根据轴测图找到对应的三视图

2.2　点的投影

一、点在一个投影面上的投影

（1）空间点的表示方法：用大写英文字母表示，除了 X、Y、Z、V、H、W、P、Q、R 等有其他用途。

（2）投影：过空间点 A 的投射线与投影面 P 的交点即为点 A 在 P 面上的投影。常用对应的小写字母表示，如图 2-10 所示。

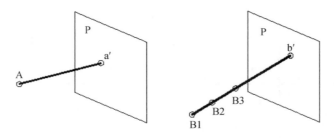

（a）空间点 A 在 P 面上的投影　（b）同一直线上三点在 P 面上的投影

图 2-10　点在一个投影面上的投影

观察图 2-10（b），可知点在一个投影面上的投影不能确定点的空间位置。解决办法：采用多面投影。

二、点 的 三 面 投 影

1. 空间点 A 在三个投影面上的投影

如图 2-11（a）所示，a 为点 A 的正面投影，a' 为点 A 的水平面投影，a'' 为点 A 的侧面投影。

投影面展开方法：保持 V 面不动，H 面绕 OX 轴向下旋转 90°，W 面绕 OZ 轴向后旋转 90°，空间点 A 的三面投影 a、a'、a'' 就可以画在同一平面内，如图 2-11（b）所示。

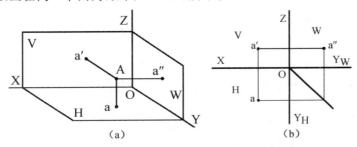

图 2-11　空间上的点的位置及在三个投影面上的投影的展开

2. 点的投影规律

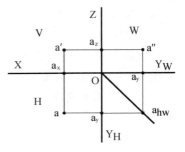

点的投影规律（图 2-12）如下：

（1）$a'a \perp OX$ 轴，$aa_y \perp OY$ 轴，$a''a_y \perp OY$ 轴，$a'a'' \perp OZ$ 轴。

（2）$aa_x = a''a_z = y = Aa' = A$ 到 V 面的距离（宽），$a'a_x = a''a_y = z = Aa = A$ 到 H 面的距离（高），$aa_y = a'a_z = x = Aa'' = A$ 到 W 面的距离（长）。

（3）a、a'、a''、a_{hw} 四点连线组成一个长方形的四个顶点。

故空间点 A 用坐标表示为 $A(X, Y, Z)$，则其三面投影为 $a(x, y)$、$a'(x, z)$、$a''(y, z)$。

图 2-12　点的投影规律

其坐标值的含义：X 为 A 点到 W 面的距离，即长；Y 为 A 点到 V 面的距离，即宽；Z 为 A 点到 H 面的距离，即高。

[**例 2-1**]　如图 2-13 所示，已知点的两面投影 a' 和 a''，求第三面投影。

步骤：①从原点 O 作 Y_H、Y_w 的 45°对角线；

②过 a' 作 OX 的垂直线，即 $a'a$ 所在直线。

③过 a'' 作 OY_w 的垂直线与对角线相交于一点，再过该点作 OX 的平行线，与步骤②所作的直线相交于 a。注意：实际作图过程中不要画箭头，只需用细实线画辅助线。

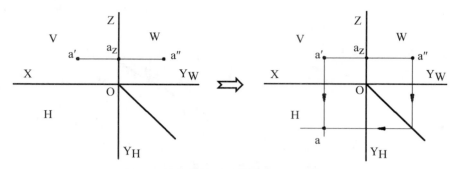

图 2-13　由点的两面投影求第三面投影

三、点的分类

点按其在空间三面体系的位置不同,可分为:

(1)一般位置的点:判断依据是其坐标 X、Y、Z 值均不为零。

(2)特殊点:

①面上的点:判断依据是其坐标 X、Y、Z 值中有一个为零。

a.H 面上的点:判断依据是其坐标 Z 值为零,X、Y 不为零。

b.V 面上的点:判断依据是其坐标 Y 值为零,X、Z 不为零。

c.W 面上的点:判断依据是:其坐标 X 值为零,Y、Z 不为零。

②轴上的点:判断依据是其坐标 X、Y、Z 值中有两个为零。

a.X 轴上的点:判断依据是其坐标 X 值不为零,其他两个坐标值为零。

b.Y 轴上的点:判断依据是其坐标 Y 值不为零,其他两个坐标值为零。

c.Z 轴上的点:判断依据是其坐标 Z 值不为零,其他两个坐标值为零。

③最特殊的点:原点 $O(0,0,0)$。

[例 2-2]　已知一般位置的点 $A(25,15,20)$,$B(20,10,15)$,$C(35,30,32)$,$D(42,12,12)$,求它们的空间三面投影和平面三面投影。

A(25,15,20):

步骤:①在 X 轴上量取 25 mm,过该点作 X 轴的垂线;在 Y 轴上量取 15 mm,过该点作 Y 轴的垂线;两线相交于一点,即为 $a(25,15)$。

②在 Z 轴上量取 20 mm,过该点作 Z 轴的垂线;与过 X 轴的垂线相交于一点,即为 $a'(25,20)$;根据对应关系即 $a''(15,20)$;其他点同理可得。

结果如图 2-14 所示。

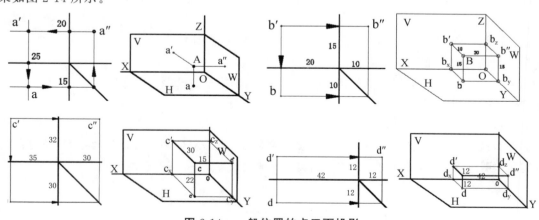

图 2-14　一般位置的点三面投影

总结:一般位置的点的三面投影均在三个投影面上,不在投影轴上,更不在原点。

特殊点举例:

(1)面上的点:

①H 面上的点:如 $A(25,20,0)$,特点是:z 值为零且其三面投影中,其 H 面上的投影点在 H 面的空白处,另两面投影分别在 X 轴和 Y_w 上。

②V 面上的点:如 $B(25,0,10)$,特点是:y 值为零且其三面投影中,其 V 面上的投影点在 V 面的空白处,另两面投影分别在 X 轴和 Z 轴上。

③W 面上的点:如 $C(0,10,15)$,特点是:x 值为零且其三面投影中,其 W 面上的投影点在 W 面的空白处,另两面投影分别在 Y_H 轴和 Z 轴上。

(2)轴上的点:

①X 轴上的点:如 $D(10,0,0)$,特点是:X 值不为零,Y 和 Z 值为零,其 H、V 面投影在 X 轴同一位置,而其 W 面投影在原点位置。

②Y 轴上的点:如 $E(0,15,0)$,特点是:Y 值不为零,X 和 Z 值为零,其 H 面投影在 Y_H 轴上,W 面上投影在 Y_w 上,而其 V 面投影在原点位置。

③Z 轴上的点:如 $F(0,0,15)$,特点是:Z 值不为零,Y 和 X 值为零,其 W、V 面投影在 Z 轴同一位置,而其 H 面投影在原点位置。

(3)最特殊的点:原点 $O(0,0,0)$,其三面投影 o、o'、o'' 均在原点位置。

特殊点三个面投影点作法与一般位置的点相同,步骤略,以上列举各点三面投影结果如图 2-15 所示。

轴上的点的投影举例结果如图 2-16 所示。

举一反三课堂提问环节:作 $A(20,15,0)$,$B(15,0,10)$,$C(0,10,15)$ 的三面投影,并找规律,说明 A、B、C 各为什么性质的点。

例如,如图 2-17 所示,由点的三面投影判断各点的性质。

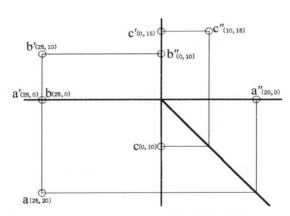

图 2-15　投影面上的点的投影

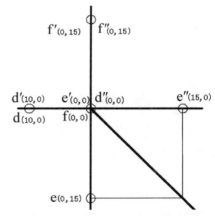

图 2-16　投影轴上的点的投影

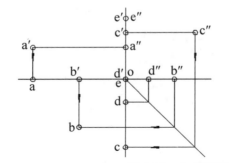

结论:	
1.一般空间点有:无	2.H 面上的点有:B
3.V 面上的点有:A	4.W 面上的点有:C
5.X 轴上的点有:无	6.Y 轴上的点有:D
7.Z 轴上的点有:E	8.原点:无

图 2-17　由点的三面投影判断各点的性质

四、两点的相对位置

1. 两点的坐标值与方位的关系

两点的相对位置指两点在空间的上下、前后、左右位置关系。

判断方法：x 坐标值大的在左→A 在 B 的左边；y 坐标值大的在前→A 在 B 的后边；z 坐标值大的在上→A 在 B 的上边，如图 2-18 所示。

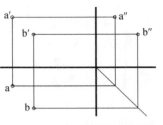

图 2-18　两点的相对位置

2. 两点相对位置判断

[例 2-3]　已知点 $A(25,15,20)$；点 B 距 W、V、H 面分别为 20、10、15，点 C 在点 A 之左 10、之前 15、之上 12；点 D 在点 A 之上 5、与 H、V 面等距，距 W 面 12。求作各点的三面投影并填写表 2-1。

表 2-1　[例 2-4]表

点	坐标		
	X	Y	Z
B			
C			
D			

解：本例答案如图 2-19 所示。

点	坐标		
	X	Y	Z
B	20	10	15
C	35	30	32
D	12	25	25

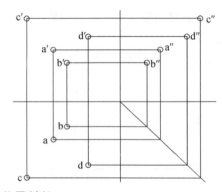

图 2-19　两点相对位置判断

3. 重影点

空间两点在某一投影面上的投影重合为一点时，则称此两点为该投影面的重影点，则被挡住的投影加括号，如 $a(b)$。

重影点的特点：它们的坐标值 x、y、z 中有两个相同，只有一个不同。

(1)关于 H 面的重影点：x、y 值相同，z 值不同，且 z 值大的在 H 面上的投影可见。

(2)关于 V 面的重影点：x、z 值相同，y 值不同，且 y 值大的在 V 面上的投影可见。

(3)关于 W 面的重影点：y、z 值相同，x 值不同，且 x 值大的在 W 面上的投影可见。

例如，如图 2-20 所示，A、B 关于 H 面重影，B 在 A 的正下方，故 b 不可见，写为 $a(b)$。

[例 2-4]　空间直线 AB 和 CD 的主视图和俯视图中，M、F 在 AB 线上，E、N 在 CD 线上，分析 M、N、E、F 的关系。

分析：如图 2-21 所示，M、N 是关于 H 面的重影点，因主视图中 m' 比 n' 高，也就是 M 的 z 值比 N 的 z 值大，故在俯视图中 m 可见，n 不可见，记作 $m(n)$；E、F 是关于 V 面的重影点，因俯视图中 e 比 f 前，也就是 E 的 y 值比 F

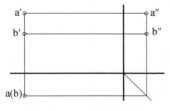

图 2-20　H 面重影点

的 y 值大,故在主视图中 e' 可见,f' 不可见,记作 $e'(f')$。

[例 2-5] 已知点 B 距点 A 15 mm,点 C 与点 A 是关于 V 面的重影,点 D 在点 A 的正下方 15 mm,求各点的三面投影。

分析:①图 2-22 中右视图所示 $a''(b'')$,根据重影点性质可判断:点 A、B 关于 W 面重影,且点 B 在点 A 的正右方,它们的 y、z 值相同,x 值不同,且点 B 的 x 值小,故在 W 面上的投影不可见。因此,根据已知条件:点 B 距点 A 15 mm,在主视图和俯视图中分别从 a' 和 a 向 X 负轴方向作 X 轴的平行线,且距离 a' 和 a 均为 15 mm,得 b' 和 b。

②如图 2-22 中俯视图所示 c 在 a 的 Y 轴负方向可知点

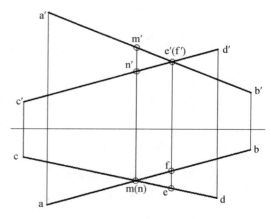

图 2-21　直线上重影点的判断

A、C 关于 V 面重影,根据重影点性质可判断:点 A、C 关于 V 面重影,且点 C 在点 A 的正后方,它们的 x、z 值相同,y 值不同,且点 A 的 y 值大,故点 A 在 V 面上的投影可见。因此,根据已知条件:在主视图中在 a' 旁边标注 (c'),根据宽相等可得 c''。

③由已知条件:点 D 在点 A 的正下方 15 mm,根据重影点性质可判断:点 A、D 关于 H 面重影,且点 D 在点 A 的正下方,它们的 x、y 值相同,z 值不同,且点 A 的 z 值大,故在 H 面上的投影可见。因此,根据已知条件:在俯视图中分别在 a 旁边标注 (d),在主视图和左视图中分别从 a' 和 a'' 向 Z 负轴方向作 Z 轴的平行线,且距离 a' 和 a'' 均为 15 mm,得 d' 和 d''。

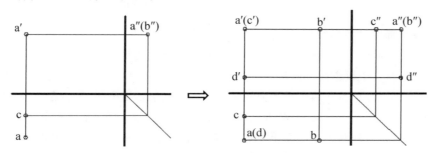

图 2-22　点的相对位置举例

举一反三课堂提问环节:已知点 B 距点 A 15 mm,点 C 与点 A 是关于 V 面重影,点 D 在点 A 的正上方 10 mm,求各点的三面投影。

分析:如图 2-23 所示,由已知 $b''(a'')$,可知点 A、B 关于 W 面重影,且点 B 在点 A 的正左方,故点 B 距点 A 15 mm,即点 B 的 X 值比点 A 的 X 值大 15 mm,往 X 正轴画 X 轴平行线,距离 a' 15 mm 得 b',根据对应关系得 b;由已知 H 面上 a、c 位置及题目"点 C 与点 A 是关于 V 面重影"可知点 A、C 关于 V 面重影,且点 C 在点 A 的正前方,故 V 面上 a' 不可见、c' 可见;由已知点 D 在点 A 的正上方 10 mm,可知点 A、D 关于 H 面重影,故 H 面上 a 不可见、d 可见。

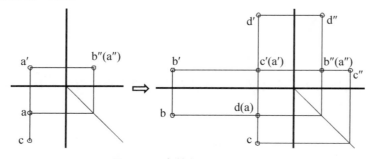

图 2-23　点的相对位置练习

2.3 直线的投影

两点确定一条直线,将两点的同名投影用直线连接,就得到直线的同名投影。直线投影的表示,如图2-24所示。

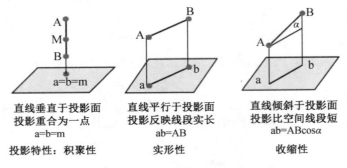

图 2-24　直线投影的表示

一、直线的投影特性

1. 直线对一个投影面的投影特性

直线对一个投影面的投影特性如图2-25所示。

直线垂直于投影面
投影重合为一点
a=b=m

投影特性:积聚性

直线平行于投影面
投影反映线段实长
ab=AB

实形性

直线倾斜于投影面
投影比空间线段短
ab=ABcosα

收缩性

图 2-25　直线对一个投影面的投影特性

2. 直线在三个投影面中的投影特性

根据直线在三个投影面中位置不同,直线可分为一般位置直线和特殊线。

一般位置直线是指与三个投影面都倾斜的直线。特殊线包括投影面平行线和投影面垂直线。投影面平行线是指与一个投影面平行,与另外两个投影面倾斜的直线。其包括正平线(平行于 V 面,倾斜于 H 面和 W 面)、水平线(平行于 H 面,倾斜于 V 面和 W 面)、侧平线(平行于 W 面,倾斜于 V 面和 H 面)。投影面垂直线是指与一个投影面垂直,与另外两个投影面平行的直线。其包括正垂线(垂直于 V 面,与另外两个投影面平行的直线)、铅垂线(垂直于 H 面,与另外两个投影面平行的直线)、侧垂线(垂直于 W 面,与另外两个投影面平行的直线)。

(1)投影面平行线如图2-26所示。

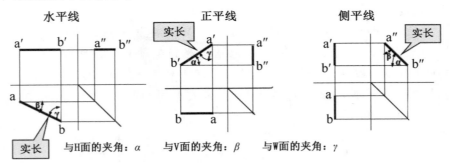

与H面的夹角:α　　与V面的夹角:β　　与W面的夹角:γ

图 2-26　投影面平行线

投影特性:在平行的投影面上反映实长,并反映直线与另两个投影面的倾斜角实大;而在另两个面上投影收缩成直角边,且平行于轴。

(2)投影面垂直线如图2-27所示。

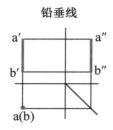
铅垂线

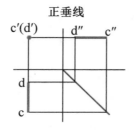
正垂线

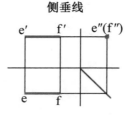
侧垂线

图 2-27　投影面垂直线

投影特性：在垂直的投影面上具有积聚性，而在另两个面上的投影反映真形，具有实长，且垂直于相应的投影轴。

（3）一般位置直线如图 2-28 所示。

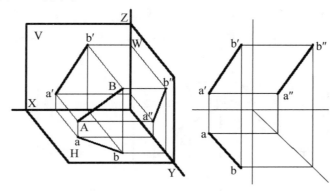

图 2-28　投影面一般位置直线

投影特性：在与之倾斜的投影面上都不具有真形，都比实长短，具有收缩性，且三面投影都倾斜于相应的投影轴。

二、直线与点的相对位置

判别方法：若点在直线上，则点的投影必在直线的同名投影上，并将线段的同名投影分割成与空间相同的比例：$AB/AC = ab/ac = a'b'/a'c'$，即定比定理，如图 2-29 所示。

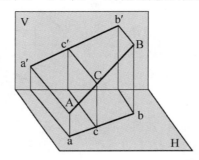

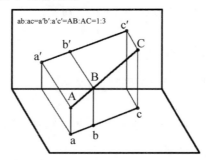

图 2-29　定比定理及其含义

若点的投影有一个不在直线的同名投影上，则该点必不在此直线上。

例如，判断点 C 是否在线段 AB 上，如图 2-30 所示。

例如，判断点 K 是否在线段 AB 上，如图 2-31 所示。

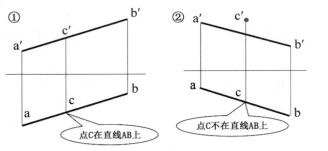
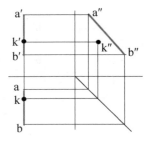

图 2-30　判断点 C 是否在线段 AB 上　　　图 2-31　判断点 K 是否在线段 AB 上

若点 K 在直线 AB 上,则它的同名投影也应在直线的同名投影上,因 k'' 不在 $a''b''$ 上,故点 K 不在直线 AB 上。

[例 2-6]　已知直线 AB 的实长 15 mm,求作其三面投影。

分析:①$AB//W$ 面,$\beta=30°$;②$AB//V$ 面,$\gamma=60°$;③$AB\perp H$ 面,如图 2-32 所示。

点 B 在 A 之下、之前　　　　　点 B 在 A 之下、之右　　　　　点 B 在 A 之下

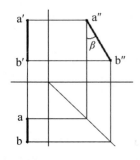
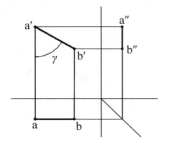
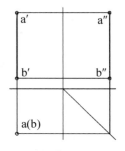

图 2-32　直线实长的含义

注意:β 是在左视图中反映真形的直线投影 $a''b''$ 与 V 面的积聚线(Z 轴)的夹角;γ 是在主视图中反映真形的直线投影 $a'b'$ 与 W 面的积聚线(Z 轴)的夹角。

[例 2-7]　在直线 AB 上取一点 C,使其到 H 面及 V 面的距离相等。

分析:点 C 到 H 面及 V 面的距离相等,即 Z 值与 Y 值相等,故可从 W 面作 45°线与 $a''b''$ 相交即为 c'',如图 2-33 所示。

三、两直线的相对位置

空间两直线的相对位置分为平行、相交和交叉。

1. 两直线平行

空间两直线平行,则其各同名投影必相互平行,反之亦然,如图2-34所示。

图 2-33　直线上取点

判别方法:对于一般位置直线,只要有两个同名投影互相平行,空间两直线就平行,如图 2-35 所示。

[例 2-8]　由点 A 作直线 AB 与直线 CD 相交并使交点距 H 面 12 mm。

步骤:①在主视图中作 X 轴的平行线,距离为 12 mm,与 $c'd'$ 交点即为 b'。

②连接 $a'b'$。

③在俯视图中,过 d 作辅助线,量取 $d'c'$ 长及 $d'b'$ 长,利用定比定理作出 b。

即点 B 距 H 面 12 mm,即 Z 值为 12 mm,也就是 b' 距离 X 轴 12 mm,如图 2-36 所示。

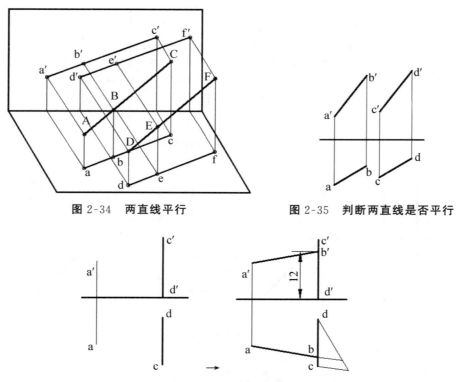

图 2-34 两直线平行	图 2-35 判断两直线是否平行

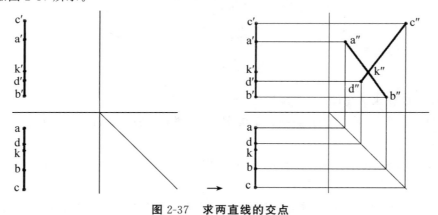

图 2-36 利用定比定理作直线上的点

[例 2-9] 求直线 AB 与 CD 的交点 K。

分析:由主视图和俯视图 AB 与 CD 的投影,可知 AB 与 CD 是侧平线;根据宽相等的对应关系,作各点的辅助线可得,如图 2-37 所示。

图 2-37 求两直线的交点

而对于特殊位置直线,只有两个同名投影互相平行,空间直线不一定平行,需要求出侧面投影来判断。

[例 2-10] 判断图 2-38 所示两条直线是否平行。

分析:求出侧面投影后可知:虽然 AB 与 CD 均为侧平线,但 AB 与 CD 不平行。

注意:[例 2-10] 与图 2-39 所示图形进行比较,图 2-39 中 AB 与 CD 均为侧平线,且互相平行。

2. 两直线相交

判别方法:若空间两直线相交,则其同名投影必相交,交点是两直线的共有点,且交点的投影必符合空间一点的投影规律,如图 2-40 所示。

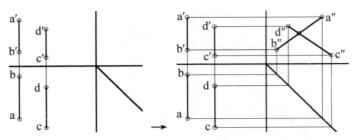

图 2-38　判断两条直线是否平行 1

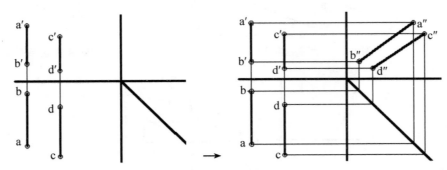

图 2-39　判断两条直线是否平行 2

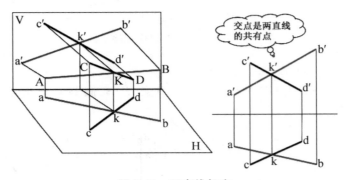

图 2-40　两直线相交

[例 2-11]　过点 C 作水平线 CD 与 AB 相交。

提示：因为 CD 是水平线，在 V 面投影平行于 X 轴，故先做正面投影，如图 2-41 所示。

3. 两直线交叉

投影特性：两交叉直线，其某一同名投影可能相交，但"交点"不符合空间一个点的投影规律，如图 2-42 所示。

貌似"交点"，其实是两直线上的一对重影点的投影，用其可帮助判断两直线的空间位置。

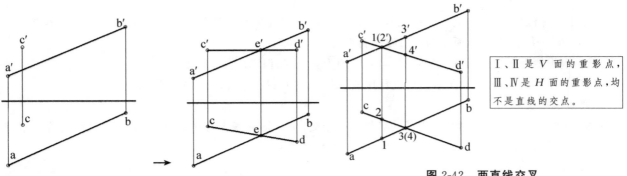

图 2-41　过已知点作已知线段的相交线

图 2-42　两直线交叉

I、II 是 V 面的重影点，
III、IV 是 H 面的重影点，均
不是直线的交点。

4. 两直线垂直相交(或垂直交叉)

直角的投影特性:若直角有一边平行于投影面,则它在该投影面上的投影仍为直角。

证明:如图 2-43 所示,设直角边 $BC /\!/ H$ 面,即 BC 是水平线。

因 $BC \perp AB$,同时 $BC \perp Bb$,所以 $BC \perp ABba$ 平面。又因 $BC /\!/ bc$,故 $bc \perp ABba$ 平面。

因此,$bc \perp ab$,即 $\angle abc$ 为直角,即两直线在 H 面上的投影互相垂直。

例如,过点 C 作直线与 AB 垂直相交(注:AB 为正平线,正面投影反映直角),如图 2-44 所示。

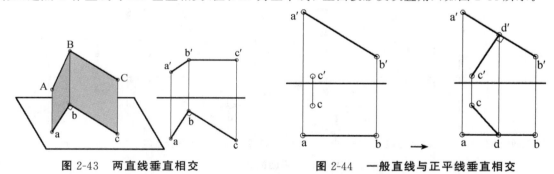

图 2-43 两直线垂直相交   图 2-44 一般直线与正平线垂直相交

举一反三课堂提问环节:(1)图 2-45 所示直线是什么性质的直线,如何判断它们的位置关系?

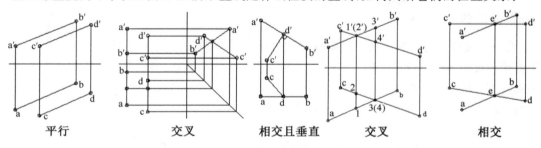

平行   交叉   相交且垂直   交叉   相交

图 2-45 两直线相对位置判断

(2)作一直线 MN,使其与已知直线 CD、EF 相交,同时与已知直线 AB 平行(点 M、N 分别在直线 CD、EF 上)。

按要求所作直线如图 2-46 所示。

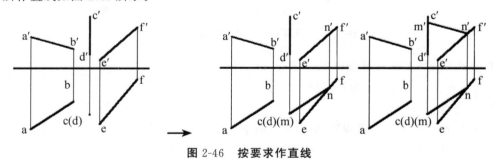

图 2-46 按要求作直线

分析:因为 CD 是铅垂线,点 C、D、M 关于 H 面重影,因此 m 必在俯视图 CD 集聚点上,即 $c=d=m$,过 m 作 ab 的平行线与 ef 的交点必为 n 点,再由 n 向上作 X 轴垂线,与 $e'f'$ 相交于 n',过 n' 作 $a'b'$ 的平行线与 $c'd'$ 相交于 m'。

2.4 平面的投影

一、平面的表示法

平面的表示法如图 2-47 所示。

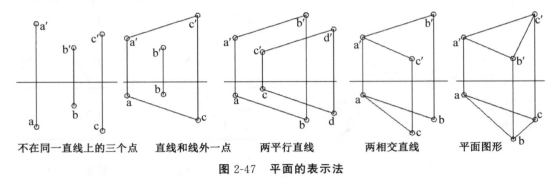

不在同一直线上的三个点　　直线和线外一点　　两平行直线　　两相交直线　　平面图形

图 2-47　平面的表示法

二、平面的投影特性

1. 平面对一个投影面的投影特性(图 2-48)

(1)平面平行投影面——投影就把实形现 →实形性。

(2)平面垂直投影面——投影积聚成直线 →积聚性。

(3)平面倾斜投影面——投影类似原平面 →类似性。

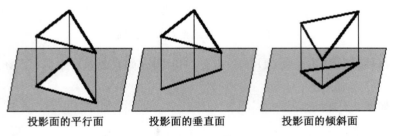

投影面的平行面　　　投影面的垂直面　　　投影面的倾斜面

图 2-48　平面对一个投影面的投影特性

2. 平面在三投影面体系中的投影特性

平面对于三投影面的位置可分为：

(1)特殊位置平面。

①投影面垂直面:垂直于某一投影面,倾斜于另两个投影面。

a.正垂面:垂直于 V 面,倾斜于另两个投影面。

b.铅垂面:垂直于 H 面,倾斜于另两个投影面。

c.侧垂面:垂直于 W 面,倾斜于另两个投影面。

②投影面平行面:平行于某一投影面,垂直于另两个投影面。

a.正平面:与 V 面平行,与 H 面、W 面垂直的面。

b.水平面:与 H 面平行,与 V 面、W 面垂直的面。

c.侧平面:与 W 面平行,与 H 面、V 面垂直的面。

(2)一般位置平面:与三个投影面都倾斜。

三、面的投影规律

1. 投影面垂直面(一积聚 两类似)

投影特性:在它垂直的投影面上的投影积聚成直线,该直线与投影轴的夹角反映空间平面与另外两投影面夹角的大小;在另外两个投影面上的投影有类似性。

(1)铅垂面:在它垂直的 H 面上的投影积聚成直线,具有积聚性,且该积聚线与投影轴的夹角反映空间平面与另外两投影面夹角的大小;在另外两个投影面上的投影具有类似性,如图 2-49(a)所示。

(2)正垂面:在它垂直的 V 面上的投影积聚成直线,具有积聚性,且该积聚线与投影轴的夹角反映空间平面与另外两投影面夹角的大小;在另外两个投影面上的投影具有类似性,如图 2-49(b)所示。

(3)侧垂面:在它垂直的 W 面上的投影积聚成直线,具有积聚性,且该积聚线与投影轴的夹角反映空间平面与另外两投影面夹角的大小;在另外两个投影面上的投影具有类似性,如图 2-49(c)所示。

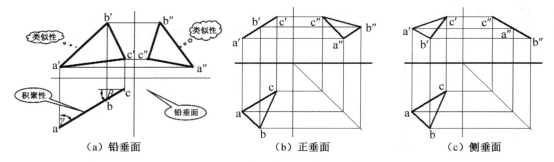

(a)铅垂面   (b)正垂面   (c)侧垂面

图 2-49 投影面垂直面

[例 2-12] 求平面的侧面投影并判断平面的空间位置。

分析:如图 2-50 所示,因为该平面在 H 面投影成一条与 X、Y 轴均倾斜的积聚线,故为铅垂面。

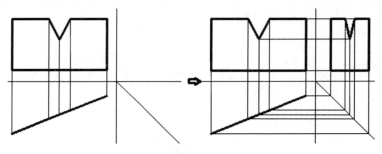

图 2-50 补平面的第三面投影

2. 投影面平行面(一实形 两积聚线)

投影特性:在它所平行的投影面上的投影反映实形,另两个投影面上的投影分别积聚成与相应的投影轴平行的直线。

(1)水平面的投影特性:在它所平行的 H 面上的投影反映实形,在另两个投影面上的投影均积聚成与相应的投影轴平行的直线,如图 2-51(a)所示。

(2)正平面的投影特性:在它所平行的 V 面上的投影反映实形。在另两个投影面上的投影均积聚成与相应的投影轴平行的直线,如图 2-51(b)所示。

(3)侧平面的投影特性:在它所平行的 W 面上的投影反映实形。在另两个投影面上的投影均积聚成与相应的投影轴平行的直线,如图 2-51(c)所示。

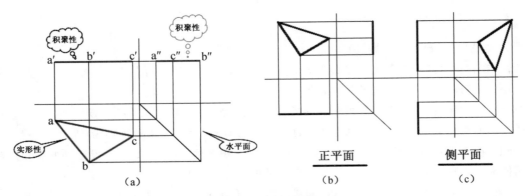

图 2-51 投影面平行面

[例 2-13] 求平面的侧面投影并判断平面的空间性质。

分析:如图 2-52 所示,因为该平面在 H 面和 V 面投影成一条与 X 轴均垂直的积聚线,故为侧平面。

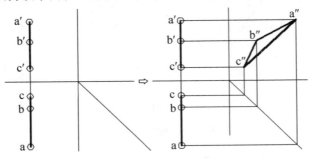

图 2-52 求平面的侧面投影并判断平面的空间性质

[例 2-14] 判断图 2-53 所示的各图中两平面是否平行。

判断结果如图 2-53 所示。

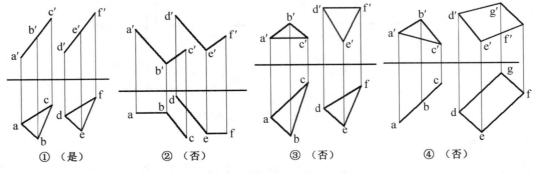

图 2-53 判断两平面是否平行

3. 一般位置平面

投影特性:三个投影都类似,都不反映真形,具有收缩性,如图 2-54 所示。

[例 2-15] 已知 CD 为水平线,由已知条件完成平面 $ABCD$ 的正面投影。

作法:由已知 CD 为水平线得知 $c'd'$ 平行于 X 轴;过 b 作 cd 的平行线,与 ad 相交点为 e;过 e 作 X 轴垂线,与过 b' 作 X 轴平行线相交于 e';连接 $a'e'$ 并延长,与过 d 作 X 轴垂线交于 d';过 d' 作 X 轴平行线与过 c 作 X 轴垂线的交点为 c';连接 $b'c'$,把 $b'c'$、$c'd'$、$a'd'$ 改为粗实线,如图 2-55 所示。

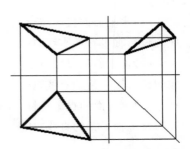

图 2-54 一般位置平面三面投影

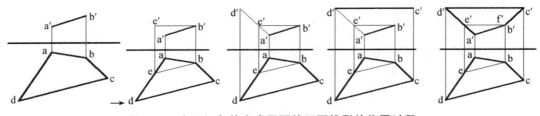

图 2-55　由已知条件完成平面的正面投影的作图过程

四、平面上的直线和点

判断直线在平面内的方法:

定理一: 若一直线过平面上的两点,则此直线必在该平面内。

定理二: 若一直线过平面上的一点,且平行于该平面上的另一直线,则此直线在该平面内。

1. 平面上取任意直线

平面上取任意直线示意如图 2-56 所示。

[**例 2-16**] 已知平面由直线 AB、AC 所确定,试在平面内任作一条直线。

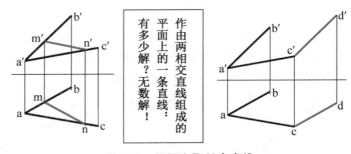

> 作由两相交直线组成的平面上的一条直线:有多少解?无数解!

图 2-56　平面上取任意直线

作法: 分别利用定理一和定理二,可找面上两直线(如 AB 和 AC)上的两点 M、N 或过面上一点 C 作面上一直线 AB 的平行线 CD,有无数解,如图 2-57 所示。

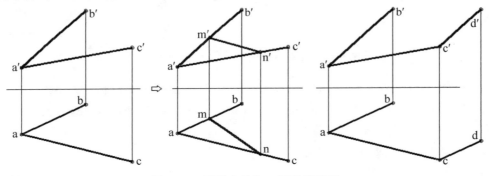

图 2-57　平面内任作一条直线举例

[**例 2-17**] 在平面 ABC 内作一条水平线,使其到 H 面的距离为 10 mm。

作法: 在主视图中作 X 轴的平行线且距离 X 轴 10 mm,分别与 $a'b'$、$a'c'$ 相交于 m'、n',再由 m'、n' 作 X 轴的垂线,与俯视图中 ab、ac 相交于 m、n,MN 即为距离 H 面 10 mm 的水平线,且在 ABC 平面上,如图 2-58 所示。

2. 平面上取点

面上取点的方法:首先面上取线,先找出过此点而又在平面内的一条直线作为辅助线,然后再在该直线上确定点的位置。

[**例 2-18**] 已知 K 点在平面 ABC 上,求 K 点的水平投影。

分析: 因为 ABC 面是铅垂面,K 在 ABC 面上,所以 K 必在积聚线上,如图 2-59(a)所示。一般位置平面内的点,可通过定理一,作辅助线求解,如图 2-59(b)所示。

图 2-58　平面内作特殊线

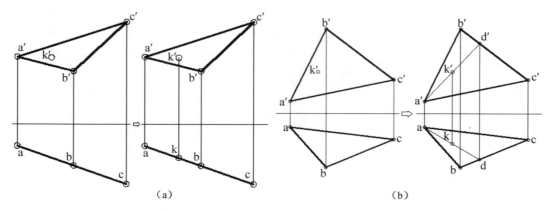

图 2-59　平面上找点

[例 2-19]　由已知投影，补全平面图形 *ABCD* 的水平投影。

分析：由三点确定一个平面及两相交线的交点其投影既在一条直线的投影上，也在另一直线的投影上，先后画两次三角形的对角线，找它们的交点 *M*、*N* 的投影是关键，如图 2-60 所示。

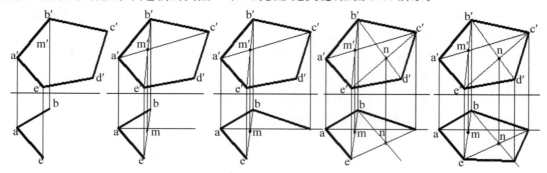

图 2-60　补全平面图形 *ABCD* 的水平投影

[例 2-20]　已知 *ABC* 面与平行线 *DE* 和 *FG* 组成的面平行，根据已知条件，求作平面 *ABC* 的水平投影。

作法：由已知条件可知：面 *ABC* 是由两两相交直线组成的一般位置平面，面 *DEFG* 是由两平行线组成的一般位置平面，且这两个面平行，故：在主视图中，过 *g′* 作辅助线平行于 *c′b′*，过 *f′* 作辅助线平行于 *c′a′* 且这两条辅助线相交于一点 *h′*，*h′f′* 也与 *d′e′* 相交于一点，过这点向下作 *X* 轴的垂线，交 *de* 于一点，把它和 *f* 连接起来，并再由 *h′* 向下作 *X* 轴的垂线，在俯视图中交辅助线于 *h* 点。连接 *hg*，过 *a* 作 *hg* 的平行线，由 *b′* 向下作垂线，相交点即为 *ab*；过 *a* 作 *hf* 的平行线，由 *c′* 向下作垂线，相交点即为 *c*；分别用粗实线连接 *ab*、*ac*、*bc*，如图 2-61 所示。

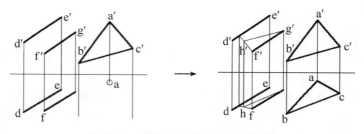

图 2-61　作平面 *ABC* 的水平投影

2.5　几何元素的相对位置

几何元素的相对位置包括平行、相交和垂直。

一、平行问题

平行问题包括直线与平面平行、平面与平面平行。

1. 直线与平面平行

定理：若一直线平行于平面上的某一直线,则该直线与此平面必相互平行。

[例 2-21] 过 M 点作直线 MN 平行于 V 面和平面 ABC。

作法：过 a 点作正平线 ad 平行于 X 轴,交 bc 于 d,分别过 m 作 mn 平行于 ad,及过 m' 作 $a'd'$ 的平行线即为 $m'n'$,如图 2-62 所示。

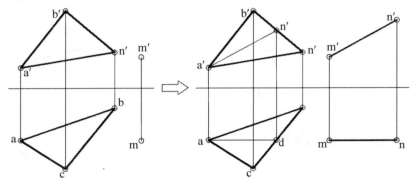

图 2-62　直线与平面平行

2. 两平面平行(图 2-63)

(1)若一平面上的两相交直线对应平行于另一平面上的两相交直线,则这两平面相互平行。

(2)若两投影面垂直面相互平行,则它们具有积聚性的那组投影必相互平行。

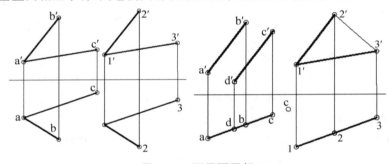

图 2-63　两平面平行

二、相交问题

相交问题包括直线与平面相交、平面与平面相交。

1. 直线与平面相交

直线与平面相交,其交点是直线与平面的共有点。

相交包含两个问题:①求直线与平面的交点;②判别两者之间的相互遮挡关系,即判别可见性。

这里只讨论直线与平面中至少有一个处于特殊位置的情况。

(1)平面为特殊位置。

[例 2-22] 求直线 MN 与平面 ABC 的交点 K 并判别可见性。

空间及投影分析：平面 ABC 是一铅垂面,其水平投影积聚成一条直线,该直线与 mn 的交点即为 K 点的水平投影。由水平投影可知,KN 段在平面前,故正面投影上 $k'n'$ 为可见;还可通过重影点判别可见性:1 在 2 前,故以 k' 为分界,$2'k'$ 画虚线,$k'n'$ 画实线,如图 2-64 所示。

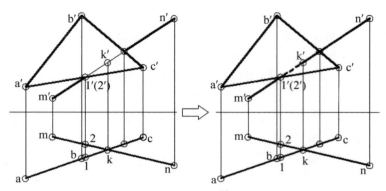

图 2-64　求一般位置直线与平面的交点

（2）直线为特殊位置。

[例 2-23]　求直线 MN 与平面 ABC 的交点 K 并判别可见性。

空间及投影分析：直线 MN 为铅垂线，其水平投影积聚成一个点，故交点 K 的水平投影也积聚在该点上；点 1 位于平面上，在前，点 2 位于 MN 上，在后，故 $k'2'$ 为不可见，如图 2-65 所示。

2. 两平面相交

两平面相交其交线为直线，交线是两平面的共有线，同时交线上的点都是两平面的共有点。

这里要讨论的问题：①求两平面的交线；②判别两平面之间的相互遮挡关系，即判别可见性。

方法：①确定两平面的两个共有点；②确定一个共有点及交线的方向。

同样，我们只讨论两平面中至少有一个处于特殊位置的情况。

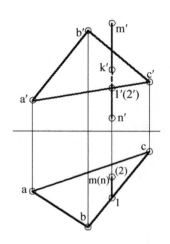

图 2-65　求特殊直线与平面的交点

[例 2-24]　求两平面的交线 MN 并判别可见性。

空间及投影分析：平面 ABC 与 DEF 都为正垂面，它们的正面投影都积聚成直线，交线必为一条正垂线，只要求得交线上的一个点便可作出交线的投影。从正面投影上可看出，在交线左侧，平面 ABC 在上，其水平投影可见，如图 2-66 所示。

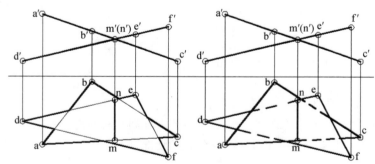

图 2-66　求两平面的交线

[例 2-25]　由已知条件补齐水平面 EFH 和一般位置平面 ABC 的投影。

空间及投影分析：平面 EFH 是一水平面，它的正面投影有积聚性。$a'b'$ 与 $e'f'h'$ 的交点 m'、$b'c'$ 与 $e'f'h'$ 的交点 n' 即为两个共有点的正面投影，故 $m'n'$ 即 MN 的正面投影。通过图 2-67 可知，投影点 B 在 MN 之上，AC 在 MN 之下，故 ef 可见，12、$n3$ 不可见。

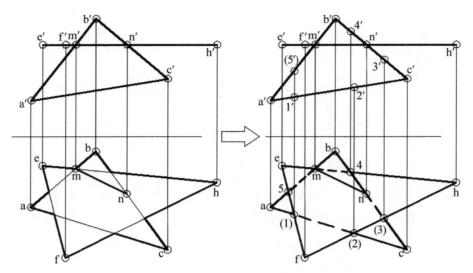

图 2-67　补齐面的投影

第3章　立体的投影

立体表面由若干面围成。表面均为平面的立体称为平面立体,表面为曲面的或曲面和平面共同组成的立体称为曲面体。工程制图中,通常把棱柱、棱锥、圆柱、圆锥、球、圆环等简单立体称为基本几何体,简称基本体。

3.1　基本体的投影及表面找点

一、体的投影

体的投影,实质上是构成该体的所有表面的投影总和。

二、三面投影与三视图

1. 视图的概念

视图就是将物体向投影面投射所得的图形,分主视图(体的正面投影)、俯视图(体的水平投影)、左视图(体的侧面投影)。图 3-1 所示为 3 个面的不同视图的形成。

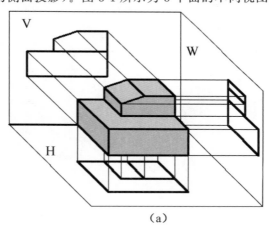
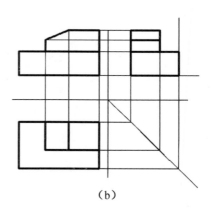

（a）　　　　　　　　　　　　　　　　（b）

图 3-1　体的三面投影及三视图

2. 三视图之间的度量对应关系

三视图之间的度量对应关系:主视俯视长相等且对正(长对正)、主视左视高相等且平齐(高平齐)、俯视左视宽相等且对应(宽相等),即三等关系,如图 3-2 所示。

三、基本体

1. 基本体分类

(1)平面体:组成立体的面均为平面。平面体有棱柱、棱锥、棱台等。

（2）曲面体：组成物体的表面只要有一个是曲面就叫曲面体。曲面体有圆柱、圆锥、球、环等。

基本体示意图如图 3-3 所示。

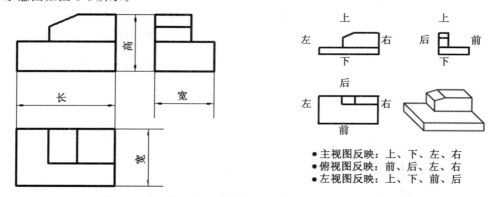

- 主视图反映：上、下、左、右
- 俯视图反映：前、后、左、右
- 左视图反映：上、下、前、后

图 3-2　三视图之间的度量对应关系及方位对应关系

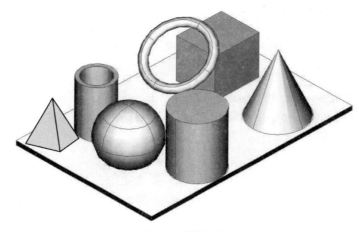

图 3-3　基本体

2. 平面体投影及表面找点

表面找点：找组成物体的各个面上的点的三面投影。

点的可见性规定：若点所在的平面的投影可见，点的投影也可见；若平面的投影积聚成直线，点的投影也可见。

（1）棱柱：

正六棱柱：由上下两个互相平行的正六边形平面以及垂直于上下底面的六个侧面组成，侧棱垂直于上下底面。如图 3-4 所示，上下底面为水平面，在 H 面反映实形，在 V 面积聚成线，而六个侧面，前后两个为正平面，另外四个侧面为铅垂面，在 H 面均积聚成线。因都是特殊面上的点，故表面找点时均不需作辅助线。

三视图作法：

①因底面是水平面，在俯视图中反映真形，且前后两底边为侧垂线，因此先画出平行于 X 轴的后底边，再根据内角 120°依次画出各底边，上下底面投影重合，上表面的投影可见。

②在距离 X 轴合适的位置作 X 轴平行线，且与由最左顶点和最右顶点向上所作 X 轴垂线对齐，即长对正，画出主视图中下底面集聚线，再向上画出高度线。因侧棱是铅垂线，在主视图中反映真形，故所画侧棱长即为柱高。依次从俯视图各底面顶点画出各侧棱位置。

③侧视图根据对应关系作出后，轮廓线用粗实线绘制，记得对称图形在各图中要画出细点画线的对称轴线。

表面找点：如图 3-4 所示，A 是上表面的点，所以 a 可见，但 A 不是上表面前面棱边上的点，所以 a' 不可见，记为（a'），且投影在主视图上表面的集聚线上。同理 A 不是上表面左边棱边上的点，所以 a'' 不可见，记为

（a″），且投影在左视图上表面的集聚线上。同样可判断 B 是下表面的点，所以 b 不可见，B 不是上表面前面棱边上的点，所以 b′不可见，记为（b′），且投影在主视图上表面的集聚线上，同理 B 不是上表面左边棱边上的点，所以 b″不可见，记为（b″），且投影在左视图上表面的集聚线上。同理可知 M 是左前侧面上的点，N 是左后侧面上的点，C 是最左侧棱上的点，D 是最右侧棱上的点。它们的投影位置及可见性判断如图 3-4 所示。

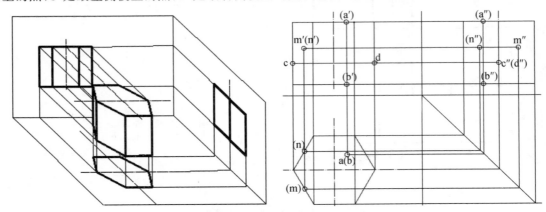

图 3-4　正六棱柱三视图及表面找点

（2）棱锥：由一个底面和几个侧棱面组成。侧棱线交于有限远的一点——锥顶，常用 S 点表示。

正三棱锥：底面是正三角形，锥高垂直于底面且投影位于底面中心，当底面处于图 3-5 所示位置时，其底面 ABC 是水平面，在俯视图上反映实形。侧棱面 SAC 为侧垂面，另两个侧棱面为一般位置平面，且 AC 边为侧垂线。

三视图作法（图 3-5）：

①因为底面 ABC 是水平面，故在俯视图中反映真形，可先在俯视图中画出正三角形，且 AC 是侧垂线，因此先画平行于 X 轴的 ac，再过 a、c 分别画与 a、c 夹角 60°的 ab、cb。再过 a、b、c 作角平分线，交点为锥点投影 s。

②由 a、b、c 对齐 a′、b′、c′，从 b′向上度量锥高，得 s′，再依次连接 s′a′、s′b′、s′c′，得主视图。

③根据高平齐和宽相等作出左视图，记得 b 到 ac 的距离即为左视图底面集聚线的长度，a″b″长。

表面找点时辅助线的两种作法：

①底边平行线法：若 k 已知且可见，因此 K 是侧面 SAB 上的点，可过 k 作底边 ab 的平行线，交侧棱 sa、sb 于各自的一点，再由这两点交点向上作 X 轴垂线，交 s′a′、s′b′于各自的一点，连接这两点，则由 k 向上作 X 轴垂线，交连接线于一点，即为 k′。然后根据三等关系，由 k 作 ac 的垂线，量取 k 到垂足距离，则为 k 的宽度定位尺寸，再配合高平齐线定位出 k″。

②素线法：即一般位置的点与特殊点——锥点连接，所在直线与底边交点也为特殊点，借此作出一般位置的点的投影。

若 n′已知且可见，N 是侧面 SBC 上的点，连接 s′n′，与 b′c′相交于一点，过这点向下作垂线，交 bc 于一点，再把它与 s 连接成素线在俯视图中的投影，由 n′向下作垂线与辅助线相交于 n，再根据宽相等作出 n″。因（s″b″c″），所以 n″不可见，记为（n″）。

举一反三：说说图 3-6 所示 M、N、D 是哪个面上的点，是不是特殊点？所作的辅助线是哪种类型？怎么判断可见不可见？

注意：本例中，表面上的点 M、N、D，N 点在 SAC 侧面上，SAC 是侧垂面，故不用作辅助线，由 n′拉 X 轴平行线与 W 面上 SAC 的积聚线相交即为 n″。而过 M、D 需作辅助线，辅助线有两种作法：过 M 作 AB 的平行线，过 D 作 SD 连线，通过找特殊点的位置来确定一般点的投影。

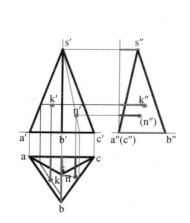
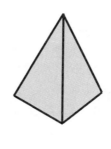

图 3-5　正三棱锥三视图及表面找点

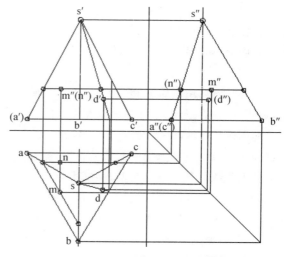

图 3-6　正三棱锥表面找点示例

3. 曲面体投影及表面找点

一动线(直线、圆弧或其他曲线)绕一定线(直线)回转一周后形成的曲面,称为回转面。这一定线称为回转轴线,动线称为母线,母线在回转面上的任意位置称为素线。母线上任意一点 K 的轨迹是一个圆,称为回转面上的纬圆,纬圆上所有点到回转轴线的距离都等于纬圆半径,纬圆所在平面垂直于回转轴线。

由回转面或回转面与垂直于轴线的平面作为表面的实体,称为回转体。机器零件上常见的回转体有圆柱、圆锥、球和环。

(1)圆柱:由上、下两个互相平行的底圆和与底圆垂直的圆柱曲面组成,直线 AA_1 称为母线。圆柱曲面由母线 AA_1 绕与之平行的一根转轴 OO_1 旋转而成。圆柱面上与轴线平行的任一直线称为圆柱面的素线。

在最左、最右、最前、最后的线叫最左轮廓线、最右轮廓线、最前轮廓线、最后轮廓线。圆柱面的俯视图积聚成一个圆,在另两个视图上分别以两个方向的轮廓素线的投影表示。

圆柱面上取点:圆柱曲面上的点在水平面上投影积聚成圆,而底圆上的点在主视图和左视图中均积聚成长度等于底圆的直径的线,可见,圆柱三个表面上的点均为特殊点,不用作辅助线,就可根据对应关系找到其他两面的投影。如图 3-7 所示,A 为上表面的点,a 可见,反映 A 在上底圆的真实位置,因为 A 在上表面上是最前面的点,故 a' 可见,记作 a'。同样,A 在上表面上不是最左面的点,故 a'' 不可见,记作 (a'')。B 为下表面的点,b 可见,反映 B 在上底圆的真实位置,因为 B 在下表面上是最前面的点,故 b' 可见,记作 b'。同样,B 在下表面上不是最左面的点,故 b'' 不可见,记作 (b'')。M 为圆柱曲面的点,且是圆柱曲面右前部分的素线 AB 上的点,$a'b'$ 可见,故 m' 可见,因为 a''、b'' 均不可见,故 m'' 不可见,记作 (m''),但 M 不是上表面上的点,故 m 不

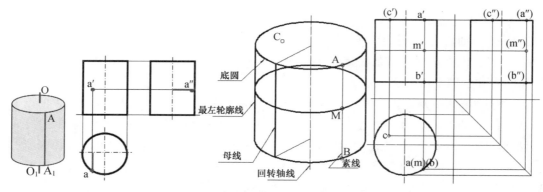

图 3-7　圆柱形成、三视图及表面找点

可见,记作(m)。另外,同一素线上的点在俯视图中是重影点,具有积聚性,只有最高点 A 的水平投影 a 可见,其他线上各点均不可见,故记作 a(m)(b)。C 为上表面的点,c 可见,反映 C 在上底圆的真实位置,因为 C 在上表面上不是最前面的点,故 c' 不可见,记作(c'),同样,C 在上表面上不是最左面的点,故 c" 不可见,记作(c")。

(2)圆锥体:由圆锥面和底面组成。圆锥面是由直线 SA 绕与它相交的轴线 OO_1 旋转而成。S 称为锥顶,直线 SA 称为母线。圆锥面上过锥顶的任一直线称为圆锥面的素线。

如图 3-8 所示,俯视图为一圆,另两个视图为等边三角形,三角形的底边为圆锥底面的投影,两腰分别为圆锥面不同方向的两条轮廓素线的投影。

辅助直线的作法仍然有两种:辅助直线法(过锥顶作一条素线)和辅助圆法(过点作底圆的平行纬圆)。

如图 3-8 所示,已知 m、n,求圆锥曲面上的点 M、N 的另两面投影。过 M 作辅助线 SM,即连接 s'm',延长 s'm',与底圆积聚线相交点记为 c',S、C 是特殊点,是底圆上圆弧上的点,S 在水平面投影在圆心处,可见;过 c'拉 X 轴垂线交圆弧于两点,但已知 m' 可见,故可判断 SMC 是圆锥曲面前面部分的素线,所以 smc 可见,是过 c'拉 X 轴垂线交圆弧于两点中前面的那一点,连接 sc,再过 m'拉 X 轴垂线,与 sc 相交于一点,即为 m 的位置,且再根据对应关系作出 m',因 SMC 是圆锥曲面右半面部分的素线,所以 s"m"c"不可见,记作(m")。过 N 点作辅助纬圆,与最左素线相交于 A 点,与最右素线相交于 B 点,AB 是纬圆的直径,纬圆是水平底圆的平行圆,在主视图中积聚成直径长,故过 n'作底圆的主视图中积聚线的平行线,交最左素线于 a'点,与最右素线相交于 b'点,因已知 n' 可见,故 N 是纬圆前半部分弧上的点,分别过 a'、b'拉 X 轴垂线,交圆的水平轴线于 a、b,以 ab 为直径作圆,即为纬圆的俯视图,反映真形,再过 n'拉 X 轴垂线,交纬圆于前面一点,即为 n 的位置,因锥体上小下大,故 n 可见,再对应作出 n",因 N 在纬圆左边弧上,故 n"可见。至于圆锥底圆上的点的投影规律与圆柱底圆上的点投影规律相同,就不再举例说明。

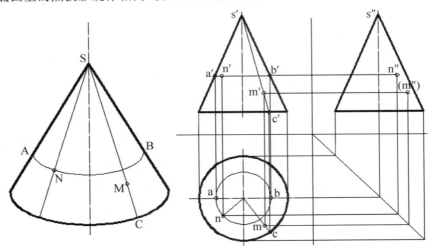

图 3-8　圆锥三视图及表面找点

(3)球:由一个球曲面组成,是圆母线绕以它的某一直径为回转轴旋转而成。

球可由绕 X 轴、Y 轴、Z 轴或其他轴旋转而成;平行于 H 面的叫水平圆,平行于 V 面的叫正平圆,平行于 W 面的叫侧平圆,比它们小且平行于它们的叫纬圆。

球表面上找点如图 3-9 所示,如已知 a、b,则可判断 A 是特殊点,它是水平圆上左前弧上的点,不用作辅助线,直接从 a 拉 X 的垂线,与水平圆在主视图中的积聚线(在主视图中正平圆的水平直径处)有交点,即为 a',可见,再根据对应关系作出 a"(在左视图中侧平圆的水平直径处),可见。而由已知 b 在俯视图中的位置,可以知道 B 不是特殊点,需要作辅助线,辅助线有三种作法,第一种方法如图 3-9 所示,过 b 与圆心连接,以圆心为圆心,以 b 到圆心距离为半径,作水平圆的平行纬圆,再过纬圆的水平直径向上拉 X 轴的垂线,各自交正平圆于两点,因已知 b 可见,故可判断 B 是上半个球面上的点,所以取正平圆上面弧上的交点,再根据 b 在俯视图中的位置（b 在水平纬圆水平轴线的前面、在水平纬圆竖直轴线的右面），可知 B 是球面上右前部分的点，所以 b′可见，b″不可见。第二种方法是过 b 作水平纬圆水平轴线的平行线，即作正平圆的纬圆。第三种方法是过 b 作水平纬圆竖直轴线的平行线，即作侧平圆的纬圆，原理与第一种方法相同，这里不再举例说明。

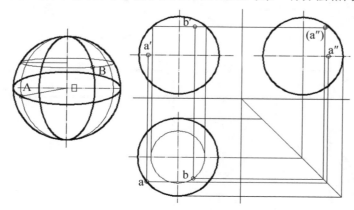

图 3-9　球三视图及表面找点

例如，A、B 在水平圆上的三视投影的作法如图 3-10 所示。

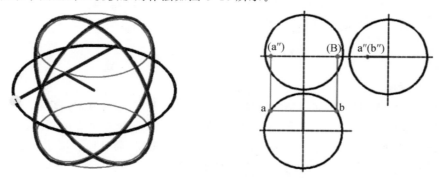

图 3-10　球三视图及表面找点示例

（4）环：是一个很特别的基本体，只有一个曲面。环曲面由一个小圆绕轴线回转一周而成。轴线与圆母线不相交，靠近轴线的半个母线圆形成的环面为内环面，远离轴线的半个母线圆形成的环面为外环面。

在主视图中，环的上、下公切线是最高、最低两个纬圆的投影，侧面的也一样。俯视图中是最大外径的纬圆和最小内径的纬圆的投影，它们中间画细点划线是母线圆中心轨迹的投影。

环上表面找点，如图 3-11 所示，已知 a、(b)，由 a 的位置（细点划线外的圆圈，水平轴线的左前部分）和可见性（可见），可判断 A 是主视图中水平轴线以上的外环面上的点，故以俯视图中圆心为圆心，以圆心到 a 的距离为半径画辅助圆（与 a 一样可见，画细实线），过辅助圆的水平直径两端点向上作 X 轴垂线，在主视图中，与环的最左、最右素线圆各相交于一点（取与最左素线圆的上左圆弧段交点和与最右素线圆的上右圆弧段交点），连接这两点，即为 a′所在辅助圆的主视图投影（积聚成线），再过 a 向上作 X 轴垂线，交辅助圆积聚线于 a′，且可见，根据对应关系可作出 a″，可见（俯视图中竖直轴线的左半部分）。同理，已知 (b)，则以俯视图中圆心为圆心，以圆心到 b 的距离为半径画辅助圆（与 b 一样不可见，画虚线），过辅助圆的水平直径两端点向上作 X 轴垂线，在主视图中，与环的最左、最右素线圆各相交于一点（取与最左素线圆的下右圆弧段交点和与最右素线圆的下左圆弧段交点），连接这两点，即为 b′所在辅助圆的主视图投影（积聚成线），再过 b 向上作 X 轴垂线，交辅助圆积聚线于 b′，且不可见（因俯视图中 b 在细点划线的内圈），根据对应关系可作出 b″，不可见（俯视图中竖直轴线的右半部分）。

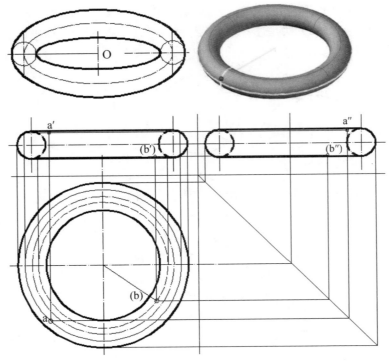

图 3-11 环三视图及表面找点

5. 基本体的尺寸标注

视图只是用来表达物体的形状,而物体大小要由图样上标注的尺寸数值来体现。制造者也可方便地根据图纸上标注的尺寸数值来加工产品。任何物体都具有长、宽、高三个方向的尺寸。在视图上标注几何体时,应在三视图上将三个方向的尺寸标注齐全,既不能少,也不能重复,而且标注尺寸应尽量选择在反映形体的形状特征的视图上。表 3-1 列举了一些常见的基本体的标注。

表 3-1 常见的基本体的标注

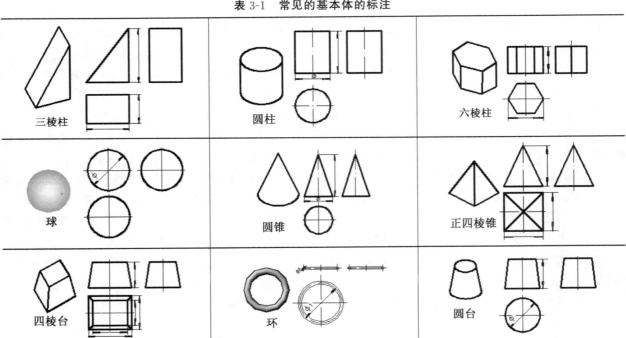

注:环的三视图因图太小,故轮廓线用细实线代替粗实线绘制。

根据如图 3-12 和图 3-13 所示三视图和给定的表面上点的一面投影,找出表面点的另两面投影。

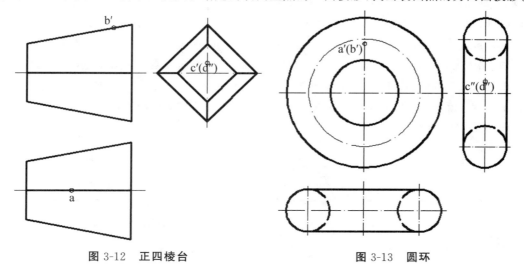

图 3-12 正四棱台   图 3-13 圆环

3.2 体的截交线

一、平面体的截交线

1. 平面截切

截平面截切平面立体所形成的交线为封闭的平面多边形,该多边形的每一条边是截平面与立体棱面或顶面、底面相交形成的交线。根据截交线的性质,求截交线可归结为求截平面与立体表面共有点、共有线的问题。

2. 平面截切的基本形式

平面截切的基本形式如图 3-14 所示。

图 3-14 平面截切体

截交线的性质:①截交线是一个由直线组成的封闭的平面多边形,其形状取决于平面体的形状及截平面对平面体的截切位置。②截交线的每条边是截平面与棱面的交线。

可见,求截交线的实质是求两平面的交线。

3. 平面截切体的画图

画平面截切体的关键是正确地画出截交线的投影。

(1)求截交线的两种方法:

①求各棱线与截平面的交点→棱线法。

②求各棱面与截平面的交线→棱面法。

(2)求截交线的步骤:

①空间及投影分析:

a.分析截平面与体的相对位置,确定截交线的形状。

b.分析截平面与投影面的相对位置,确定截交线的投影特性。

②画出截交线的投影:分别求出截平面与棱面的交线,并连接成多边形。

[例3-1] 求正四棱锥被斜切后的俯视图和左视图。

分析:截平面与体的几个棱面相交?交点在哪条特殊线上?截交线在俯、左视图上的形状?交线在三视图中的形状?分析棱线的投影,检查尤其注意检查截交线投影的类似性(交点1234组成四边形,是正垂面)。

画图要领:先画完整三视图,再截切。截平面是正垂面,与正四棱锥各棱相交,组成一个封闭图形1234,作图时先作正垂面集聚线,再由1′、4′向下作垂线交棱线俯视投影于1、4;由2′、4′向右拉高平齐线,与棱线左视投影相交于2″、4″;记得1″3″之间是最后棱线的一段不可见的投影线,应画虚线。

画图过程如图3-15所示。

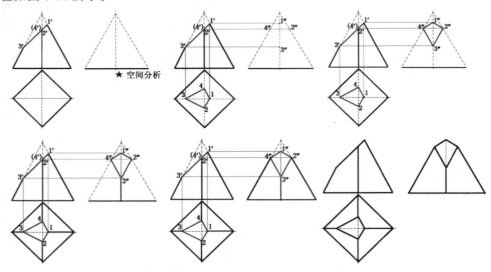

图 3-15　正四棱锥被斜切后的俯视图和左视图的画图过程

[例3-2] 求正四棱锥被90°转折截切后的俯视图和左视图。

注意:这是在[例3-1]基础上再次变化截切平面(水平截切面加侧平截切面)所得的物体。要逐个进行截平面分析和绘制截交线,当平面体只有局部被截切时,先假想为整体被截切,求出截交线后再取局部。

特别注意本例中三面共点:1、2两点分别同时位于三个面上。

画图过程如图3-16所示。

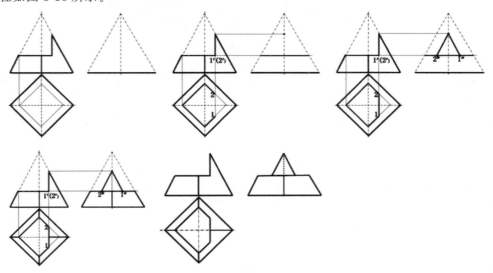

图 3-16　正四棱锥被90°转折截切后的俯视图和左视图的画图过程

[例 3-3] 已知被平面斜切后立体的二视图(图 3-17),求作其俯视图。

图 3-17　被平面斜切后立体的二视图

作图步骤:①由二视图想象物体空间形状及截平面形状,先画出没有截切时的俯视图,并在主视图和左视图中依次标出截平面各点,判断出截平面是正垂面,在主视图中具有积聚性,在其他视图中具有相似性,并根据点的投影特性作出第三面投影,最后依次连接各点,形成截平面的投影;②整理,完成俯视图,如图 3-18 所示。

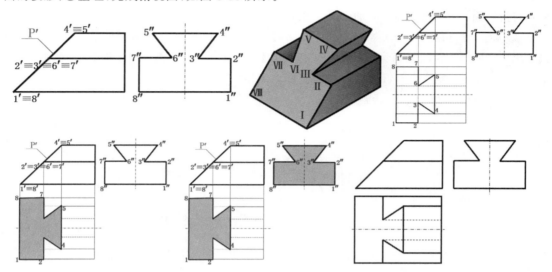

图 3-18　由被平面斜切后的立体的二视图所作的俯视图

二、回转体的截交线

1. 回转体的截切

截平面与回转体相交时,截交线一般是封闭的平面曲线,有时为曲线与直线围成的平面图形。作图时,首先分析截平面与回转体的相对位置,找到这条封闭的平面曲线的一些特殊点、特殊线的投影规律,从而了解截交线的形状。

(1)回转体截切的基本形式:

回转体截切的基本形式如图 3-19 所示。

①截交线的性质:

a.截交线是截平面与回转体表面的共有线。

b.截交线的形状取决于回转体表面的形状及截平面与回转体轴线的相对位置。

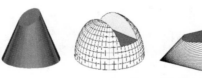

图 3-19　被截切的回转体

c.截交线都是封闭的平面图形。

②求平面与回转体的截交线的一般步骤:

a.空间及投影分析:一是分析回转体的形状以及截平面与回转体轴线的相对位置,以便确定截交线的形状。二是分析截平面与投影面的相对位置,明确截交线的投影特性,如积聚性、类似性等。找出截交线的已知投影,预见未知投影。

b.画出截交线的投影:

当截交线的投影为非圆曲线时,其作图步骤为:先找特殊点,补充中间点;将各点光滑地连接起来,并判断截交线的可见性。

2. 圆柱体的截切

截平面与圆柱面的截交线的形状取决于截平面与圆柱轴线的相对位置。图 3-20 所示圆柱体的截切截平面分别为水平面、正垂面、侧平面。

[例 3-4] 求带缺口圆柱的左视图。

空间及投影分析：同一个立体被多个截面截切，需要分析各截交线：包括截平面形状和截平面与体的相对位置以及截平面与投影面的相对位置，并分别画图。注意水平的截平面是水平面，在俯视图中反映真形，在主视图和左视图中积聚成弦长；竖直的截平面为侧平面，侧视图竖直截平面是反映真形的长方形，且最后棱线与最前棱线之间距离等于弦长，即宽相等，如图 3-21 所示。

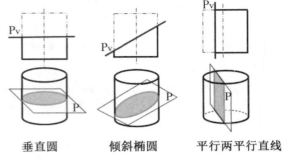

垂直圆　　　倾斜椭圆　　　平行两平行直线

图 3-20　圆柱体的截切

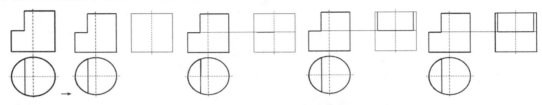

图 3-21　求带缺口圆柱的左视图画图过程

在以上图形基础上再进行变化：如从上到下挖一个圆孔，其三视图绘制如图 3-22 所示。

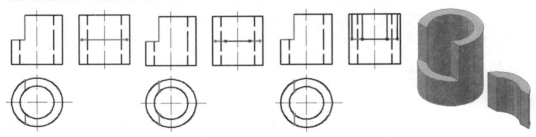

图 3-22　带缺口圆筒的左视图画图过程

[例 3-5]　求左视图（注意比较与上一例的不同之处：圆柱上半段大部分被截切，截平面过了竖直轴线）。

分析略，作图过程如图 3-23 所示。

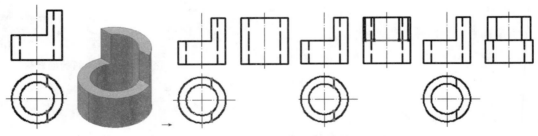

图 3-23　水平缺口过半圆筒的左视图画图过程

[例 3-6]　求三视图（圆筒左段的中间部分被截切）。

分析略，其三视图如图 3-24 所示。

[例 3-7]　由二视图，求物体的左视图。

画图步骤：找特殊点→找中间点→光滑连接各点。

画图要领：把空间上是椭圆的截平面（正垂面）的积聚线（椭圆的长轴是一条正平线，故积聚线长度等于椭圆的长轴)等分,得到若干等分点,再在左视图中找到对应点,点取越多越准确,且左视图中椭圆长轴是正垂线,反映实形;正垂面在俯视图中投影收缩成原圆柱的底圆,如图 3-25 所示。

比较圆柱体被不同斜面斜切的变化,如图 3-26 所示。

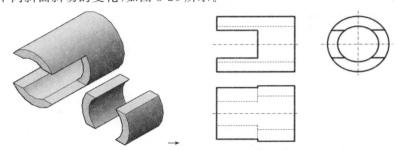

图 3-24　求圆筒左段的中间部分被截切后的三视图

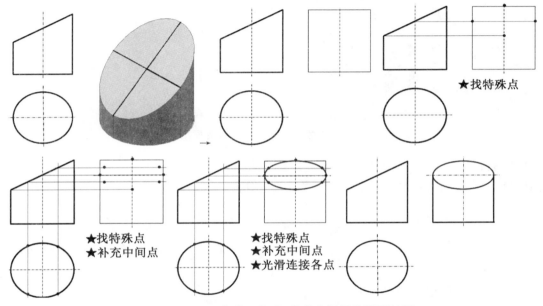

★找特殊点

★找特殊点
★补充中间点

★找特殊点
★补充中间点
★光滑连接各点

图 3-25　已知物体的二视图,求其左视图的画图过程

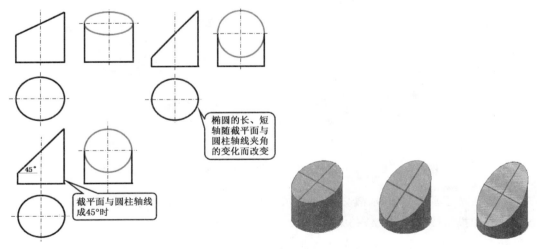

椭圆的长、短轴随截平面与圆柱轴线夹角的变化而改变

45°

截平面与圆柱轴线成45°时

图 3-26　圆柱体被不同斜面斜切的变化

注意比较图 3-26 所示三组图,总结出结论:椭圆的长、短轴随截平面与圆柱轴线夹角的变化而改变。当截平面是正垂面且与 H 面交角 $\alpha = 45°$ 时,截交线在左视图中的投影由原来的椭圆变成圆。

[例 3-8] 由二视图，求物体的左视图。

绘图步骤：①先把完整的圆柱左视图画出；②找缺口；③画高和宽的对应线；④找截平面的最高和最低线；⑤光滑连接，注意可见性的判断；⑥整理成图，如图 3-27 所示。

注意物体的摆放位置，正常是把特征面摆放为可见的，这里只是为了强调不可见的表达方法而设的摆放位置。

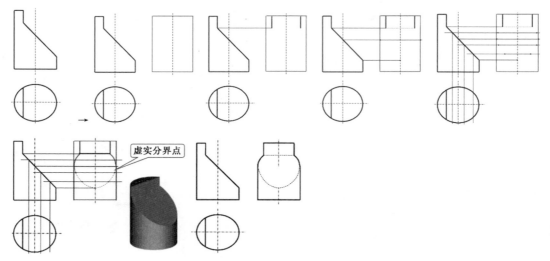

图 3-27　求被截切的圆柱的左视图作图过程

3. 圆锥体的截切

根据截平面与圆锥轴线的相对位置不同，截交线有五种形状，如图 3-28 所示。

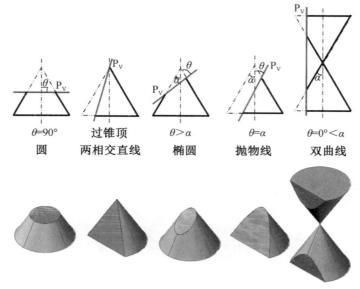

图 3-28　截平面与圆锥轴线的相对位置不同形成的不同截交线

[例 3-9] 圆锥被正垂面截切，求截交线，并完成三视图。

分析：截交线的投影特性？截交线的空间形状？如何找椭圆另一根轴的端点？

(1)找特殊点：主视图截交线积聚成线，与空间上椭圆的长轴等长，因长轴为正平线。

(2)补充中间点：把积聚线等分，等分点越多在左视图所作的椭圆弧线越光滑。

(3)光滑连接各点：在左视图中依次光滑连接各投影点。

(4)分析轮廓线的投影，整理得最后图形，如图 3-29 所示。

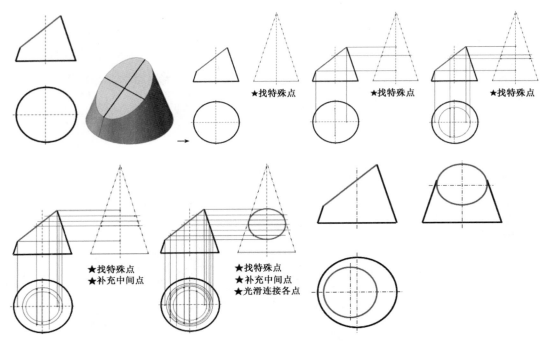

图 3-29　圆锥被正垂面截切的三视图作图过程

4. 球体的截切

平面与圆球相交,截交线的形状都是圆,但根据截平面与投影面的相对位置不同,其截交线的投影可能为圆、椭圆或积聚成一条直线。

[**例 3-10**]　求半球体截切后的俯视图和左视图,如图 3-20 所示。

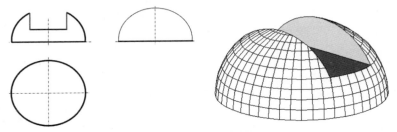

图 3-30　截切后的半球体

画图过程如图 3-31 所示。

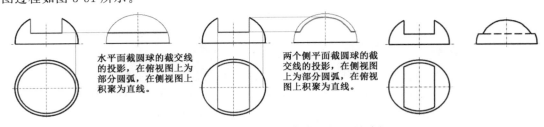

水平面截圆球的截交线的投影,在俯视图上为部分圆弧,在侧视图上积聚为直线。

两个侧平面截圆球的截交线的投影,在侧视图上为部分圆弧,在俯视图上积聚为直线。

图 3-31　截切后的半球体的视图画图过程

5. 复合回转体的截切

[**例 3-11**]　求作顶尖的俯视图,如图 3-32 所示。

作图过程:首先分析复合回转体由哪些基本回转体组成以及它们的连接关系,然后分别求出这些基本回转体的截交线,并依次将其连接,如图 3-33 所示。

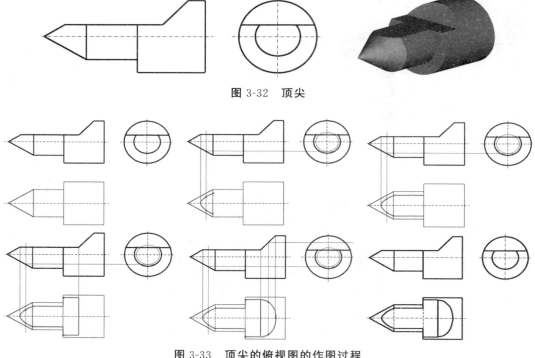

图 3-32　顶尖

图 3-33　顶尖的俯视图的作图过程

课后练习

绘制如图 3-34 和图 3-35 所示截切体的第三视图。

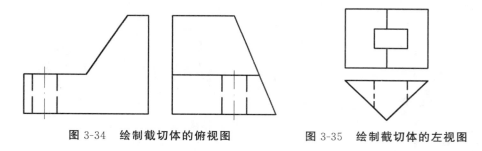

图 3-34　绘制截切体的俯视图　　　　图 3-35　绘制截切体的左视图

3.3　体的相贯线

两立体表面的交线称为相贯线。两曲面立体表面的相贯线一般是封闭的空间曲线,是两个立体表面的共有点的集合。两回转面相交时,交线的形状取决于回转面的形状、大小和它们的轴线相对位置。求作两回转面交线投影方法和步骤,和作平面与回转体的交线投影相似,必须根据立体或给出的投影,作出形体分析和线面分析,了解相交两回转面的形状、大小和它们的轴线相对位置,判断交线的形状特点;再根据两回转面的轴线对各投影面的相对位置,明确交线各投影的特点,然后采用适当方法作图。当交线为光滑非圆曲线时,则需求出一系列点后依次光滑连接。

一、概　述

两曲面体或曲面体与平面体互相贯穿叫相贯,其表面产生的交线叫相贯线。

本章主要讨论常用不同立体相交时其表面相贯线的投影特性及画法。

1. 相贯的形式

相贯的形式如图 3-36 所示。

2. 相贯线的主要性质

(1)表面性：相贯线位于两立体的表面上。

(2)封闭性：相贯线一般是封闭的空间折线（通常由直线和曲线组成）或空间曲线。

(3)共有性：相贯线是两立体表面的共有线。

作图实质是找出相贯的两立体表面的若干共有点的投影。

平面体与回转体相贯　　回转体与回转体相贯　　多体相贯

图 3-36　相贯的物体

二、平面体与回转体相贯

1. 相贯线的性质

相贯线是由若干段平面曲线（或直线）所组成的空间折线，每一段是平面体的棱面与回转体表面的交线。

2. 作图方法

求交线的实质是求各棱面与回转面的截交线。

(1)分析各棱面与回转体表面的相对位置，从而确定交线的形状。

(2)求出各棱面与回转体表面的截交线。

(3)连接各段交线，并判断可见性。

[例 3-12]　补画长方体与圆柱体相贯的主视图。

投影分析：由于相贯线是两立体表面的共有线，因此相贯线的侧面投影积聚在一段圆弧上，水平投影积聚在矩形上。

空间分析：四棱柱的四个棱面分别与圆柱面相交，前后两棱面与圆柱轴线平行，截交线为两段直线；左右两棱面与圆柱轴线垂直，截交线为两段圆弧。

绘图步骤：

(1)找出长方体前、后面与圆柱的相贯线（在俯视图中即为长方体前、后面的积聚线）。

(2)找出长方体左、右面与圆柱的相贯线，然后画全圆柱和长方体的轮廓线投影，如图 3-37 所示。

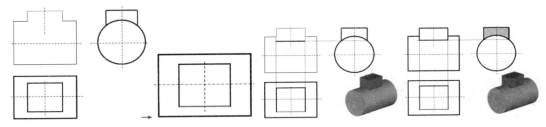

图 3-37　长方体与圆柱体相贯

若在上面立体基础上圆柱加挖圆通孔，长方体加挖长方孔与圆孔相通，其相贯线绘制如下：

(1)画方孔和圆孔的投影，注意可见性判断。

(2)整理后的三视图如图 3-38 所示。

结论：长方体与圆柱的相贯线有四条，前后两底边是圆柱的一段素线，所以是直线；左右两底边是圆柱圆平面上的一段弧，所以只在左视图反映真形。长方孔与圆孔的相贯线也有四条，同样，前后两底边是圆柱的一段素线，所以是直线；左右两底边是圆柱圆平面上的一段弧，所以只在左视图反映真形，在俯视图中与方孔的投影重合。

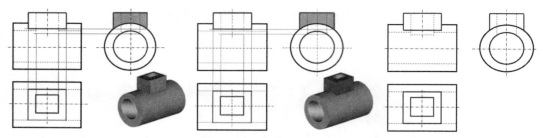

图 3-38　带方孔的长方体与圆筒相贯的三视图

[**例 3-13**]　求作带方孔的圆筒的主视图。

分析：从二视图可以看出，这是圆筒的长度方向的中间从上到下挖了一个方孔。方孔与圆柱相贯线与上一例相同，只是圆柱体一段素线已被挖除，如图 3-39 所示。

步骤：画圆筒的主视图；根据对应关系画出竖直方向开的方孔的主视投影；擦除切割的线；整理成图，如图 3-40 所示。

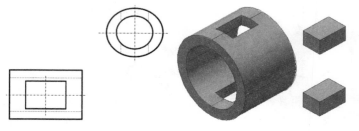

图 3-39　挖了方孔的圆筒

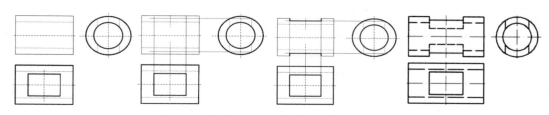

图 3-40　挖了方孔的圆筒的主视图作图过程

三、回转体与回转体相贯

1. 相贯线的性质

相贯线一般为光滑封闭的空间曲线，它是两回转体表面的共有线。

2. 作图方法

①利用投影的积聚性直接找点。②用辅助平面法。

3. 作图过程

①先找特殊点，确定交线的范围。②补充中间点，确定交线的弯曲趋势。

[**例 3-14**]　圆柱与圆柱相贯，求其相贯线。

作图方法：利用积聚性，采用表面取点法。

作图步骤：找特殊点→补充中间点→光滑连接。

分析：圆柱与圆柱相贯，其相贯线在俯视图中与竖直圆柱的积聚圆的整圆弧重合，在左视图中是水平圆柱积聚圆的一段圆弧，在主视图中是近似一段弧线。作图时，可先找出相贯线在主视图中投影弧线的特殊点：最高（最左、最右）点和最低点；再在左视图中把相贯线所在的投影——弧线等分，根据对应关系，找等分点的对应投影，等分点越多，在主视图中所连接的曲线越光滑，越准确，如图 3-41 所示。

注意比较图 3-42 中所示各图，当圆柱直径变化时，相贯线的变化趋势。

圆柱轴线的垂直方向上挖圆孔或长方体上两圆孔垂直相通也很常见，它们的视图绘制如图 3-43 所示。

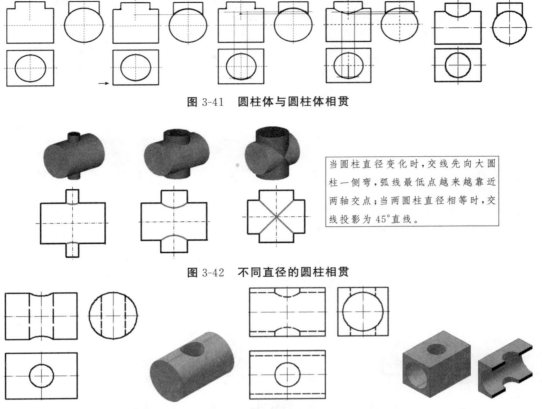

图 3-41　圆柱体与圆柱体相贯

当圆柱直径变化时,交线先向大圆柱一侧弯,弧线最低点越来越靠近两轴交点;当两圆柱直径相等时,交线投影为 45°直线。

图 3-42　不同直径的圆柱相贯

图 3-43　圆柱轴线的垂直方向上挖圆孔和长方体上两圆孔垂直相通的物体

[例 3-15]　补全圆筒与圆筒相贯的主视图。

分析:这是圆柱与圆柱外表面相贯及圆孔与圆孔内表面相贯的练习,它们的相贯线类似,但要注意内表面相贯的不可见性。①先分析圆柱与圆柱外表面相贯线及圆孔与圆孔内表面相贯线在俯视图中是整圆,在左视图中是一段弧。先画圆柱与圆柱外表面相贯线在主视图中的投影:因水平圆柱与竖直圆柱等径,故圆柱与圆柱外表面相贯线在主视图中的投影成两段 45°斜线。再画圆孔与水平圆柱相贯线在主视图中的投影:因水平圆柱与竖直圆孔不等径,故圆孔与圆孔内表面相贯线在主视图中的投影在小直径的圆孔上,是一段可见弧,注意擦除已挖出的线。②圆孔与圆孔内表面相贯线在主视图中的投影:因水平圆孔与竖直圆孔不等径,故圆孔与圆孔内表面相贯线在主视图中的投影在小直径的圆孔上,是一段弧。③整理后的三视图如图 3-44所示。

[例 3-16]　圆柱与圆锥相贯,求其相贯线的投影。

空间及投影分析:相贯线为一光滑的封闭的空间曲线。它的侧面投影有积聚性,正面投影、水平投影没有积聚性,应分别求出,如图 3-45 所示。

解题方法:辅助平面法。根据三面共点的原理,利用辅助平面求出两回转体表面上的若干共有点,从而画出相贯线的投影。

作图方法:假想用辅助平面截切两回转体,分别得出两回转体表面的截交线。由于截交线的交点既在辅助平面内,又在两回转体表面上,因而辅助平面法:是相贯线上的点。假想用水平面 P 截切立体,P 面与圆柱体的截交线为两条直线,与圆锥面的交线为圆,圆与两直线的交点即为交线上的点。

辅助平面的选择原则:使辅助平面与两回转体表面的截交线的投影简单易画,如直线或圆。一般选择投影面平行面。

画图步骤如图 3-46 所示。

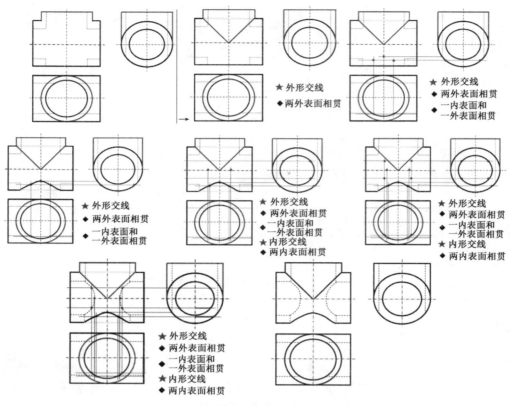

图 3-44　补全圆筒与圆筒相贯的主视图的作图过程

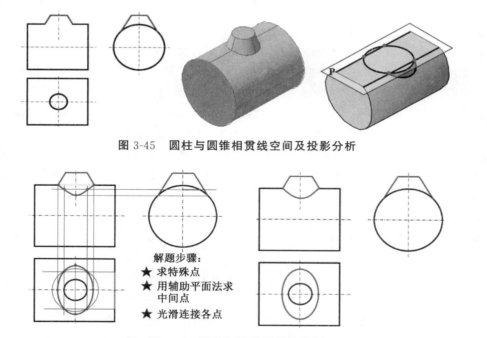

图 3-45　圆柱与圆锥相贯线空间及投影分析

解题步骤：
★ 求特殊点
★ 用辅助平面法求中间点
★ 光滑连接各点

图 3-46　圆柱与圆锥相贯的作图

注意：①主视图圆柱的最上轮廓线有一段无线。②俯视图中椭圆长轴是相贯线最前、最后两点的连线，与左视图中一前一后两切点的宽相等；短轴是与主视图中相贯线最左点和最右点的连线长对正。

注意观察图 3-47 至图 3-49 所示三组图，圆柱与圆锥的轴线垂直相交且圆柱轴线相对于圆锥底面高度不变时，圆柱直径变化对相贯线的影响：

(1)圆柱直径大于相贯处圆锥截平面直径时,如图 3-47 所示。

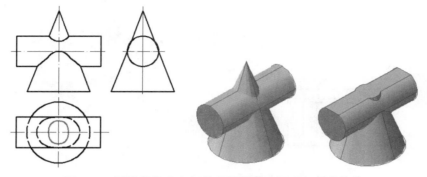

图 3-47　圆柱直径大于相贯处圆锥截平面直径时的物体

(2)圆柱直径小于相贯处圆锥截平面直径时,如图 3-48 所示。

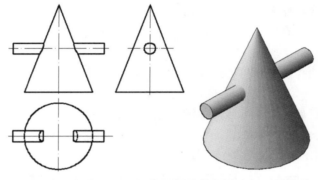

图 3-48　圆柱直径小于相贯处圆锥截平面直径时的物体

(3)左视图中圆柱圆平面与圆锥投影相切时,如图 3-49 所示。

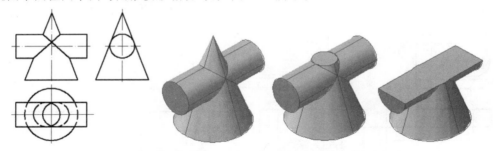

图 3-49　左视图中圆柱圆平面与圆锥投影相切时的物体

　　结论:虽然圆柱与圆锥相贯,随着圆柱与圆锥的相对位置变化及它们本身的大小变化,相贯线也会相应变化。但因为圆柱、圆锥均为回转体,圆柱又水平贯穿圆锥,因此它们的左右各形成一条一样的相贯线,在俯视投影中同一条相贯线关于圆柱轴线,即水平轴前后对称,左右两条的相贯线关于圆锥底圆轴线,即竖直轴左右对称。

四、组合体相贯线的画法

　　某一立体和另外两个立体相贯时,会在该立体表面上产生两段相贯线,它们的投影按两两相贯时的相贯线的画法分别绘制,但要注意两段相贯线的组合形式。如下例中半圆柱与大圆柱相贯线是一条弧线,而与半圆柱相连的长方体与大圆柱相贯线是一条素线。

　　[例 3-17]　如图 3-50 所示,已知物体的二视图及轴测图,求主视图。

　　分析:本例中,既有外表面与外表面相贯,又有内表面与内表面相贯;既有平面体与回转体叠加再切割且相切,又有回转体与之相贯。

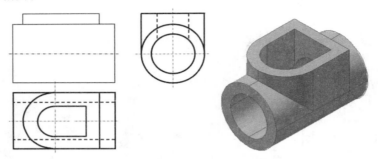

图 3-50　已知物体的二视图及轴测图

画图步骤:

(1)根据二视图和投影规律,先画出两物体的各自主视图投影。

(2)画圆柱外表面与半圆柱外表面相贯线(因为直径相等,所以它们的主视图相贯线是一条 45°斜线)以及圆柱外表面与长方体外表面相贯线(因为相切,所以从长方体前后表面到水平大圆柱曲面是光滑过渡,相贯线不画)。

(3)画圆孔内表面与半圆孔内表面相贯线(因为直径不相等,所以它们的主视图相贯线是一条在直径较小的半圆孔投影方向上的弧线,先找特殊点:最高点 1 和最低点 2、3,再在左视图圆孔弧上取若干等分点 4、5、6、7,各自找主视图的投影,最后光滑连接)以及圆孔内表面与长方孔内表面相贯线(是一条直线)。注意擦除挖除的线段和可见性判断。

作图过程如图 3-51 所示。

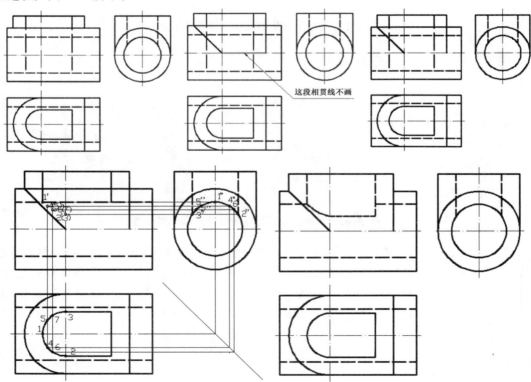

图 3-51　已知物体主视图的作图过程

结论:注意外表面等径相贯,相贯线为一条 45°线;内表面半圆孔比水平通孔直径小,相贯线是半条弧;此外圆柱外表面与长方体相贯线是一条可见的直线,但因为是相切,所以在主视图中相切处无线,不画;水平圆孔与方孔相贯线也是直线,但不可见。

[例 3-18]　如图 3-52 所示,补全主视图。

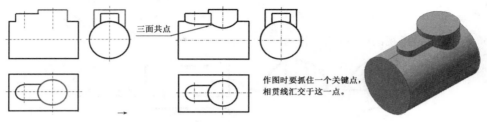

三面共点

作图时要抓住一个关键点,
相贯线汇交于这一点。

图 3-52　多体相贯举例及分析

看图思考:这是一个多体相贯的例子,首先分析它是由哪些基本体组成的,这些基本体是如何相贯的,然后分别进行相贯线的分析与作图。哪两个立体相贯?作图时要抓住一个关键点,相贯线汇交于这一点。

可见,通过图 3-52 给出的视图,可以空间想象出左边的物体:一个大圆柱,在上面的最左边相贯半个小圆柱,紧挨着它的是与之等高等宽的长方体,最右边的又是圆柱,但高度较高,所以主视图相贯线由一段弧加与之相切的直线再加右边一大段弧组成,俯视图中相贯线均与半圆、长方形边及较大圆弧重合,最后根据对应关系可作出左视图。

作图过程如图 3-53 所示。

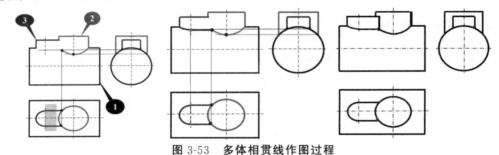

图 3-53　多体相贯线作图过程

举一反三:根据立体图,求三视图。

分析略,作图过程如图 3-54 所示。

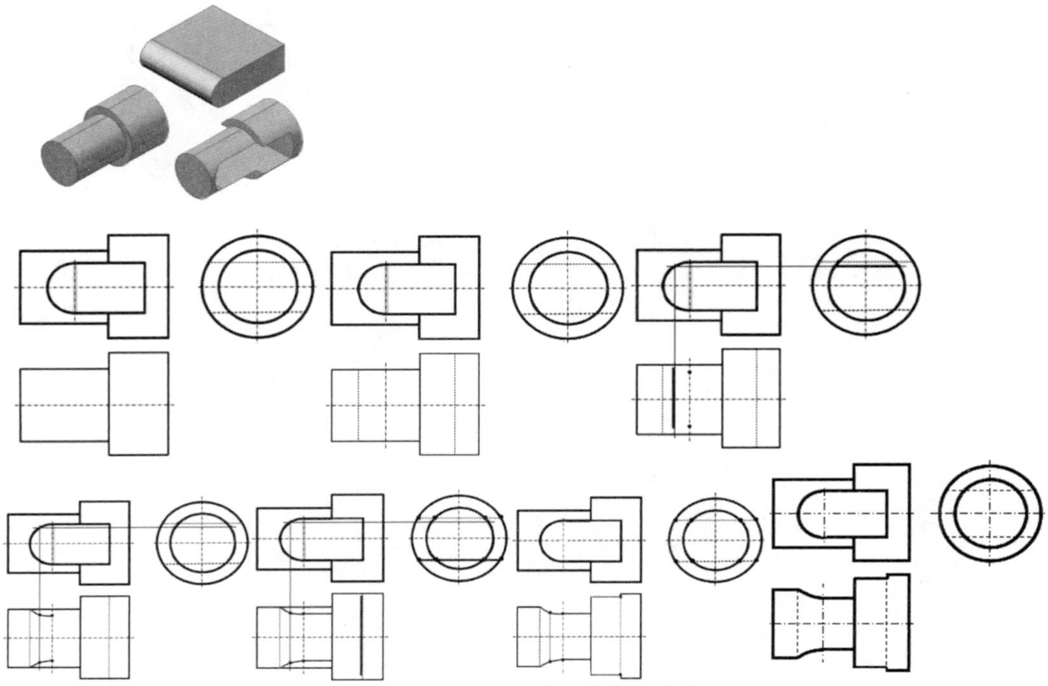

图 3-54　根据立体图,求三视图的作图过程

如图 3-55 所示,根据三视图,完成相贯体的投影。

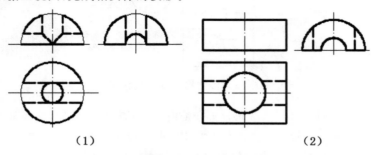

（1）   （2）

图 3-55　根据三视图,完成相贯体的投影

第 4 章　组合体

4.1　概　述

任何复杂的机械零件都可以看成是由若干个基本几何体组成,由两个或两个以上基本体构成的物体称为组合体。

一、组合体的组合形式

组合体的组合形式有叠加和切割两种形式,常见的组合体都是这两种方式的综合体,如图 4-1 所示。

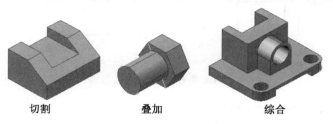

切割　　　　　　叠加　　　　　　综合

图 4-1　组合体的组合形式

根据组成组合体的基本体相邻表面存在的相互关系,组合体又可分为平行、相交、相切和切割。

1. 平行

所谓的平行是指两基本体的表面间同方向的相互关系。

平行叠加的形式包括表面平齐(共面,无分界线)与不平齐(不共面,有分界线)叠加、同轴与不同轴叠加,以及对称与非对称叠加,如图 4-2 所示。

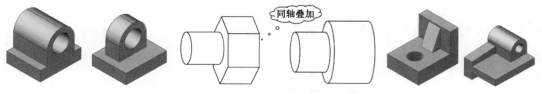

同轴叠加

图 4-2　平行叠加的组合体

2. 相交

当两个基本形体的表面相交时,相交处会产生不同形状的交线,在视图中应画出这些交线的投影,如图4-3 所示。

3. 相切

当两个基本形体的表面相切时,两表面在相切处光滑过渡,在视图中不应画出切线的投影,如图 4-4 所示。

图 4-3　基本体表面相交组成的组合体

4. 切割

由一个或若干个截平面截切基本体形成表面的交线,如图 4-5 所示。

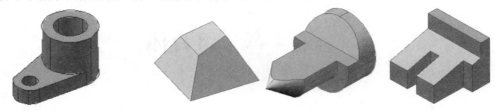

图 4-4　基本体表面相切组成的组合体　　图 4-5　基本体若干次切割组成的组合体

二、形体之间的表面过渡关系

(1)两形体叠加时的表面过渡关系如图 4-6 所示。

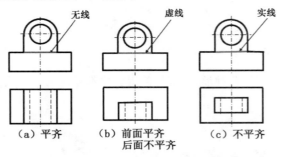

（a）平齐　　（b）前面平齐　　（c）不平齐
　　　　　　　　后面不平齐

图 4-6　两形体叠加时的表面过渡关系

(2)两形体表面相切时,相切处无线,如图 4-7 所示。

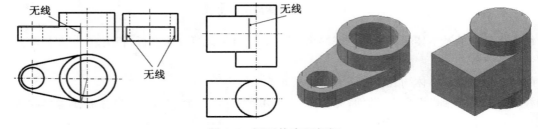

图 4-7　两形体表面相切

(3)两形体相交时,在相交处应画出交线,如图 4-8 所示。

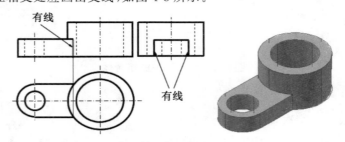

图 4-8　两形体相交

三、组合体的画图、读图常用方法

1. 形体分析法

根据组合体的形状,将其分解成若干部分,弄清各部分的形状和它们的相对位置及组合方式,分别画出各部分的投影。

2. 线面分析法

视图上的一个封闭线框,一般情况下代表一个面的投影,不同线框之间的关系反映了物体表面的变化,这时运用投影理论,结合物体表面形状、面与面的相对位置以及面与面的表面交线,并借助立体的概念来想象物体的形状。

4.2 组合体的画图方法

一、画图步骤及要领

(1)对组合体进行形体分解——分块。

(2)弄清各部分的形状及相对位置关系。

(3)按照各块的主次和相对位置关系,逐个画出它们的投影。

(4)分析及正确表示各部分形体之间的表面过渡关系。

(5)检查、加深。

二、组合体的画图方法

[例 4-1] 求作轴承座的三视图。

形体分析:轴承座可看成由底板、肋板、支撑板、圆筒以及凸台组成;底板与支撑板以及肋板均为上表面相接,且底板与支撑板后端面共面,底板上有挖两个圆孔,下面有开方槽;支撑板与圆筒相切,相贯线是直线和圆弧;圆凸台的中间有圆柱形通孔,圆筒与圆凸台组合形式是相贯,如图 4-9 所示。

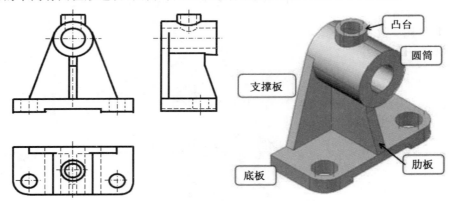

图 4-9 轴承座三视图及其形体分析

选择视图:首先要选择主视图。通常要求主视图能较多地表达物体的形状和特征,即尽量将组成部分的形状和相互关系反映在主视图上,并使主要平面平行于投影面,以便投影能真实地表达实体的特征。

确定主视图之后,俯视图中要能表达清楚底板形状及两孔中心的位置;而支撑板的侧面以及肋板的特征则需在左视图中表达清楚。可见,三视图都是必需的。

选择比例、确定图幅:视图确定之后,便要根据物体的大小选择适当的作图比例和图幅的大小,并且要符合制图标准的规定。同时要注意图幅的大小要留有余地,以便标注尺寸,画出标题栏和书写技术要求。

布置视图:要根据各视图每个方向上的最大尺寸和视图间要留的间隙来确定每个视图的位置。视图间的间隙应保证标注尺寸后尚有适当的余地,并且要求布置均匀,不宜偏向一方。

画图步骤:①画轴线和基准线及底座三视图;②画圆筒三视图;③画支撑板,注意切点位置及切线长度;④画肋板,注意与底板、支撑板、圆筒的共有线的投影;⑤画凸台,注意内外表面相贯线;⑥整理,如图 4-10

所示。

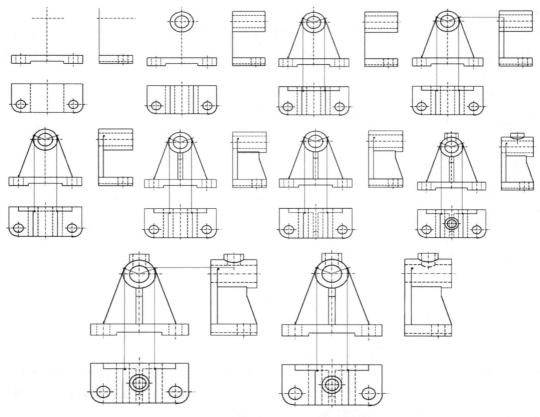

图 4-10　轴承座三视图的作图过程

［例 4-2］　求作如图 4-11 所示导向块的三视图。

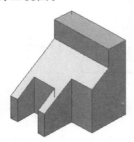

图 4-11　导向块

导向块三视图的作图过程如图 4-12 所示。

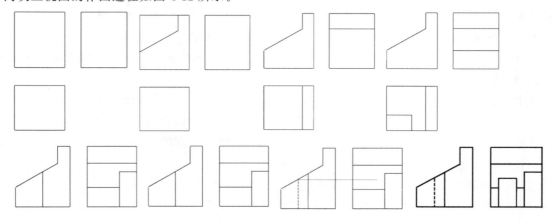

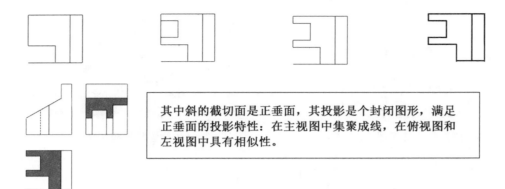

其中斜的截切面是正垂面，其投影是个封闭图形，满足正垂面的投影特性：在主视图中集聚成线，在俯视图和左视图中具有相似性。

图 4-12　导向块三视图的作图过程

4.3　组合体的看图方法

看图和画图是学习本课程的主要任务。画图是将实物或想象中的物体运用正投影法表达在图纸上，是一种从空间形体到平面图形的表达过程。看图正好是它的逆过程，是根据图纸上的视图想象出空间物体的形状，较为抽象，需不断地练习，提高空间想象能力。

一、看图时需要注意的几个问题

1. 要把几个视图联系起来进行分析

一般情况下，一个视图不能完全确定物体的形状，必须兼顾其他视图，最后确定物体的形状。

（1）主俯视图均相同的物体，应观察左视图的特征面来判断，如图 4-13 所示。

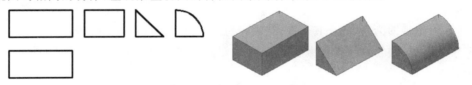

图 4-13　主俯视图均相同的物体

（2）主侧视图均相同的物体，应观察俯视图的特征面来判断，如图 4-14 所示。

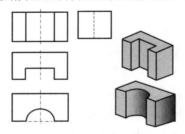

图 4-14　主侧视图均相同的物体

2. 注意抓特征视图

（1）形状特征视图：最能反映物体形状特征的视图，如图 4-15 所示。

（2）位置特征视图：最能反映物体位置特征的视图，如图 4-16 所示。

想一想：如图 4-17 所示，当只有主视图时，物体可能有几种形状？

例：

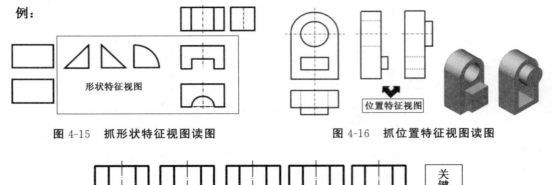

图 4-15　抓形状特征视图读图　　　　　　图 4-16　抓位置特征视图读图

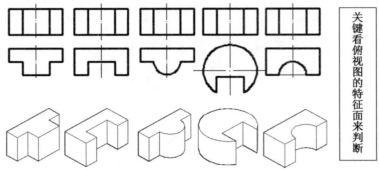

图 4-17　具有相同主视图的物体

二、看图的方法和步骤

看图的方法有形体分析法、面形分析法。

看图的步骤：

（1）看视图抓特征。

①看视图——以主视图为主，配合其他视图，进行初步的投影分析和空间分析。

②抓特征——找出反映物体特征较多的视图，在较短的时间里，对物体有个大概的了解。

（2）分解形体对投影。

①分解形体——参照特征视图，分解形体。

②对投影——利用"三等"关系，找出每一部分的三个投影，想象出它们的形状。

（3）综合起来想整体。

在看懂每部分形体的基础上，进一步分析它们之间的组合方式和相对位置关系，从而想象出整体的形状。

形体分析法是读图的基本方法，一般是从反映物体的形状特征的主视图着手，对照其他视图，初步分析出该物体是由哪些基本体组成以及通过什么连接关系形成的；然后按投影特性逐个找出各基本体在其他视图中的投影，以确定各基本体的形状和它们之间的相对位置，最后综合想象出物体的总体形状。

下面以轴承座为例，如图 4-18 所示，说明用形体分析法读图的方法。

（1）形体 1——底座三视图，想象出底座形体，有挖圆孔和方槽。

（2）形体 2——轴承孔三视图，主视图中有孔的特征投影，想象出轴承孔。

（3）形体 3——加强筋三视图，特征面也在主视图（三角形）中，想象出加强筋形体→各组成部分。

（4）根据各部分相对位置确定出组合体形状，如图 4-19 所示。

当形体被多个平面切割，形体形状不规则或在某个视图中形状结构的投影重叠时，应用形体分析法较难读懂。这时，需要运用线、面投影理论来分析物体的表面形状、面与面之间的相对位置以及面与面之间的表面交线来想象出物体的形状，这种方法叫线面分析法。

下面以压块为例，说明线面分析的读图方法，如图 4-20 所示。

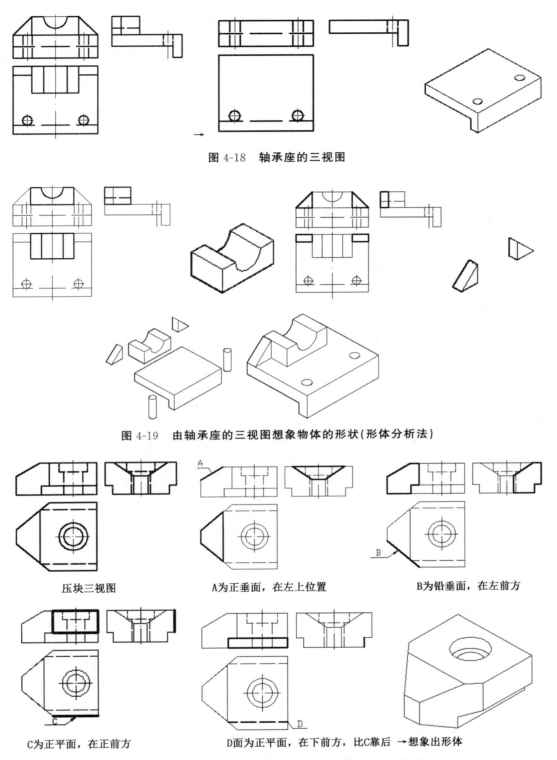

图 4-18　轴承座的三视图

图 4-19　由轴承座的三视图想象物体的形状(形体分析法)

压块三视图　　　　A为正垂面,在左上位置　　　　B为铅垂面,在左前方

C为正平面,在正前方　　　　D面为正平面,在下前方,比C靠后 →想象出形体

图 4-20　由压块的三视图想象物体的形状(线面分析法)

4.4　组合体的尺寸标注

画出组合体的三视图,只是解决了形状问题,要想表明它的真实大小,还需要在视图上标注尺寸。

一、基本要求

1. 尺寸标注要正确

尺寸标注必须符合国家标准的规定。

2. 尺寸标注要完整

尺寸标注要齐全,首先要按形体分析法将组合体分解为若干基本体,再注出表示各基本体大小的定形尺寸及确定各基本体之间关系的定位尺寸,最后标注出总体尺寸。做到既不漏标,也不重复标注。

3. 尺寸标注要清晰

尺寸布置要整齐清晰,便于看图。

二、尺寸基准

标注尺寸的起点称为尺寸基准。组合体有长、宽、高三个方向的尺寸,标注每一个方向的尺寸都应先选择好基准。标注时通常选择组合体的底面、端面、对称面、轴心线、对称中心线等作为基准。

三、尺寸布置

标注组合体的尺寸,除了要求完整、准确地注出定形尺寸、定位尺寸和总体尺寸,还要求标注清晰、整齐。所以标注时要注意以下几点:

(1)各基本形状的定形尺寸和定位尺寸要尽量集中标注在一个或两个视图上,这样集中标注便于看图。

(2)尺寸应注在表达形体特征最明显的视图上,并尽量避免注在虚线上。

(3)对称性的尺寸,一般应按对称要求标注。

(4)尺寸应尽量注在视图外边,布置在两个视图之间。

(5)圆的直径一般标在非圆视图上,而半径则应标在圆弧视图上。

(6)相互平行的尺寸应小尺寸靠内,大尺寸靠外,且尺寸线的间距一致。同一方向的几个连续尺寸应尽量放在同一条线上。

(7)尺寸线与尺寸界线,尺寸线、尺寸界线与轮廓线应尽量避免相交。

在标注尺寸时,有时会出现不能兼顾以上各点的情况,这时必须在保证尺寸标注正确、完整的前提下,灵活掌握,统筹兼顾,力求清晰。

四、标注步骤

(1)形体分析:分析组合体是由哪些基本体组成。

(2)选择基准:选择组合体长、宽、高每个方向的基准。

(3)标注各基本体相对于基准的定位尺寸。

(4)标注各基本体的形状尺寸。

(5)标注组合体的总体尺寸。

(6)检查、调整尺寸。

五、举例说明尺寸标注过程及要领

(1)分解,注意标注出各基本形体的定形尺寸。如图 4-21 所示,组合体可分解为 4 块,每块的定形尺寸和互相之间的定位尺寸已标出。例如,2、3 块之间的定位尺寸可以说是 106,即第 4 块的长,也是 2 的右端面与 3 的左端面的距离。2、3 块之间的定位尺寸也可以说是 200,即 R42 及 2×Ø42 的中心轴线的距离。而第 1 块的总高 126,也可以是第 1 块的上表面的定位尺寸。

（2）尺寸标注要完整清晰，便于读图，便于标注。尽量标注在特征明显的位置和视图上；同一方向上的尺寸线尽量在同一直线上；尽量避免在虚线上标注；要满足小尺寸在内，大尺寸在外；组合体的总体尺寸要完整，即 200×144×126；标注也要尽量考虑从重要面、重要轴线为基准开始标注，以便于设计基准与加工基准的重合。

分析组合体，由 4 块基本体组成，绘制三视图并且标注，如图 4-21 所示。

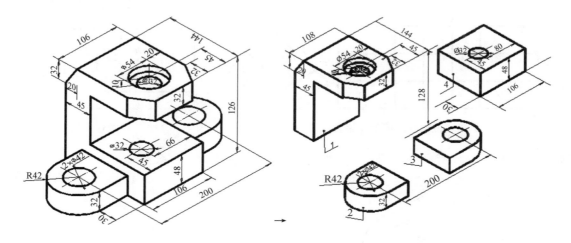

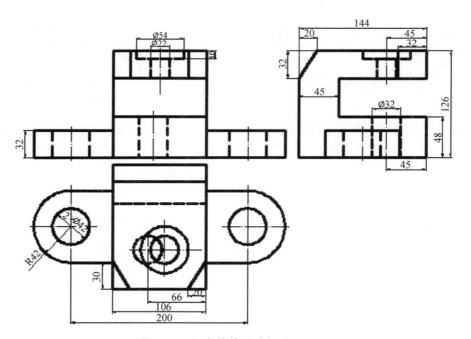

图 4-21　组合体的尺寸标注

課后练习

1．如图 4-22 所示，在栅格中徒手作出组合体的三视图。

2．如图 4-23 所示，由二视图想象物体，并补画第三视图。

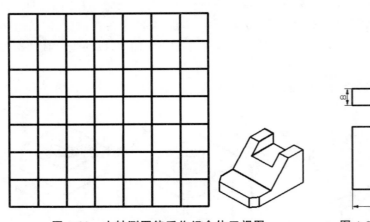

图 4-22　由轴测图徒手作组合体三视图

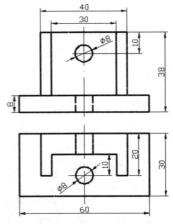

图 4-23　由二视图作第三视图

3.如图 4-24 和图 4-25 所示,根据轴测图画组合体三视图并标注。

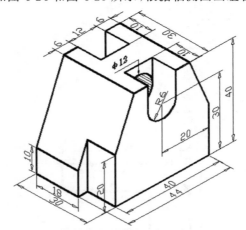

图 4-24　由轴测图作组合体三视图 1

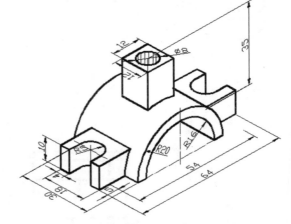

图 4-25　由轴测图作组合体三视图 2

第 5 章　轴测图

前面介绍的正投影图,可以将物体的各个部分形状完整、准确地表达出来,而且作图方便,度量性好,因而在工程上得到了广泛运用。但正投影图样缺乏立体感、直观性差,为了弥补这种不足,工程上还常采用富有立体感的轴测图作为正投影图的辅助图样。轴测图是一种能同时反映立体的正面、侧面和水平面形状的单面投影图,直观性强,一般人都能看懂;但由于它不能同时反映上述各面的实形,度量性差,因此在生产中一般只作为辅助图样。

5.1　轴测图的基本知识

一、轴测图的形成

将物体连同确定其空间位置的直角坐标系,沿不平行于任一坐标面的方向,用平行投影法将其投射在单一投影面上所得的具有立体感的图形叫轴测图;得到轴测投影的面叫轴测投影面;用正投影法形成的轴测图叫正轴测图;用斜投影法形成的轴测图叫斜轴测图,如图 5-1 所示。

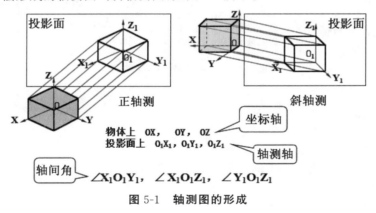

图 5-1　轴测图的形成

二、轴测轴、轴间角和轴向伸缩系数

1. 轴测轴和轴间角

建立在物体上的坐标轴在投影面上的投影叫轴测轴,轴测轴间的夹角叫轴间角,图 5-1 所示。

2. 轴向伸缩系数

物体上平行于坐标轴的线段在轴测图上的长度与实际长度之比叫轴向伸缩系数,如图 5-2 所示。

三、基本投影特性

由于轴测图是用平行投影法得到的,因此在原物体与轴测投影间保持以下关系:

(1)立体上两线段平行,它们的轴测投影也平行。

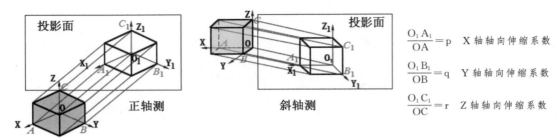

图 5-2　轴测图的轴向伸缩系数

$$\frac{O_1 A_1}{OA} = p \quad X 轴轴向伸缩系数$$

$$\frac{O_1 B_1}{OB} = q \quad Y 轴轴向伸缩系数$$

$$\frac{O_1 C_1}{OC} = r \quad Z 轴轴向伸缩系数$$

(2)立体上两平行线段或同一直线上的两段线段的轴测投影长度与空间长度的比值相等。

(3)立体上平行于轴测投影面的直线或平面,在轴测图中反映实长和真形。

(4)物体上与坐标轴平行的直线,其轴测投影平行于相应的轴测轴。

轴测含义:凡是与坐标轴平行的线段,就可以在轴测图上沿轴向进行度量和作图。

注意:与坐标轴不平行的线段其伸缩系数与之不同,不能直接度量与绘制,只能根据端点坐标,作出两端点后连线绘制。

四、轴测图的分类

轴测图的分类及举例如图 5-3 所示。

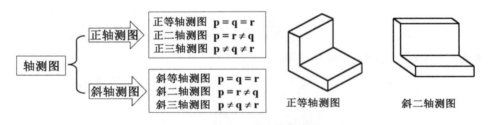

图 5-3　轴测图的分类及举例

5.2　正等轴测图

一、正等轴测图的形成、轴间角与轴向伸缩系数

1. 形成

当三根坐标轴与轴测投影面倾斜角度相同时,用正投影法得到的投影图称为正等轴测图,简称正等测。

2. 轴间角和轴向伸缩系数

由于三根坐标轴与轴测投影面倾斜角度相同,因此三个轴间角相等,360°/3＝120°,且 OZ 轴规定画竖直方向;三根轴的轴向伸缩系数也相等,约 0.82,为了作图方便,规定采用简化轴向伸缩系数 1,如图 5-4 所示。

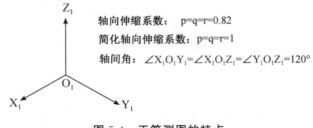

图 5-4　正等测图的特点

二、正等轴测图画法

1. 平面体的正等轴侧图画法

（1）坐标法。

[例 5-1]　如图 5-5（a）所示，已知三棱锥三视图，画三棱锥的正等轴测图。

步骤：①选一个合适位置作为原点 O_1，过 O_1 点画出铅垂的 Z_1 轴，再依次画出与 Z_1 轴交角 120°的 X_1 轴、Y_1 轴，并标注出各对应点。

②把投影圆点设在 C 点，过 O_1 点（即 c 点）往 X_1 轴正轴方向量取 AC 长，AC 是侧垂线，故 $AC = ac$，再在俯视图中过 b 作 ac 的垂线，得 b 距 ac 的宽，度量垂足到 c 点的长和 b 到垂足的宽（Y_1 方向）来确定 B 点位置，同理可得 S 点的位置。

③用粗实线连接 SA、SB、SC，清除辅助线（注意轴测图中只画可见线），如图 5-5 所示。

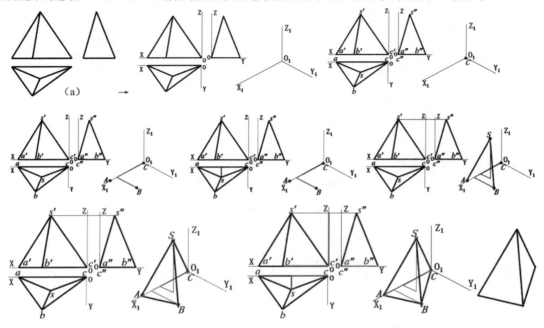

图 5-5　三棱锥三视图及绘制其正等测图的作图过程

（2）切割法。

[例 5-2]　如图 5-6（a）所示，已知物体的三视图，画其正等轴测图。

步骤：

①选后、下、右端点为坐标原点，画好正等测图轴间角 120°的三根投影轴。

②量取三视图中与投影轴平行的轮廓线长度，在轴测图中 1：1 画出；依次作出底面各边。

③向上画出上表面。

④定位切割，整理，如图 5-6 所示。

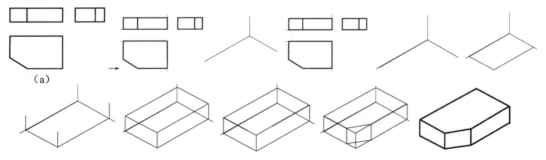

图 5-6　切割法画物体的正等测图

(3)叠加法。

[例 5-3]   如图 5-7(a)所示,已知在上例物体基础上叠加一个切割过的长方体三视图,画其正等测图。

步骤:画叠加体的下表面;画出长方体;画出切割的定位线;整理,加粗轮廓线,如图 5-7 所示。

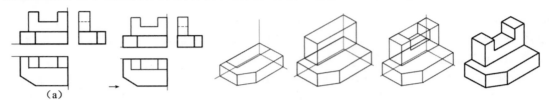

(a)

图 5-7   叠加法画物体的正等测图

2. 回转体的正等轴测图画法

(1)平行于各个坐标面的圆的正等测图——椭圆的画法,如图 5-8 所示。

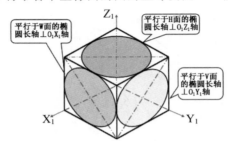

平行于W面的椭圆长轴⊥O₁X₁轴

平行于H面的椭圆长轴⊥O₁Z₁轴

平行于V面的椭圆长轴⊥O₁Y₁轴

注意:与投影面平行的长方形面,在正等测图中是平行四边形;正方形平行面则为菱形;圆平面则为椭圆。水平圆两轴为 X 轴和 Y 轴,正平圆的为 X 轴和 Z 轴,侧平圆的则为 Y 轴和 Z 轴。三个椭圆的大小形状是一样的,但方向不一样。

图 5-8   平行于投影面的圆的正等测图——椭圆

四心圆弧法画椭圆(以平行于 H 面的圆为例),如图 5-9 所示。

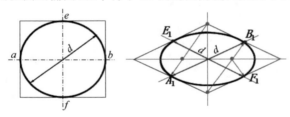

具体作法详见第 1 章中的几何作图之四心圆弧法画椭圆。

☆ 画圆的外切菱形
☆ 确定四个圆心和半径
☆ 分别画出四段彼此相切的圆弧

图 5-9   四心圆弧法画水平面的椭圆

轴线平行于坐标轴的圆柱的正等测图如图 5-10 所示。

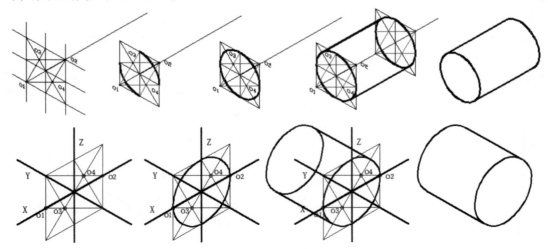

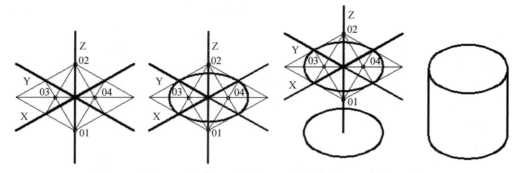

图 5-10　轴线平行于坐标轴的三种圆柱的正等测图的作图过程

[例 5-4]　如图 5-11(a)所示,画圆台的正等轴测图。

步骤:①定原点,画出外接圆的正等测图——菱形;②再作出小圆的轴测图;③连接最左、最右轮廓线并加粗可见线;④整理,如图 5-11 所示。

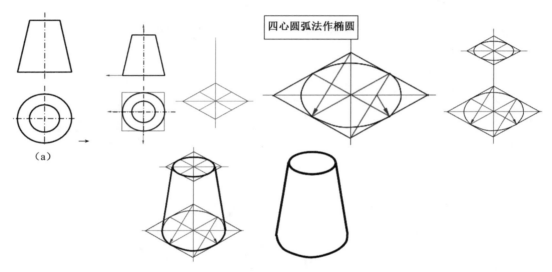

图 5-11　圆台的正等测图的作图过程

[例 5-5]　如图 5-12(a)所示,由二视图画带缺口的圆柱正等测图。

步骤:①画正等轴,夹角 120°,画圆的外接正方形的正等轴测图——菱形。

②菱形的短对角线的两个端点均为圆的正等测图——椭圆的长弧的圆心,长弧的圆心再与菱形对应边中点连线,与菱形的长对角线交点即为另两个短弧的圆心,按照四心圆弧法画出椭圆。

③以同样方法画出另一个相同的椭圆,在正 Z 向距离下面的椭圆 18。

④作 Y 轴的平行线,距离 Y 轴 5、8 画出切割线。

⑤把圆心分别下移 6 和 2,画出另两个椭圆,并照样画出切割线。

⑥画上下弧的公切线,去掉辅助线和不可见线,整理成图,如图 5-12 所示。

(2)圆角的正等轴测图的画法。

画图过程如图 5-13 所示

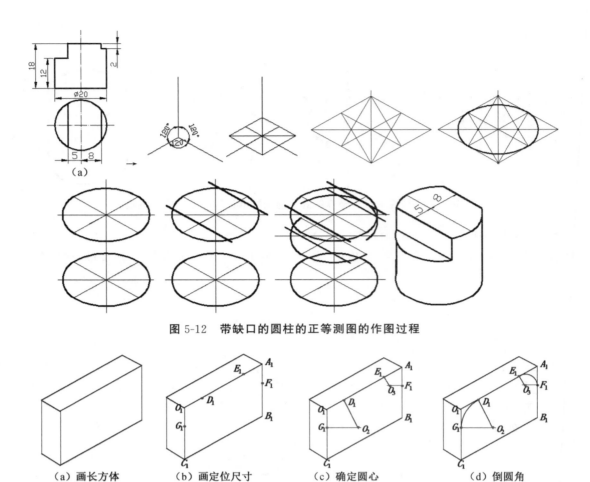

图 5-12　带缺口的圆柱的正等测图的作图过程

（a）画长方体　　（b）画定位尺寸　　（c）确定圆心　　（d）倒圆角

（e）复制、平移到后面　　（f）作公切线　　（g）整理、加粗轮廓线

图 5-13　倒圆角的长方体正等轴测图的画法

画图要领: ①取 $O_1D_1 = O_1G_1 = A_1E_1 = A_1F_1 = $ 圆角半径。

②作 $O_2D_1 \perp O_1A_1$，$O_2G_1 \perp O_1C_1$，$O_3E_1 \perp O_1A_1$，$O_3F_1 \perp A_1B_1$。

③分别以 O_2、O_3 为圆心，O_2D_1、O_3E_1 为半径画圆弧。

④定后端面的圆心,画后端面的圆弧。

⑤定后端面的切点 D_2、G_2、E_2。

⑥作公切线,整理。

（3）球的正等测图的画法。

　　球的正等测图是圆。当采用简化轴向伸缩系数时,这个圆的直径是球直径的 1.22 倍,可略画小些。球的三个特殊圆:水平圆、正平圆和侧平圆的正等测图是椭圆,三个椭圆均内切于圆,如图 5-14 所示。

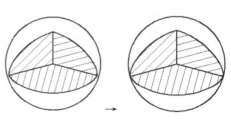

图 5-14　球的正等测图

[例 5-6] 已知组合体三视图如图 5-15 所示,作其正等测图。

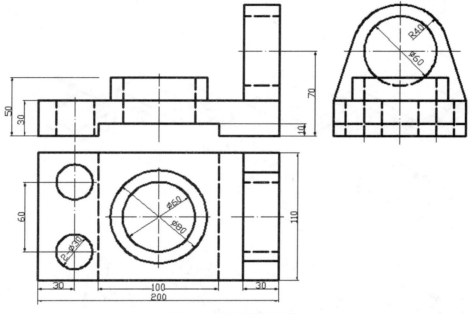

图 5-15　组合体三视图

步骤:①画好三根正等轴。

②从原点沿着 X 轴量取 200 长,从原点沿着 Y 轴量取 110 宽,再各自作长和宽的平行线,画出底座的底面。

③过底面(平行四边形)的四个顶点向上作高,长度为底座的高 30。

④各自作长和宽的平行线,形成底座上表面(平行四边形)。

⑤在底座前端面沿着 X 轴作出方槽的长 100,和沿着 Z 轴作出方槽的高 10,形成一个平行四边形;整理,擦除平行四边形的下面一条边,并以平行四边形的下边右端点为起点,沿着 Y 轴平行方向补画一段直线至上边线相交为止。

⑥作底座上表面的左边线的平行线,距离 30;作底座上表面的前边线的平行线,距离(110−60)/2＝25;定位出底座上表面的前面第一个 Ø30 圆孔的圆心,再从圆心向 Y 负向画 60 的定位线,定位出第二个 Ø30 圆孔的圆心;用四心圆弧法画出 Ø30 的圆的正等测图——椭圆。

⑦擦除辅助线。

⑧从底座上表面中心定位出圆筒的中心,并向上 20 画出圆筒的中心,用四心圆弧法画出 Ø60 和 Ø80 圆的正等测图——椭圆。

⑨作出圆筒上表面与下表面的公切线——高 20。

⑩删除不可见线,整理成图。

⑪从底座上表面右边线向 X 轴正向作出其平行线,距离为定位尺寸 30;再从中点向上画出高 70−30＝40,定位出底座上表面右边叠加的拱形体的圆心,用四心圆弧法画出 Ø60 和 Ø80 圆的正等测图——椭圆。

⑫擦除辅助线,作切线。

⑬从拱形体的左端面圆心向 X 负轴方向量取 30,定位出拱形体的右端面圆心;用四心圆弧法再画出 Ø60 和 Ø80 圆的正等测图——椭圆。

⑭擦除不可见线,再在上面作出一条 X 向的左右端面圆弧的公切线,完成组合体的正等测图,如图 5-16 所示。

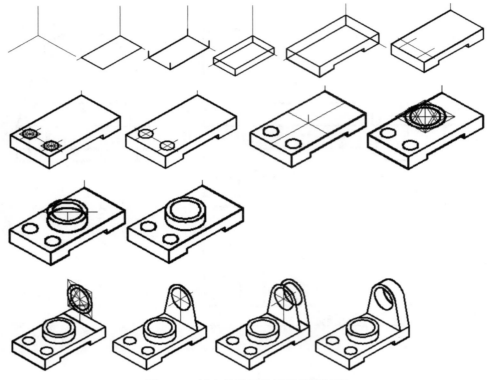

图 5-16　组合体的正等测图作图过程

5.3　斜二等轴测图

将形体放置成使它的一个坐标面平行于轴测投影面,然后用平行投影法中的斜投影方法向轴测投影面进行投影,用这种方法画出的轴测图称为斜二等轴测图,简称斜二测图,如图 5-17 所示。

一、轴向伸缩系数和轴间角

斜二等轴测图的轴向伸缩系数和轴间角示意如图 5-17 所示。

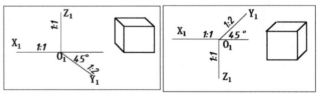

轴向伸缩系数:**p=r=1** ,**q=0.5**
轴间角:$\angle X_1O_1Z_1=90°$　$\angle X_1O_1Y_1=\angle Y_1O_1Z_1=135°$

图 5-17　斜二测图的形成

二、斜二测图画法

平行于各投影面的圆的斜二测图画法如图 5-18 所示。

注意:由于斜二测图中 $X_1O_1Z_1$ 角依然等于 90°,故主视图中所有正平面都不变形,因此斜二测图经常用来画前后面是正平面或有圆弧的图形。

[**例 5-7**]　已知二视图如图 5-19(a)所示,画斜二测图。

步骤:①以 1∶1 比例照抄主视图,并过主视图上各端点作 45°线段(Y 轴方向),长度为俯视图宽的一半(因为 $q=0.5$);②把主视图各对应图形线条平移复制到 45°线段终点处;③整理成图,如图 5-19 所示。

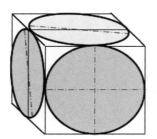

☆平行于 V 面的圆仍为圆,反映实形。

☆平行于 H 面的圆为椭圆,长轴对 O_1X_1 轴偏转 7°,长轴 $\approx 1.06d$,短轴 $\approx 0.33d$

☆平行于 W 面的圆与平行于 H 面的圆的椭圆形状相同,长轴对 O_1Z_1 轴偏转 7°。

由于两个椭圆的作图相当繁,因此当物体在这两个方向上有圆时,一般不用斜二测图,而采用正等测图。

斜二测图的最大优点:

物体上凡平行于 V 面的平面都反映实形。

图 5-18　平行于投影面的圆的斜二测图画法

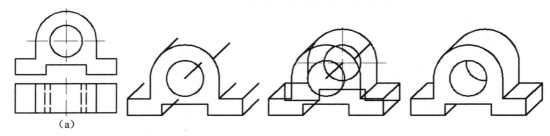

(a)

图 5-19　斜二测图作图过程

5.4　轴测剖视图

为了表示零件的内部结构和形状,如剖切圆筒,常用两个剖切平面沿两个坐标面方向切掉零件的四分之一,如图 5-20 所示。

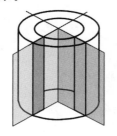

画图方法:

1.先画外形再剖切;

2.先画断面的形状,后画可见轮廓。

图 5-20　轴测剖视图

一、轴测图上剖面线的画法

轴测图上剖面线的画法如图 5-21 所示。

二、轴测图剖切画法举例

(1)先画截断面,后画内、外形的方法画正等轴测剖切图示例如图 5-22 所示。

①先打好轴线,画出立体的截断面轮廓;再画好剖面线,并把底座左后角正等轴测图和右前角正等轴测图画出。

②定位好底座上表面小圆圆心,用四心圆弧法画椭圆;整理;定位好 Ø40 的圆心,画椭圆。

③擦除不可见弧线;再画好定位线,画出 Ø32 的椭圆轴测图两个,高度差 10;同理画 Ø12 的椭圆轴测图

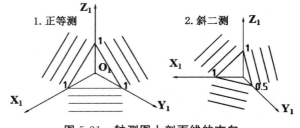

图 5-21　轴测图上剖面线的方向

两个,高度差 50;擦除不可见,整理成图。

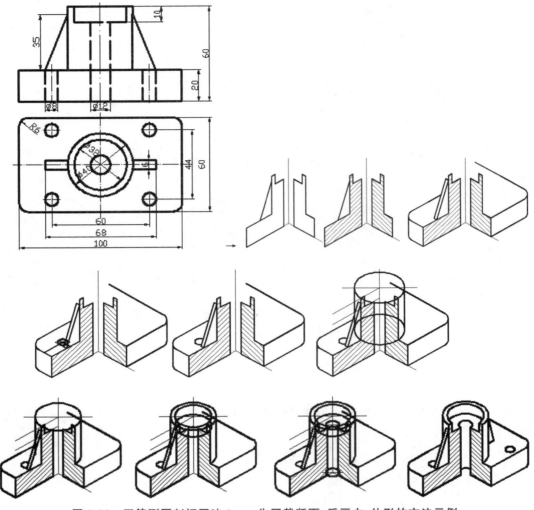

图 5-22　正等测图剖切画法 1——先画截断面,后画内、外形的方法示例

(2)先画完整的轴测图,后画截面和内形的方法画轴测剖切图示例如图 5-23 所示

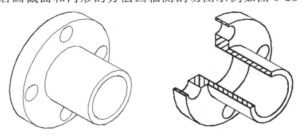

图 5-23　正等测图剖切画法 2——先画完整的轴测图,后画截面和内形的方法示例

课后练习

如图 5-24 和图 5-25 所示,根据视图作轴测图。

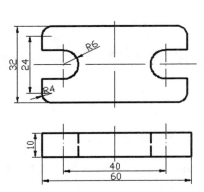

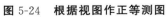

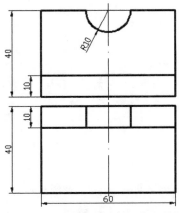

图 5-24　根据视图作正等测图　　图 5-25　根据视图作斜二测图

第6章 机件图样的画法

国家标准《技术制图 图样画法 视图》(GB/T 17451—1998)中提出的基本要求如下：

(1)技术图样应采用正投影方法绘制,并优先采用第一角画法。

(2)绘制技术图样时,应首先考虑看图方便。根据机件的结构特点,选用适当的表示方法。在完整、清晰地表示机件形状的前提下,力求制图简便。

前面着重介绍的均为第一角画法,在此基础上,本章介绍图样画法中规定的各种基本的表示方法,包括视图、剖视图、断面图、局部放大图和简化画法。只有掌握这些机件的图样的定义、画法、标注,在应用时,才会灵活使用它们。

6.1 视图(GB/T 4458.1—2002)

根据有关标准和规定,用正投影法绘制出的机件的图形(多面正投影)称为视图。为了便于看图,视图一般只画出机件的可见轮廓,必要时才画出其不可见轮廓。视图包括基本视图、向视图、局部视图和斜视图四种。

一、基本视图

表示一个机件可以有六个基本投射方向,相应地有六个基本的投影平面分别垂直于六个基本投射方向。

基本视图:机件向基本投影面投射所得的视图。其组成如图6-1所示。

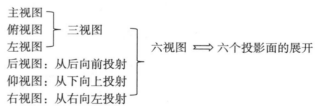

图 6-1 基本视图组成

1. 形成

基本视图的形成如图6-2(a)所示。

2. 六个投影面的展开

保持 V 面不动,从左前的棱线剪开,左侧面绕与 V 面的交线(Z 轴的平行轴)向后旋转 $90°$,前侧面和右侧面一起绕 Z 轴向后旋转 $90°$,H 面绕 X 轴向下旋转 $90°$,上面绕与 V 面交线(X 轴的平行线)向上旋转 $90°$。选用恰当的基本视图,可以清晰地表达机件的各个面的不同形状。

3. 六面视图的投影对应关系

度量对应关系:照样满足三等关系,以主视图为基准,水平四个图上下平齐,上下三个图左右对齐;以主视图中轴为对称的是右视图和左视图,远离主视图的是前,靠近主视图的是后;后视图放在最右边,如图6-2(b)所示。

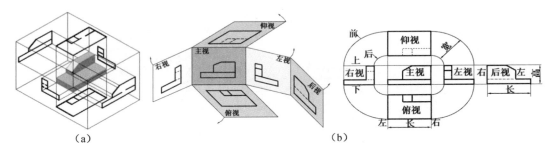

(a)　　　　　　　　　　　　(b)

图 6-2　六个基本视图的形成和展开

二、向视图

向视图是可以自由配置的视图。向视图按规定应进行图形标注如图 6-3 所示。

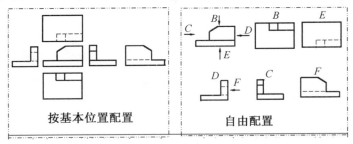

按基本位置配置　　　　　**自由配置**

在向视图的上方标注字母,在相应视图附近用箭头指明投射方向,并标注相同的字母;表示投射方向的箭头尽可能配置在主视图上,只有表示后视投射方向的箭头才配置在其他视图上。

图 6-3　向视图及其标注

三、局部视图

局部视图是将物体的某一部分向基本投影面投射所得的视图,如图 6-4 所示。基本视图配合适当的局部视图更简练、清晰,便于看图和画图。

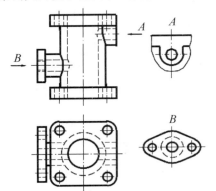

注意事项:
- 用带字母的箭头指明要表达的部位和投射方向,并注明视图名称。
- 局部视图的范围用波浪线表示。当表示的局部结构是完整的且外轮廓封闭时,波浪线可省略。
- 局部视图可按基本视图的配置形式配置,也可按向视图的配置形式配置。

图 6-4　局部视图

四、斜视图

问题:当物体的表面与投影面成倾斜位置时,其投影不反映实形。

解决方法:①增设一个与倾斜表面平行的辅助投影面;②将倾斜部分向辅助投影面投射。

斜视图是物体向不平行于基本投影面的平面投射所得的视图,如图 6-5 所示。为了便于表达出机件上倾斜结构的实形,可选用一个平行于倾斜表面的平面作为投影面,画出它的斜视图即可。

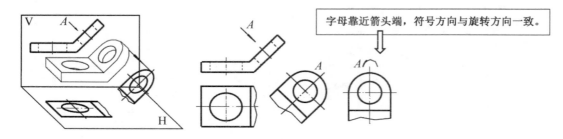

图 6-5　斜视图的画法和标注

画斜视图的注意事项：

（1）斜视图一般只需要表示机件倾斜部分的形状，常画成局部斜视图，斜视图的断裂边界用波浪线或双折线表示。

（2）斜视图通常按投射方向配置和标注。

（3）允许将斜视图旋转配置，但需在斜视图上方注明。

机件视图归纳示意如图 6-6 所示。

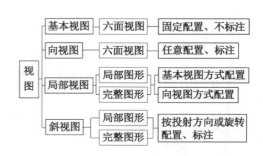

图 6-6　机件视图归纳示意

6.2　剖视图

存在的问题：当机件的内部形状较复杂时，视图上将出现许多虚线，不便于看图和标注尺寸，如图 6-7 所示。

解决的办法：采用剖视图。

一、剖视图的概念

1. 剖视图的形成

假想用一剖切面将机件剖开，移去剖切面和观察者之间的部分，将其余部分向投影面投射，并在剖面区域内画上剖面符号，所得的图形称为剖视图，简称剖视。图 6-8 所示为机件的全剖视图的形成和画法。

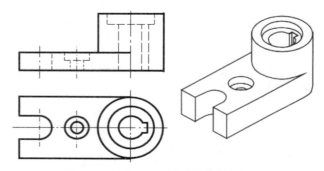

图 6-7　机件的二视图及其轴测图

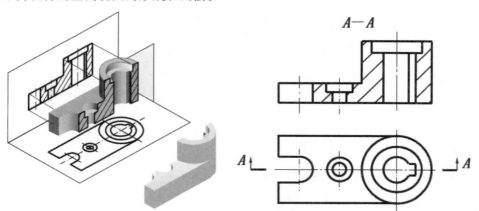

图 6-8　机件的全剖视图的形成和画法

国家标准要求尽量避免使用细虚线表达机件的轮廓及棱线，采用剖视的目的，就可使机件上原来一些不可见的结构变成可见，用粗实线表示，这样对看图和标注尺寸都比较清晰、方便。

2. 剖视图的画图步骤

(1)确定剖切面的位置。

(2)想象哪部分移走了？剖面区域的形状如何？哪些部分投射时可看到？

(3)在剖面区域内画上剖面符号。

机件全剖视图的作图过程如图 6-9 所示。

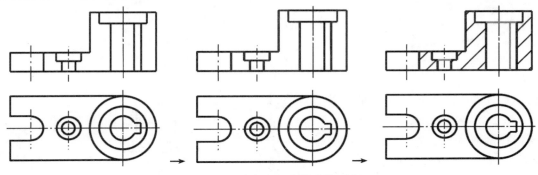

图 6-9　机件全剖视图的作图过程

3. 剖视图的标注

(1)剖切线：指示剖切面的位置(细单点长画线)，一般情况下可省略。

(2)剖切符号：表示剖切面起、止和转折位置及投射方向。

剖视图的名称在下列情况可省略标注：

①剖视图按基本视图关系配置时，可省略箭头。

②当单一剖切面通过机件的对称(或基本对称)平面，且剖视图按基本视图关系配置时，可不标注。

4. 画剖视图的注意事项

剖切平面的选择：通过机件的对称面或轴线且平行或垂直于投影面。剖切平面是一种假想平面，其他视图仍应完整画出。

(1)剖切面后方的可见部分要全部画出，如图 6-10 所示。

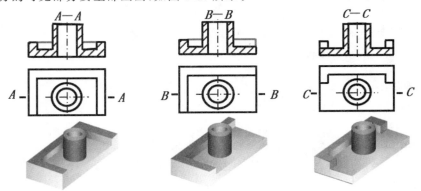

图 6-10　剖切面后面的可见部分画法

(2)在剖视图上已经表达清楚的结构，在其他视图上此部分结构的投影为虚线时，其虚线省略不画，如图 6-11 所示。

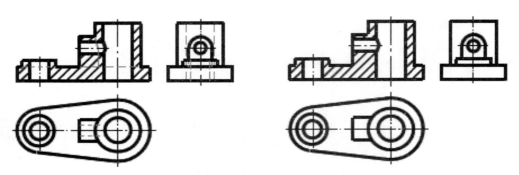

图 6-11　剖视图及其他视图相关部分的投影画法 1

注意:但没有表示清楚的结构,允许画少量虚线,如图6-12所示。

（3)不需在剖面区域中表示材料的类别时,剖面符号可采用通用剖面线表示。通用剖面线为细实线,最好与图形的主要轮廓或剖面区域的对称线成 45°角,如图 6-13(a)所示。同一物体的各个剖面区域,其剖面线画法应一致。

当画出的剖面线与图形的主要轮廓线或剖面区域的轴线平行时,该图形的剖面线应画成与水平成 30°或 60°角,但其倾斜方向与其他图形的剖面线一致,如图 6-13(b)所示。

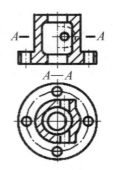

图 6-12　剖视图及其他视图相关部分的投影画法 2

    　　　　　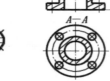

（a）与图形的主要轮廓或剖面区域的对称线成45°角　　　（b）与水平线成30°或60°角

图 6-13　剖面线的画法

5. 剖面符号的画法

在剖面区域中应画出表示机件材料的特定剖面符号,常用的剖面符号见有 6-1。

表 6-1　剖面区域表示法 (GB/T 4457.5—2013)

机件材料	剖面符号	机件材料	剖面符号	机件材料	剖面符号
金属材料(已有规定剖面符号者除外)		线圈绕组元件		转子、电枢、变压器和电抗器等的迭钢片	
非金属材料(已有规定剖面符号者除外)		型砂、填砂、粉末冶金、砂轮、陶瓷刀片、硬质合金刀片等		玻璃及供观察用的其他透明材料	
木质胶合板(不分层数)		基础周围的泥土		混凝土	
钢筋混凝土		砖		格网(筛网、过滤网等)	

机件材料	剖面符号	机件材料	剖面符号	机件材料	剖面符号
木材(纵剖面)		木材(横剖面)		液体	

注：①剖面符号仅表示材料的类别，材料的名称和代号必须另行标注。

②叠钢片的剖面线方向应与束装中的叠钢片的方向一致。

③液面用细实线绘制。

④木材、玻璃、液体、叠钢片、砂轮及硬质合金刀片等剖面符号，也可在外形视图中画出部分或全部作为材料标志。

在同一金属零件的图中，剖视图中的剖面线应画成间隔相等、方向相同且一般与剖面区域的主要轮廓线或对称线成 45°的平行线，必要时，剖面线也可画成与主要轮廓线成适当角度的平行线。

二、剖视的种类及适用条件

剖视图种类的划分方法有两种，按剖视的表达范围划分和按剖切面的构成形式划分。

1. 按剖视的表达范围划分

剖视图按剖视的表达范围划分为全剖视图、半剖视图和局部剖视图三种。

（1）全剖视图：用剖切面完全地剖开物体所得的剖视图，如图 6-14 所示。

适用范围：外形较简单，内形较复杂，而图形又不对称时。

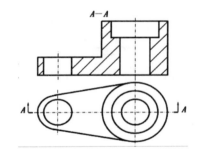

剖切位置和剖视图的标注：一般应在剖视图的上方用大写的拉丁字母标出剖视图的名称"×—×"。在相应的视图上用剖切符号指示剖切面的起、止和转折位置用粗短实线画出，以及投射方向要用箭头画在剖切符号的起端和末端，并标注相同的字母。注意表示剖切面的粗短画线应尽量不与图中的轮廓线相交。同一张图上需要标注不同的图形，表示其名称的字母也应不同。

图 6-14　全剖视图

（2）半剖视图：

全剖视图存在的问题是不能表达外形，如内外面均要表达，可采用半剖视图。

半剖视图：以对称线为界，一半画视图，一半画剖视，如图 6-15 所示。

适用范围：内、外形都需要表达，而形状又对称或基本对称时。

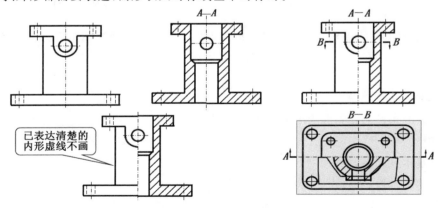

已表达清楚的
内形虚线不画

图 6-15　半剖视图

（3）局部剖视图：用剖切平面局部地剖开物体所得的剖视图，可用双折线代替波浪线，如图6-16所示。

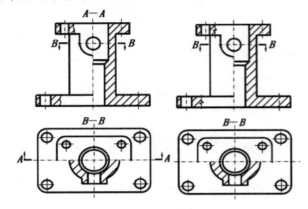

图 6-16　局部剖

适用范围：局部剖是一种较灵活的表示方法，适用范围较广。

①只有局部内形需要剖切表示，而又不宜采用全剖视时，如图6-17所示。

②当不对称机件的内、外形都需要表达时，如图6-18所示。

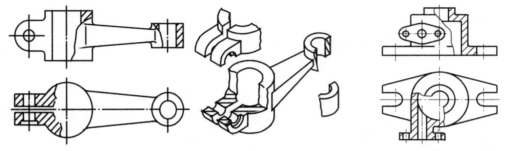

图 6-17　某方向对称的机件的局部剖　　　　图 6-18　不对称机件的局部剖

③当对称机件的轮廓线与中心线重合，不宜采用半剖视时如图6-19所示。

④实心杆上有孔、槽时，应采用局部剖视，如图6-20所示。

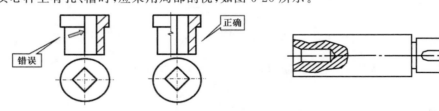

图 6-19　不适合半剖的对称机件　　　　图 6-20　有孔、槽的实心杆应采用局部剖

画局部剖应注意的问题：①波浪线不能与图上的其他图线重合。②当被剖结构为回转体时，允许将其中心线作局部剖的分界线。③在一个视图中，局部剖的数量不宜过多，一般不超过3个。其正确画法如图6-21所示。

2. 接剖切面的构成形式划分

剖视图按剖切面的构成形式划分为单一剖切面、相互平行的剖切面和相交的剖切面。

（1）单一剖切面：

①平行于某一基本投影面，如图6-22所示。

②不平行于任何基本投影面（投影面垂直面），如图6-23所示

适用范围：当机件具有倾斜部分，同时这部分内形和外形都需表达时。此剖视可按斜视图的配置方式配置。

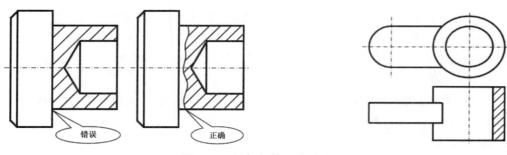

图 6-21　局部剖的正确画法

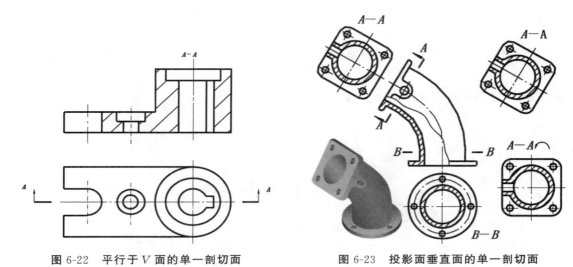

图 6-22　平行于 V 面的单一剖切面

图 6-23　投影面垂直面的单一剖切面

（2）一组相互平行的剖切面：

适用范围：当机件上的孔槽及空腔等内部结构不在同一平面内时。

一组相互平行的剖切面剖切时应注意的问题（图 6-24）：

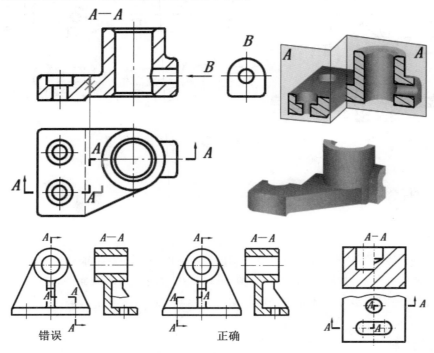

图 6-24　一组相互平行的剖切面剖切时注意事项

①两剖切平面的转折处不应与图上的轮廓线重合,在剖视图上不应在转折处画线。

②在剖视图内不能出现不完整要素。

③当两个要素在图形上有公共对称中心线或轴线时,可以以对称中心线或轴线为界各画一半。

(3)两相交的剖切面:

适用范围:当机件的内部结构形状用一个剖切平面剖切不能表达完全,且机件又具有回转轴时。

两相交的剖切面剖切时应注意的问题(图 6-25):

①两剖切面的交线一般应与机件的轴线重合。

②应按"先剖切后旋转"的方法绘制剖视图。

③位于剖切面后且与所表达的结构关系不甚密切的结构,或一起旋转容易引起误解的结构,一般仍按原来的位置投射。

④位于剖切面后,与被切结构有直接联系且密切相关的结构,或不一起旋转难以表达的结构,应"先旋转后投射"。

⑤当剖切后产生不完整要素时,该部分按不剖绘制。

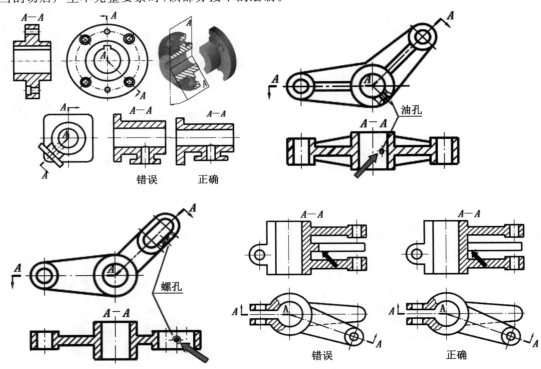

图 6-25　两相交的剖切面剖切时注意事项

6.3　断面图(GB/T 4458.6—2002)

一、断面图的概念

假想用剖切面将物体的某处切断,只画出该剖切面与物体接触部分(剖面区域)的图形,称为断面图。为了表达机件上某些结构的形状,如肋板、轮辐、孔、槽等,可画出这些结构的断面图,这样表达显然比用剖视图更为简明,因为剖视图还需画出可见部分的投影。

二、断面图的种类

断面图包括移出断面图和重合断面图。

1. 移出断面图

(1)画法:画在视图之外,轮廓线用粗实线绘制,配置在剖切线的延长线上或其他适当的位置,如图6-26所示。

注意事项(图6-27):

①剖切面通过回转面形成的孔或凹坑的轴线时应按剖视画。

②当剖切面通过非圆孔,会导致完全分离的两个断面时,这些结构也应按剖视画。

③用两个或多个相交的剖切面剖切得出的移出断面,中间一般应断开;但有时为了得到完整的断面图,也允许中间不断开。

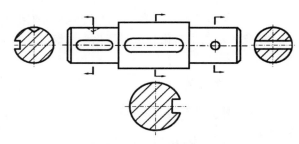

图 6-26　移出断面图画法

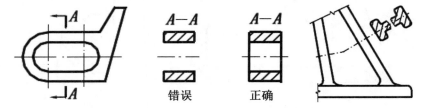

图 6-27　移出断面图的注意事项

(2)移出断面的标注方法(图6-28):

①配置在剖切符号延长线上的不对称的移出断面,或按投影关系配置的对称的移出断面,可省略字母。

②配置在其他位置的对称的移出断面图,可省略箭头。

③配置在剖切线的延长线上的对称的移出断面,可省略标注。

2.重合断面图

(1)画法:画在视图之内,轮廓线用细实线绘制;当视图中的轮廓线与断面图的图线重合时,视图中的轮廓线仍应连续画出,如图6-29所示。

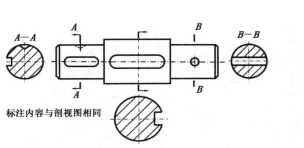

图 6-28　移出断面的标注方法

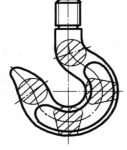

图 6-29　重合断面图画法

(2)标注方法(图6-30)

①配置在剖切线上的不对称的重合断面图,可省略字母。

②对称的重合断面图可不标注。

6.4　规定画法和简化画法

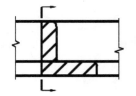
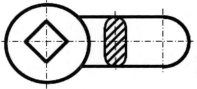

图 6-30　重合断面图标注方法

国家标准《技术制图》制定了简化表示法,其简化原则是:

(1)简化必须保证不至于引起误解和不会产生理解的多义性。在此前提下,应力求制图便捷。

（2）便于识读和绘制，注重简化的综合效果。

（3）在考虑便于手工绘图和计算机制图的同时，还要考虑缩微制图的要求。

简化表示法由简化画法和简化注法组成。本节仅摘要介绍简化表示法中图样画法。

一、肋板的画法

规则：对于机件的肋板，如按纵向剖切，肋板不画剖面符号，而用粗实线将它与其邻接部分分开，如图6-31所示。

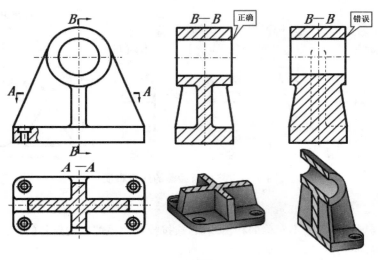

图 6-31　肋板的规定画法

二、均匀分布的肋板及孔的画法

若干直径相同且成规律分布的孔，可以仅画出一个或几个，其余只需用细点画线表示其中心位置，如图6-32所示。

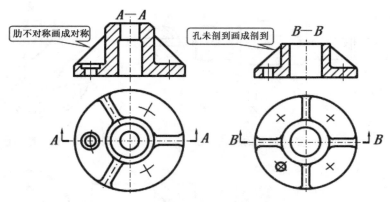

图 6-32　均匀分布的肋板及孔的规定画法

三、断开画法

轴、杆类较长的机件，当沿长度方向形状相同或按一定规律变化时，允许断开画出，如图6-33所示。

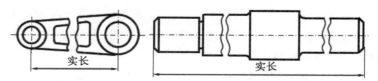

实长　　　　　　　　　　　　实长

拉杆轴套断开画法 标注尺寸时仍注实长　　　阶梯轴断开画法

图 6-33　轴、杆类较长的机件断开画法

四、对称图形的画法

在不致引起误解时,可只画一半或四分之一,并在对称中心线的两端画出两条与其垂直的平行细实线——对称符号,如图 6-34 所示。

五、机件上小平面的画法

当回转体机件上的平面在图形中不能充分表达时,可用相交的两条细实线表示,如图 6-35 所示。

图 6-34　对称图形的画法

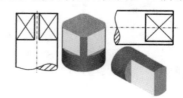

图 6-35　机件上小平面的画法

六、圆柱体上开槽、钻孔面的画法

圆柱体上因钻小孔、铣键槽等出现的交线允许省略,但必须有其他视图清楚地表示了孔、槽的形状,如图 6-36 所示。

七、规律分布的相同结构要素的简化画法

当机件上有若干相同的结构要素并按一定的规律分布时,只需画出几个完整的结构要素,其余的用细实线连接或画出其中心位置,如图 6-37 所示。

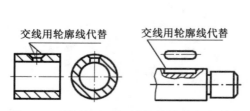

交线用轮廓线代替　　　交线用轮廓线代替

图 6-36　圆柱上开槽、钻孔相贯线省略不画

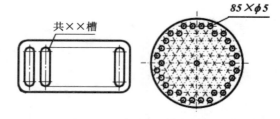

共××槽　　　　$85 \times \phi 5$

图 6-37　规律分布的相同结构要素的简化画法

八、机件上细小结构的画法

当机件上部分结构的图形过小时,可以采用局部放大的比例画出。将机件的部分结构,用大于原图形所采用的比例画出的图形,称之为局部放大图。局部放大图可以画成视图、剖视图、断面图,它与被放大的部分的表示方法无关。局部放大图常用于当机件上有某些细小结构在原图形中不能表示清楚时,或不便于标注尺寸时采用。局部放大图应尽量配置在被放大部位的附近。

绘制局部放大图时,除螺纹牙型、齿轮和链轮的齿形外,应用细实线圈出被放大的部位。当同一个机件上有多个被放大的部位时,应用罗马数字依次标明被放大的部位,并在局部放大图的上方合适位置标出相应的罗马数字和所采用的比例,如图 6-38 所示。

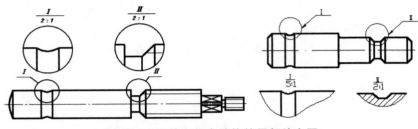

图 6-38　机件上细小结构的局部放大图

第 7 章　零件图

任何机器都是由零件组成的,表示零件结构、大小及技术要求等内容的图样称为零件图。本章主要讲述零件图的视图选择、尺寸的合理标注、表面结构的表示法、公差与配合的注法、几何公差和零件上一些常见结构的表示法、常见测量工具及画零件图步骤和读零件图的方法。

7.1　零件图的作用和内容

零件是组成机器的最小制造单元。

零件的分类:根据零件的作用及其结构,通常分为轴类(齿轮轴、心轴)、盘类(齿轮、端盖)、箱体类(泵体、减速箱体)、通用件(齿轮、凸轮)和标准件(螺母、螺栓、垫圈、销等)。

零件图是设计部门提交给生产部门,在制造和检验时用的重要技术文件。图 7-1 所示为齿轮油泵分解图。

图 7-1　齿轮油泵分解图

一、零件图的作用

零件图是加工制造、检验、测量零件的重要依据。

二、零件图的内容

1. 一组视图

完整、清晰地表达零件的结构形状。

2. 完整的尺寸

确定各部分的大小、形状和相对位置。

3. 技术要求

加工、检验达到的技术指标,如尺寸公差、几何公差、表面结构要求、表面处理、热处理。

4. 标题栏

填写零件的名称、数量、材料、图样比例、图号、制图单位及必要签署。

例如,端盖零件图如图 7-2 所示。

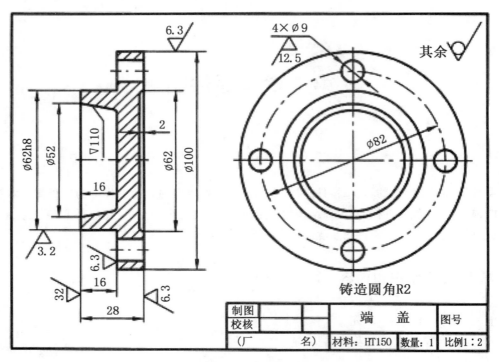

图 7-2　端盖零件图

7.2　零件图的视图选择

为满足生产的需要,零件图的一组视图应视零件的功用及结构形状的不同而采用不同的视图及表达方法。绘制零件图时,应首先考虑看图方便。根据零件的结构特点,选用适当的视图、剖视图、断面图等表示方法。在完整、清晰地表示零件形状的前提下,力求制图简便。要达到这个要求,选择视图时必须将零件的外形和内部结构结合起来考虑,首先就是选择好主视图,然后再选配其他视图。

如轴套用一个视图即可,如图 7-3 所示。

一、视图选择的要求

1. 完全

零件各部分的结构、形状及其相对位置表达完全且唯一确定。

2. 正确

视图之间的投影关系及表达方法要正确。

3. 清楚

所画图形要清晰易懂。

图 7-3　轴套

二、视图选择的方法及步骤

1. 分析零件

(1)几何形体、结构要分清主要和次要形体。

(2)形状与功用有关。

(3)形状与加工方法有关。

2. 选择主视图

(1)选择主视图要考虑零件的安放状态、加工状态(轴、盘类)、工作状态(支架、壳体类)。

(2)选择主视图要考虑投射方向能清楚地表达零件主要形体的形状特征。

3. 选其他视图

首先考虑表达零件主要形体的其他视图,再补全次要形体的视图。

视图选择应注意的问题:

①优先选用基本视图。

②注意内、外形的表达,内形复杂的可取全剖;内、外形需兼顾,且不影响清楚表达时可取局部剖。

③尽量不用虚线表示零件的轮廓线,但用少量虚线可节省视图数量而又不在虚线上标注尺寸时,可适当采用虚线。

4. 方案比较

在多种方案中比较,择优。择优原则:

(1)在零件的结构形状表达清楚的基础上,视图的数量越少越好。

(2)避免不必要的细节重复。

三、典型零件的视图表达

1. 支架类零件

(1)支架。

①分析零件:

a.功用:支撑轴及轴上零件。

b.形体:由轴承孔、底板、支撑板等组成。

c.结构:分析三部分主要形体的相对位置及表面连接关系。支撑板两侧面与轴承孔外表面相交等。

②选择主视图:

a.零件的安放状态,如支架的工作状态——竖立。

b.投射方向,比较图 7-4 中 A、B 两方向后,定为 A 向。

主视图表达了零件的主要部分:轴承孔的形状特征,各组成部分的相对位置,三个螺钉孔的分布等都得到了表达。

图 7-4 支架

③选其他视图:

a.选全剖的左视图,表达轴承孔的内部结构及两侧支撑板形状。

b.选择 B 向视图表达底板的形状。

c.选择移出断面表达支撑板断面的形状。

④方案比较:

如图 7-5 所示,分析、比较两个方案后,选第二方案较好,因为方案二图少、简练、清楚。

(2)端子匣。

①了解零件:端子匣是某些电子仪器设备中的通用零件,工作位置各不相同,由铝板制成。

②选择主视图:由于工作位置多变,且考虑到零件的底面放成水平,开口部分向上,主视图的投射方向选择如图 7-6 所示。由于零件左右基本对称,故采用半剖,以表达内腔形状和弯臂上的螺孔,左边的圆孔则采用局部剖。

③选择其他视图:为了表达零件的外形和两个弯臂底面为矩形的形状特征,必须选用俯视图。而零件的前后壁与左右壁高,可在左视图中更清楚地表达。为了进一步明确右端下部没有圆孔,左视图可以画成局部剖视或半剖视。

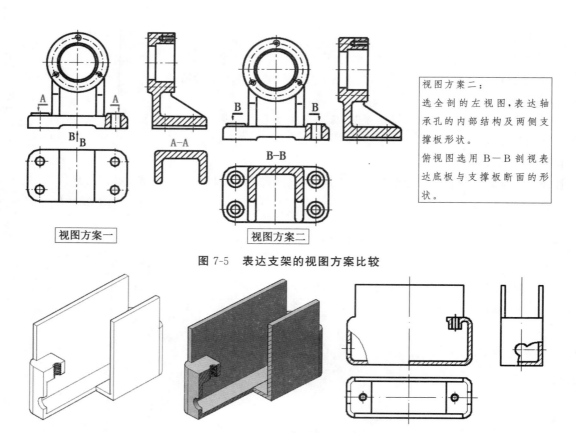

视图方案一　　　　　视图方案二

图 7-5　表达支架的视图方案比较

图 7-6　端子匣轴测图及视图选择

2. 箱体类零件

(1)阀体。

①分析零件：

a.功用：流体开关装置球阀中的主体件,用于盛装阀芯及密封件等。

b.形体：球形壳体、圆柱筒、方板、管接头等。

c.结构：两部分圆柱与球形体相交,内孔相通。

②选择主视图：

a.零件的安放状态：阀体的工作状态——竖立。

b.投射方向：A 向。全剖的主视图表达了阀体的内部形状特征,各组成部分的相对位置等,如图7-7(a)所示。

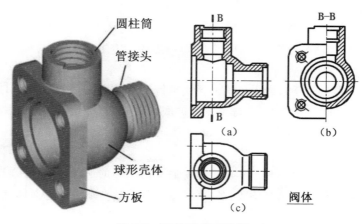

圆柱筒

管接头

B－B

(a)　　　　(b)

球形壳体

方板

(c)　　阀体

图 7-7　阀体及视图选择

③选其他视图：

a.选半剖的左视图，表达阀体主体部分的外形特征、左侧方形板形状及内孔的结构等，如图 7-7(b)所示。

b.选择俯视图表达阀体整体形状特征及顶部扇形结构的形状，如图 7-7(c)所示。

（2）电动机接线盒座。

①分析零件：接线盒座是装在电动机壳外面用来安装接线元件的。它的基本形状是带倾斜凸缘的前后穿通的方形箱体，由主体（用来安装组件的方形箱体）、倾斜凸缘和下部的出线口（具有螺孔的凸台）三部分组成。

②选择主视图：根据接线盒座的结构和形状特点，显然以箭头 C 所示方向作为主视方向，能较好反映零件的形状特征和大小，且虚线较少，如图 7-8(a)所示。

③选其他视图：为了表达清楚倾斜凸缘、出线口和主体的形状及相对位置，必须选用左视图。左视图采用局部剖视，使之既表达零件的内部结构，又表达倾斜凸缘的外形和小螺孔。在主、左视图将三部分的相对位置和主体的内、外形状都表达清楚，但倾斜凸缘和主体下部出线口的底面实形还未表达出来，为此，分别采用 A 向斜视图和 B 向局部仰视图，如图 7-8(b)所示。

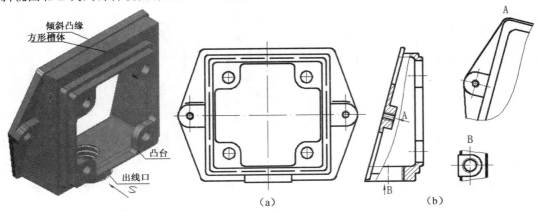

图 7-8　电动机接线盒座及视图选择

3. 轴类零件

（1）分析形体、结构：由于轴上零件的固定及定位要求，其形状为阶梯形，并有键槽。轴系分解图及装配图如图 7-9 所示。

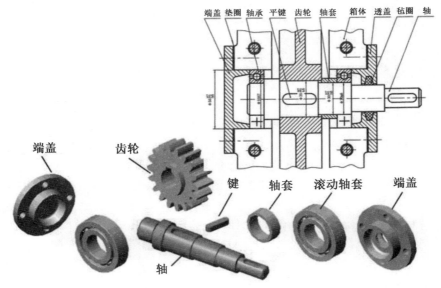

图 7-9　轴系分解图及装配图

（2）选择主视图：

①安放状态：根据加工状态，轴线水平放置。

②投射方向：如图 7-10 所示。

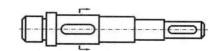

图 7-10　轴及视图选择

（3）选择其他视图：用断面图表达键槽结构。

4. 盘类零件（如端盖）

（1）分析形体、结构：盘类零件主要由不同直径的同心圆柱面所组成，其厚度相对于直径小得多，成盘状，周边常分布一些孔、槽等。

（2）选择主视图：

①安放状态：符合加工状态——轴线水平放置。

②投射方向：A 向。通常采用全剖视图。

（3）选择其他视图：用左视图表达孔、槽的分布情况。

端盖视图表达方案如图 7-11 所示。

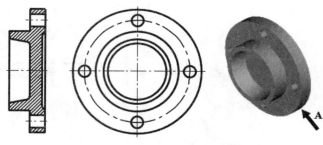

图 7-11　端盖及视图选择

7.3　零件的工艺结构

零件图上应反映加工工艺对零件结构的各种要求。为了保证零件的质量，便于加工制造，铸件和压注塑料件上有一些工艺结构，如壁厚、圆角、起模（或脱模）斜度、凸台和凹槽等，它们的作用、特点和表示方法均有特殊要求，如壁厚均匀或逐渐过渡避免压制或浇铸后造成气泡、缩孔和裂纹；合理的圆角设计可避免浇铸时铁水将砂型转角处冲毁和压制塑料件时能保证原料充分填满压模，避免产生裂纹并利于将零件取出；起模斜度选定有利于铸件起模时方便，使塑料件容易脱模；铸件凸台有利于装配时使螺栓、螺母、垫圈等紧固件或其他零件与相邻铸件表面接触良好，或为了使钻孔时钻头不至于偏斜或折断；当铸件或塑料件是箱体类零件时，凹槽常设在箱底，可使得零件在装配时接触良好并减少接触面积，且有利于铸件和塑料件减少面积，节省材料和加工费用。

一、铸造工艺对零件结构的要求

1. 铸造圆角

铸件表面相交处应有圆角，以免铸件冷却时产生缩孔或裂纹，同时防止脱模时砂型落砂，如图 7-12 所示。

过渡线：由于铸造圆角的存在，使得铸件表面的相贯线变得不明显，为了区分不同表面，以过渡线的形式画出，如图 7-13 至图 7-15 所示。

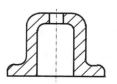

缩孔　裂纹

图 7-12　铸造圆角

2. 拔模斜度

铸件在内外壁沿起模方向应有斜度，称为拔模斜度。当斜度较大时，应在图中表示出来，否则不予表示，如图 7-16 所示。

3. 壁厚要均匀

铸件壁厚的三种形式如图 7-17 所示。

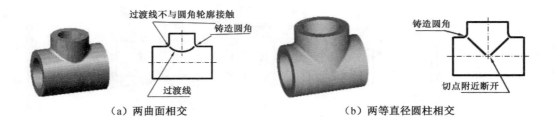

（a）两曲面相交 （b）两等直径圆柱相交

图 7-13 铸件过渡线的表达

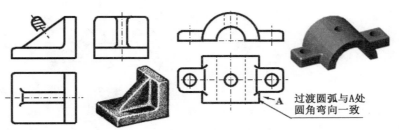

平面与平面、平面与曲面过渡线画法

图 7-14 平面与平面以及平面与曲面之间的过渡线画法

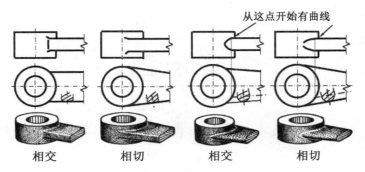

相交 相切 相交 相切

图 7-15 圆柱与肋板组合的过渡线画法

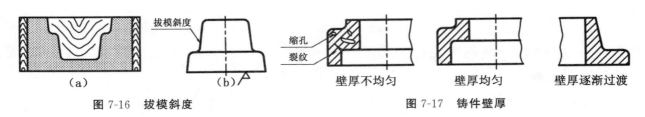

（a） （b）

图 7-16 拔模斜度

壁厚不均匀 壁厚均匀 壁厚逐渐过渡

图 7-17 铸件壁厚

二、机械加工工艺对零件结构的要求

1. 倒角（图 7-18）

作用:便于装配和操作安全。通常在轴及孔端部倒角。倒角宽度 b 按轴（孔）径查标准确定。$\alpha = 45°$,也可取 $30°$ 或 $60°$。

2. 退刀槽和砂轮越程槽（图 7-19）

作用:便于退刀和零件轴向定位。

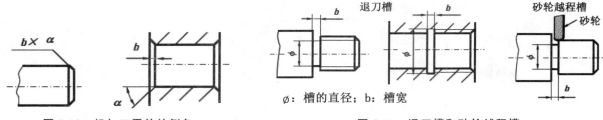

图 7-18　机加工零件的倒角

图 7-19　退刀槽和砂轮越程槽

ø：槽的直径；b：槽宽

3. 钻孔端面(图 7-20)

作用：避免钻孔偏斜和钻头折断。

4. 凸台和凹坑(图 7-21)

作用：减少机械加工量及保证两表面接触良好。

图 7-20　钻孔端面

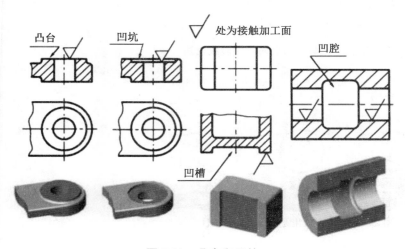

图 7-21　凸台和凹坑

7.4　零件尺寸的合理标注

　　零件图的尺寸标注要符合标准，且正确、完整、清晰、合理。关于正确、完整、清晰的要求，在前面的章节已介绍，这里着重介绍零件图的尺寸标注要切合生产实际，即为合理问题。

　　合理标注尺寸的基本原则：标注尺寸时，既要符合设计要求(即满足使用性能)，又要符合加工、测量等工艺要求，以免造成基准变动引起的误差。为了达到这些要求，单单掌握形体分析法是不够的，必须掌握一定的设计、工艺知识和有关的专业知识以及必不可少的生产实践。这里就简单介绍一些零件尺寸合理标注的相关知识。

一、正确地选择基准

　　尺寸基准就是标注尺寸的起点。零件的长、宽、高三个方向都至少要有一个尺寸基准，当同一方向有几个基准时，其中有一个为主要基准，其他均为辅助基准，辅助基准与主要基准之间应有尺寸相关联。为了合理标注尺寸，正确地选择尺寸基准，恰当地配置零件的结构尺寸，对保证产品质量和降低成本有重要作用。尺寸基准有设计基准和工艺基准。主要基准应与设计基准和工艺基准重合，工艺基准应与设计基准重合，这一原则称为"基准重合原则"。当工艺基准不与设计基准重合时，主要基准应与设计基准重合。

1. 设计基准

设计基准:设计图样中,用以确定零件在部件或机器中的位置的点、线或面的基准。设计基准是根据零件在机器中的作用和结构特点,为保证零件的设计要求而选定的一些基准。标注尺寸要想符合设计要求和工艺要求,必须正确选择尺寸基准。尺寸基准包括点基准、线基准和面基准。设计基准一般根据零件的工作原理确定的点、线、面和确定零件在机器中安装底面、对称平面、端面、主要加工面及回转面的轴线等。这些平面和轴线常作为标注尺寸的基准。

(1)点基准:以球心、顶心等几何中心为尺寸基准。

(2)线基准:以轴和孔的回转轴线为尺寸基准。

(3)面基准:以主要加工面、端面、装配面、支承面、结构对称中心面等为尺寸基准。

不同零件设计基准选择如图 7-22 所示。

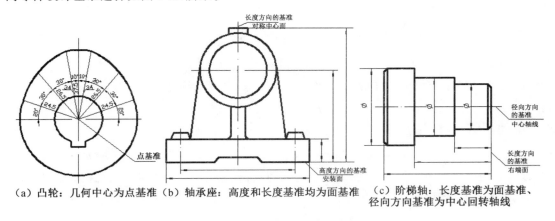

(a)凸轮:几何中心为点基准 (b)轴承座:高度和长度基准均为面基准 (c)阶梯轴:长度基准为面基准、径向方向基准为中心回转轴线

图 7-22　不同零件设计基准选择

2. 工艺基准

工艺基准:在零件加工过程中用以确定零件在机床上加工时的装夹位置,以及测量时所利用的点、线、面。从设计基准出发标注尺寸,能保证设计要求;从工艺基准出发,能便于加工和测量,因此设计基准和工艺基准最好相重合。当设计基准和工艺基准不相重合时,所注尺寸在保证设计要求前提下,满足工艺要求。

例如,在轴承座中,以底座下表面为高度的设计基准,以轴承孔的中心轴线为长度的设计基准,加工时改为凸台上表面为高度工艺基准,如图 7-23 所示。

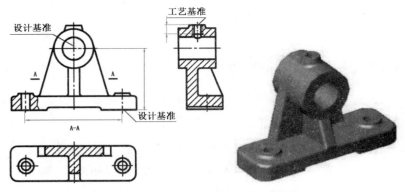

图 7-23　轴承座设计基准和工艺基准

二、重要的尺寸直接注出

重要尺寸也叫功能尺寸,是指影响产品性能、工作精度和配合的尺寸。非主要尺寸指非配合的直径、长度、外轮廓尺寸等。

由于零件在加工制造时不可避免地会产生尺寸误差,为了保证零件的质量,而又可避免不必要地增加产品的成本,在加工时,图样中所标注的尺寸都必须保证其精确度要求,没有注出的尺寸则不检测,因此重要尺寸必须直接注出。非功能尺寸,如零件铸造过程中自然形成的小圆角和光滑过渡弧不需标注,但要满足制造工艺要求。

如图 7-24 所示,轴承座的底座下底面是安装平面,应先加工,故选为高度基准,而安放转轴的轴承孔是这个零件中最重要的部位,必须保证其安装高度,所以标注时要从下底面开始往上标,而不能从不重要的安装螺栓的凸台上表面标起。

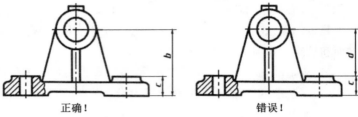

正确！　　　　　　　　错误！

图 7-24　轴承座的标注

三、零件图尺寸标注应尽量符合加工顺序

如图 7-25 所示,加工轴类零件时,往往先粗加工右端 35 长、∅20 的轴段,再用切槽刀车退刀槽,并标注出槽宽 4 和槽深尺寸 ∅15,最后才精加工 31 长、∅20 的轴段,故(b)图不符合加工顺序,不正确。

四、零件图尺寸标注应考虑测量方便

如图 7-26 所示,内通孔由三段不同孔径组成,因为 B 段内孔过深,不好测量,而 A、C 段离左右端面近,较好测量,所以应采用第二个图的测量方式:先测量通孔的总长,再从左往右测量左端孔径的长 A,接着从右往左测量右端孔径的长 C,最后计算出 B＝总长－A－C。

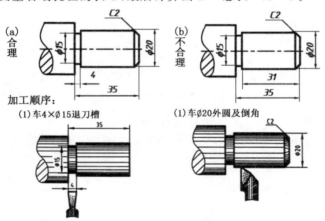

图 7-25　轴类零件的尺寸标注与加工顺序有关

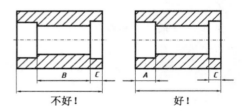

不好！　　　　　　好！

图 7-26　零件尺寸标注与测量有关

五、同一个方向只能有一个非加工面与加工面联系

如图 7-27 所示,下表面 A 面和上表面是重要表面,铸造后上、下表面还需切削加工,是加工面;而 B、C、D 是铸造后形成的表面,已达到使用的性能要求,不需再切削加工,是非加工面。可见,下表面 A 是高度方向的基准,上表面距离下表面 A 的高度方向定位尺寸必须直接标出,A 面先粗切削,装夹定位 A 后,由 A 加工上表面和 B 面,再由 B 加工 C,由 C 加工 D。所以第一个图的标注才是正确的。

六、零件上常见结构尺寸的规定简化注法

国家标准《技术制图》制定了一系列的规定的简化表示法,它的简化原则是在保证不致引起误解和产生理解的多义性的前提下,便于阅读和绘制,注重简化的综合效果等。简化尺寸标注的基本要求是:

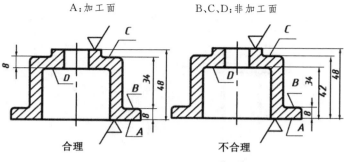

A：加工面　　　　　　　B、C、D：非加工面

合理　　　　　　　　　不合理

图 7-27　标注反映加工信息

(1)若图样中的尺寸和公差全部相同或某尺寸和公差占多数时,可在图样空白处进行总的说明,如"全部倒角 C1.6、其余圆角 R4"等。

(2)标注尺寸时,应尽量可能使用符号和缩写词,常见的符号和缩写词已在第 1 章介绍过,这里就不再赘述。

各类孔可采用旁注和符号相结合的方法标注,在零件图中,普通标注和旁注均可。常见的孔的标注方法见表 7-1。

表 7-1　常见的孔的标注方法

序　号	类　型	旁注法	普通注法
1	光孔	4－∅4深10 ; 4－∅4深10	4－∅4深10
2		4－∅4H7深10 孔深12 ; 4－∅4H7深10 孔深12	4－∅4H7深10 孔深12
3	螺孔	3－M6－7H ; 3－M6－7H	3－M6－7H
4		3－M6－7H深10 ; 3－M6－7H深10	3－M6－7H

序 号	类 型	旁注法	普通注法
5	螺孔	3-M6-7H深10 孔深12 3-M6-7H深10 孔深12	3-M6-7H深10 10 12
6	沉孔	6-∅7 沉孔 ∅13×90° 6-∅7 沉孔 ∅13×90°	90° ∅13 6-∅7
7	沉孔	4-∅6.4 沉孔∅12深4.5 4-∅6.4 沉孔∅12深4.5	∅12 4.5 4-∅6.4
8		4-∅6 深孔∅12 4-∅6 深孔∅12	∅12 锪平 4-∅6

7.5 零件的表面粗糙度

零件图形与其图形上的尺寸尚不能完全地反映对零件的全面要求。因此,零件图还需有技术要求项目,以便对零件质量做进一步的全面说明。

一、零件图上技术要求的内容

零件图上应该标注和说明的技术要求主要有以下几个方面:

(1)标注零件的表面粗糙度。

(2)标注零件上重要尺寸的上下偏差及零件表面的形状和位置误差。

(3)标写零件的特殊加工、检验和试验要求。

(4)标写材料和热处理项目要求。

零件上各项技术要求应按国家标准规定的各种符号、代号标注在图形上,对无法在图形上标注的内容,可用文字分条注写在图纸下方或两边的空白处。

二、表面粗糙度的概念及意义

1. 表面粗糙度的概念

表面粗糙度是指零件的加工表面上具有的较小间距和峰谷所形成的微观几何形状特性。

2. 表面粗糙度的意义

零件在加工过程中,由于受到各种因素的影响,其表面具有各种类型的不规则状态,形成工件的几何特性。几何特性包括尺寸误差、形状误差、表面粗糙度、波纹度等。表面粗糙度、波纹度都属于微观几何误差,在显微镜下观察,可以看到表面高低不平的程度,故也称微观不平度。这种不平度,对零件耐摩擦、耐磨损、抗疲劳、抗腐蚀,以及零件间的配合性质都有很大的影响。不平度越大,零件的表面性能越差;反之,表面性能高,但加工也越困难,加工成本也越高。在保证使用要求的前提下,应选用较为经济的粗糙度评定参数值。

三、评定表面粗糙度的参数

根据评定测量的方法不同,国家标准(GB/T 1013—2009)拟定了零件表面粗糙度的评定参数:

(1)轮廓算术平均偏差 Ra,其定义:在取样长度内纵坐标 Y 绝对值的算术平均值,即在一个取样长度内,轮廓偏距(Y 方向上轮廓线上的点与基准线之间的距离)绝对值的算术平均值。OX 为基准线是在取样长度 lr 内,纵坐标 $Y(x)$(被测轮廓上的各点至基准线 x 的距离)绝对值的算术平均值,如图 7-28 所示。

表达式为:$Ra = \dfrac{1}{lr} \displaystyle\int_0^{lr} |Z(x)| \, dx$。

(2)轮廓最大高度 Rz,其定义:在一个取样长度内,最大轮廓峰高和最大轮廓谷深之间的高度,如图 7-29 所示。

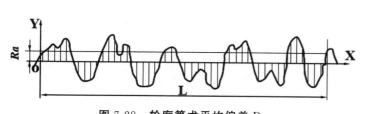

图 7-28 轮廓算术平均偏差 Ra

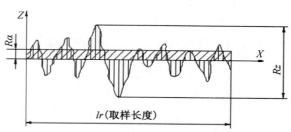

图 7-29 轮廓最大高度 Rz

国家标准 GB/T 1031—2009 给出的 Ra 和 Rz 系列值见表 7-2。

表 7-2 Ra、Rz 系列值 单位:μm

Ra	Rz	Ra	Rz
0.012		6.3	6.3
0.025	0.025	12.5	12.5
0.05	0.05	25	25
0.1	0.1	50	50
0.2	0.2	100	100
0.4	0.4		200
0.8	0.8		400

Ra	Rz	Ra	Rz
1.6	1.6		800
3.2	3.2		1600

注:Ra:0.025～6.3 μm 为常用范围内参数值,Rz:0.1～25 μm 为常用范围内的参数值,优先选用 Ra。

四、表面粗糙度参数的选用

参照生产中的实例,用类比法确定表面粗糙度。确定表面粗糙度参数时,应考虑下列原则:

(1)在满足表面性能要求的前提下,应尽量选用较大的粗糙度参数值。

(2)工作表面的粗糙度参数值应小于非工作表面的粗糙度参数值。

(3)配合表面的粗糙度参数值应小于非配合表面的粗糙度参数值。

(4)运动速度高、单位压力大的摩擦表面的粗糙度参数值应小于运动速度低、单位压力小的摩擦表面的粗糙度参数值。

机械图样中常用表面粗糙度参数 Ra 和 Rz 作为评定表面结构的参数,优先选用轮廓算术平均偏差 Ra。一般接触面 Ra 值取 3.2～6.3,配合面 Ra 值取 0.8～1.6,钻孔表面 Ra 值取 12.5。

五、表面粗糙度代号及其注法

1. 表面粗糙度代号

表面粗糙度代号有表面粗糙度符号、表面粗糙度参数和其他有关规定。

(1)表面粗糙度符号。其画法及大小如图 7-30 所示,画法及含义见表 7-3。

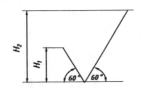

$H_1 \approx 1.4h$

$H_2 = 2 H_1$

h——字高

数字与字母高度	2.5	3.5	5	7	10
符号的线宽	0.25	0.35	0.5	0.7	1
高度 H_1	3.5	5	7	10	14
高度 H_2	8	11	15	21	30

图 7-30 表面粗糙度基本符号画法及大小

表 7-3 表面粗糙度符号画法及含义 单位:m

符 号	意 义 及 说 明
∨	用任何方法获得的表面(单独使用无意义)
∨	用去除材料的方法获得的表面
∨	用不去除材料的方法获得的表面
∨ ∨ ∨	横线上用于标注有关参数和说明
∨ ∨ ∨	表示所有表面具有相同的表面粗糙度要求

（2）表面粗糙度参数：

表面粗糙度参数的单位是 μm。注写 Ra 时，只写数值；注写 Rz 时，应同时注出 Rz 和数值。只注一个值时，表示为上限值；注两个值时，表示为上限值和下限值。

例如：

 用任何方法获得的表面粗糙度，Ra 的上限值为 3.2 μm。

 用去除材料方法获得的表面粗糙度，Ra 的上限值为 3.2 μm，下限值为 1.6 μm。

 用任何方法获得的表面粗糙度，Rz 的上限值为 3.2 μm。

2. 表面粗糙度代号在图样上的注法

（1）在同一图样上每一表面只注一次粗糙度代号，且应注在可见轮廓线、尺寸界线、引出线或它们的延长线上，并尽可能靠近有关尺寸线。

（2）当零件大部分表面具有相同的粗糙度要求时，对其中使用最多的一种代号，可统一标注在图样的右上角，并加注"其余"两字。所注代号和文字大小是图样上其他表面所注代号和文字的 1.4 倍。例如，其余 ✓。

（3）在不同方向的表面上标注时，代号中的数字及符号的方向必须按图 7-31 所示规定标注。代号中的数字方向应与尺寸数字的方向一致。注意：与竖直轴线夹角小于 30°的范围不得直接标注，应引出水平标注。

表面结构代号示例见表 7-4。表面粗糙度综合标注示例及说明见表 7-5。

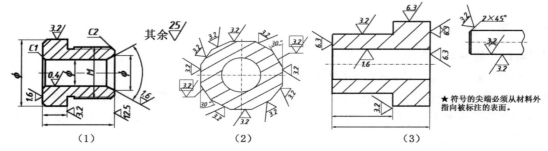

图 7-31 表面粗糙度代号在图样上的注法

表 7-4 表面结构代号示例

✓ Ra1.6	表示去除材料，单向上限值，默认传输带，R 轮廓，粗糙度算术平均偏差 1.6 μm，评定长度为 5 个取样长度（默认），"16％规则"（默认）
✓ Rzmax0.2	表示不允许去除材料，单向上限值，默认传输带，R 轮廓，粗糙度最大高度的最大值 0.2 μm，评定长度为 5 个取样长度（默认），"最大规则"
✓ URamax3.2 LRa0.8	表示不允许去除材料，双向极限值，两极极限值均使用默认传输带，R 轮廓，上限值为算术平均偏差 3.2 μm，粗糙度最大高度的最大值 0.2 μm，评定长度为 5 个取样长度（默认），"最大规则"，下限值为算术平均偏差 0.8 μm，评定长度为 5 个取样长度（默认），"16％规则"（默认）
铣 ✓ -0.8/Ra3 6.3 ⊥	表示去除材料，单向上限值，传输带根据 GB/T 6062，取样长度 0.8 mm，R 轮廓，算术平均偏差极限 6.3 μm，评定长度包含 3 个取样长度，"16％规则"（默认），加工方法为铣削，纹理垂直于视图所在的投影面

表 7-5　表面粗糙度综合标注示例及说明

说　明	示　例
表面结构要求对每一个表面一般只标注一次,并尽可能注在相应的尺寸及其公差的同一视图上。表面结构的注写和读取方向一致	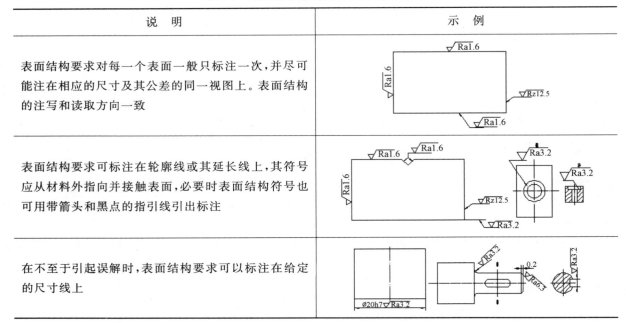
表面结构要求可标注在轮廓线或其延长线上,其符号应从材料外指向并接触表面,必要时表面结构符号也可用带箭头和黑点的指引线引出标注	
在不至于引起误解时,表面结构要求可以标注在给定的尺寸线上	

7.6　极限配合、形位公差和测量工具

一、极限、配合 (GB/T 1800 、GB/T1801)

1.极限与配合的基本概念

(1)问题的提出:为什么要制定极限与配合标准?

①互换性的要求:同一批零件,不经挑选和辅助加工,任取一个就可顺利地装到机器上并满足机器的性能要求。按零件图要求加工出来的零件,在装配时不需经过选择和修配,就能达到规定的技术要求,这种性质称为互换性。

②互换性的意义:为生产的专业化创造了条件,促进了自动化生产的发展,有利于降低生产成本,缩短设计和生产周期,从而提高生产率,提高产品质量,保证机器工作的连续性和持久性,同时给机器维修带来极大的便利。

③保证零件具有互换性的措施:由设计者根据极限与配合标准,确定零件合理的配合要求和尺寸极限。

(2)公差与配合的基本术语。

①尺寸公差:在实际生产中,零件的尺寸是不能做到绝对精确的,为了使零件具有互换性,必须对尺寸限定一个变动范围,这个变动范围的大小称为尺寸公差,简称公差。

a.孔:是指工件的圆柱形内表面,孔的直径尺寸用 D 表示。

b.轴:是指工件的圆柱形外表面,轴的直径尺寸用 d 表示。

c.尺寸:用特定单位表示长度值的数值,如长、宽、高、直径、深度。

d.基本尺寸、实际尺寸与极限尺寸。

基本尺寸 d(轴)、D(孔):设计时确定的尺寸。

实际尺寸 d_a、D_a:零件制成后实际存在的尺寸,通常用测得的尺寸来表示,但因为存在测量误差,所以实际尺寸并非测量尺寸。

极限尺寸 d_{max}、D_{max}、d_{min}、D_{min}:允许零件实际尺寸变化的两个界限值,最大极限尺寸 d_{max}、D_{max} 和最小极限尺寸 d_{min}、D_{min}。

最大极限尺寸 d_{max}、D_{max}:允许实际尺寸的最大值。

最小极限尺寸 d_{min}、D_{min}：允许实际尺寸的最小值。

零件合格的条件：最大极限尺寸≥实际尺寸≥最小极限尺寸。

极限与配合的基本概念示例如图 7-32 所示。

e.尺寸偏差和尺寸公差。

尺寸偏差：某一极限尺寸减去其基本尺寸所得的代数差，分为上偏差和下偏差。

上偏差＝最大极限尺寸－基本尺寸；代号：孔为 ES、轴为 es。

下偏差＝最小极限尺寸－基本尺寸；代号：孔为 EI、轴为 ei。

上偏差、下偏差统称极限偏差。

尺寸公差（简称公差）：允许实际尺寸的变动量。

公差＝T_d＝T_D＝最大极限尺寸－最小极限尺寸＝上偏差－下偏差

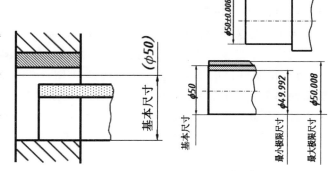

图 7-32　极限与配合的基本概念示例

f.零线与公差带。

公差带图：为了便于分析基本尺寸相同且相互配合的孔和轴的极限尺寸、偏差与公差的相互关系，按放大比例画成的简图，如图 7-33 所示。公差带图可以直观地表示出公差的大小及公差带相对于零线的位置。

零线：公差带图中确定偏差的一条基准线。通常以零线表示基本尺寸，零线以上为正偏差，零线以下为负偏差。

公差带：由代表上下偏差的两条线限定的一个区域。上下偏差的距离即为公差，故应成比例，而公差带方框的左右长度可任意确定。一般用斜线表示轴的公差带，小黑点表示孔的公差带。

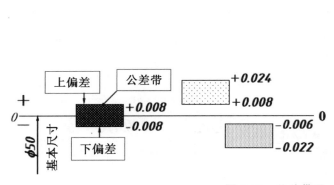

图 7-33　公差带图

[**例 7-1**]　一根轴的直径为 $\varnothing 60 \pm 0.015$，求其基本尺寸、极限尺寸、上下偏差及公差。

答：基本尺寸：$d = \varnothing 60$ mm，最大极限尺寸：$d_{max} = \varnothing 60.015$ mm，最小极限尺寸：$d_{min} = \varnothing 59.985$ mm。

零件合格的条件：$\varnothing 60.015$ mm≥实际尺寸 d_a≥$\varnothing 59.985$ mm。

上偏差＝es＝60.015－60＝＋0.015 mm；下偏差＝ei＝59.985－60＝－0.015 mm；

公差＝T＝es－ei＝$d_{max} - d_{min}$＝0.015－（－0.015）＝0.030 mm。

g.标准公差和基本偏差。

标准公差：用以确定公差带的大小，如图 7-34 所示。

极限制将标准公差等级分为 20 级，标准公差代号为 IT，共 20 个等级编号：IT01、IT0、IT1～IT18，数字越大，公差数值也越大，精度越低。标准公差的数值由基本尺寸和公差等级确定，在保证产品质量的条件下，应选用较低的公差等级，以降低产品的制造成本，提高生产效益。在一般机器配合尺寸中，孔用 IT6～IT12，轴用 IT5～IT12。

基本偏差:用以确定公差带相对于零线的位置,一般为靠近零线的那个偏差,如图 7-34 所示。代号:孔用大写字母表示,轴用小字母表示。基本偏差系列,确定了孔和轴的公差带位置。

为了满足各种配合要求,国家标准规定了基本偏差系列,基本偏差代号用拉丁字母表示,大写的为孔,小写的为轴,各 28 个。如图 7-35 所示,对于孔,A～H 的基本偏差为下极限偏差 EI,J～ZC 的基本偏差为上极限偏差 ES;对于轴,a～h 的基本偏差为上极限偏差 es,j～zc 的基本偏差为下极限偏差 ei;孔 JS 和轴 js 的公差带对称分布于零线两边,其基本偏差为上极限偏差(+IT/2)或下极限偏差(-IT/2)。

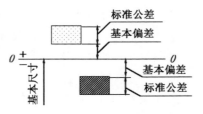

图 7-34　标准公差与基本偏差

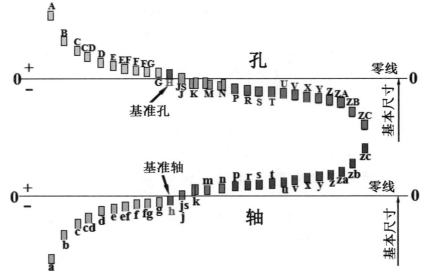

图 7-35　基本偏差系列

公差带代号:由基本偏差代号(如 H、f)以及标准公差等级代号如(8、7)组成,记作 H8/f7,如图 7-36 所示。

公差带的位置由基本偏差决定,公差带的大小由标准公差等级决定。

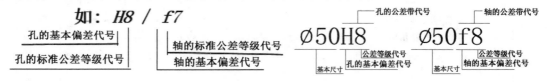

图 7-36　公差带代号

(3)配合。

①配合的概念。

配合:基本尺寸相同相互结合的孔和轴的公差带之间的关系。

配合公差是组成配合的孔和轴(图 7-37)的公差之和,它是允许间隙或过盈的变动量。配合公差是一个没有符号的绝对值。

②配合的种类。

配合间隙:δ=孔的实际尺寸-轴的实际尺寸。

a.间隙配合:具有间隙(包括最小间隙等于零)的配合,即轴的尺寸比孔的尺寸小的配合,$\delta \geqslant 0$,如图7-38所示。

图 7-37　孔和轴配合

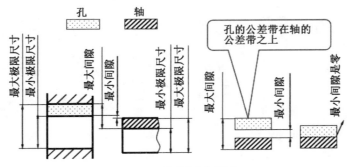

图 7-38　间隙配合示意

b.过盈配合：具有过盈（包括最小过盈等于零）的配合，即轴的尺寸比孔的尺寸大的配合，$\delta \leqslant 0$，如图7-39所示。

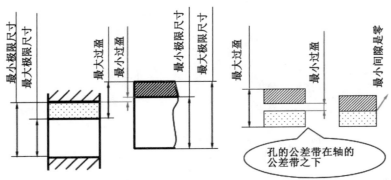

图 7-39　过盈配合示意

c.过渡配合：可以具有间隙或过盈的配合，既可以 $\delta \geqslant 0$，也 $\delta \leqslant 0$，如图 7-40 所示。

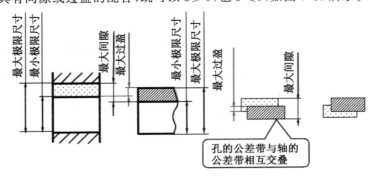

图 7-40　过渡配合示意

③配合制。

配合制是同一极限制的孔和轴组成配合的一种制度。要得到不同种类的配合，就必须在保证获得适当间隙或过盈的条件下，确定孔和轴的公差带。为了便于设计和制造，国家标准配合制规定了基孔制配合和基轴制配合。

　　a.基孔制配合:基本偏差为一定的孔的公差带,与不同基本偏差的轴的公差带形成各种配合的制度,如图7-41(a)所示。

　　基孔制配合的孔称为基准孔,基准孔的基本偏差代号为 H,H 的公差带在零线之上,基本偏差(下极限偏差)为零。

　　b.基轴制配合:基本偏差为一定的轴的公差带与不同基本偏差的孔的公差带形成各种配合的制度,如图7-41(b)所示。

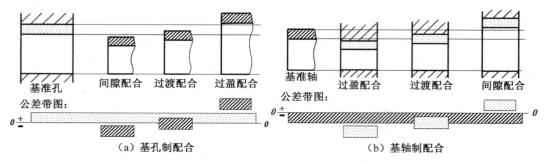

（a）基孔制配合　　　　　　　　　　　　　（b）基轴制配合

图 7-41　基孔制配合和基轴制配合

　　基轴制配合的轴称为基准轴,基准轴的基本偏差代号为 h,h 的公差带在零线之下,基本偏差(上极限偏差)为零。一般情况下,优先采用基孔制配合。

　　根据基本偏差代号确定配合种类,如图 7-42 所示。

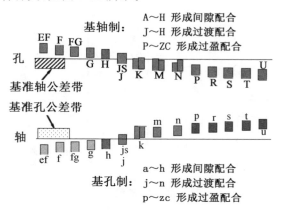

图 7-42　配合种类的确定

　　(4)优先和常用配合。

　　按照配合定义,只要公称尺寸相同的孔和轴公差带结合起来,就可组成配合。由此可见,可以组成的配合是大量的,即使采用了基孔制配合和基轴制配合,配合的数量也太多,会给生产和使用带来很多麻烦。因此,国家标准"公差带和配合的选择"在公称直径 500 mm 的范围内,规定了优先选用、其次选用和最后选用的孔、轴公差带,以及相应的优先和常用配合,见表 7-6 和表 7-7,表中有"▼"者为优先配合。

表 7-6 公称尺寸至 500 mm 基孔制优先、常用配合(GB/T 1801—2009)

基准孔	轴																				
	a	b	c	d	e	f	g	h	js	k	m	n	p	r	s	t	u	v	x	y	z
	间隙配合								过渡配合				过盈配合								
H6						$\frac{H6}{f5}$	$\frac{H6}{g5}$	$\frac{H6}{h5}$	$\frac{H6}{js5}$	$\frac{H6}{k5}$	$\frac{H6}{m5}$	$\frac{H6}{n5}$	$\frac{H6}{p5}$	$\frac{H6}{r5}$	$\frac{H6}{s5}$	$\frac{H6}{t5}$					
H7						$\frac{H7}{f6}$	$\frac{H7}{g6}$	$\frac{H7}{h6}$	$\frac{H7}{js6}$	$\frac{H7}{k6}$	$\frac{H7}{m6}$	$\frac{H7}{n6}$	$\frac{H7}{p6}$	$\frac{H7}{r6}$	$\frac{H7}{s6}$	$\frac{H7}{t6}$	$\frac{H7}{u6}$	$\frac{H7}{v6}$	$\frac{H7}{x6}$	$\frac{H7}{y6}$	$\frac{H7}{z6}$
H8					$\frac{H8}{e8}$	$\frac{H8}{f7}$	$\frac{H8}{g7}$	$\frac{H8}{h7}$	$\frac{H8}{js7}$	$\frac{H8}{k7}$	$\frac{H8}{m7}$	$\frac{H8}{n7}$	$\frac{H8}{p7}$	$\frac{H8}{r7}$	$\frac{H8}{s7}$	$\frac{H8}{t7}$	$\frac{H8}{u7}$				
H8				$\frac{H8}{d8}$	$\frac{H8}{e8}$	$\frac{H8}{f8}$		$\frac{H8}{h8}$													
H9			$\frac{H9}{c9}$	$\frac{H9}{d9}$	$\frac{H9}{e9}$	$\frac{H9}{f9}$		$\frac{H9}{h9}$													
H10			$\frac{H10}{c10}$	$\frac{H10}{d10}$				$\frac{H10}{h10}$													
H11	$\frac{H11}{a11}$	$\frac{H11}{b11}$	$\frac{H11}{c11}$	$\frac{H11}{d11}$				$\frac{H11}{h11}$													
H12		$\frac{H12}{b12}$						$\frac{H12}{h12}$													

注:$\frac{H6}{n5}$、$\frac{H7}{p6}$ 在基本尺寸≤3 mm 和 $\frac{H8}{r7}$ 在基本尺寸≤100 mm 时,为过渡配合。

表 7-7 公称尺寸至 500 mm 基轴制优先、常用配合(GB/T 1801—2009)

基准轴	孔																				
	A	B	C	D	E	F	G	H	JS	K	M	N	P	R	S	T	U	V	X	Y	Z
	间隙配合								过渡配合				过盈配合								
h5						$\frac{F6}{h5}$	$\frac{G6}{h5}$	$\frac{H6}{h5}$	$\frac{JS6}{h5}$	$\frac{K6}{h5}$	$\frac{M6}{h5}$	$\frac{N6}{h5}$	$\frac{P6}{h5}$	$\frac{R6}{h5}$	$\frac{S6}{h5}$	$\frac{T6}{h5}$					
h6						$\frac{F7}{h6}$	$\frac{G7}{h6}$	$\frac{H7}{h6}$	$\frac{JS7}{h6}$	$\frac{K7}{h6}$	$\frac{M7}{h6}$	$\frac{N7}{h6}$	$\frac{P7}{h6}$	$\frac{R7}{h6}$	$\frac{S7}{h6}$	$\frac{T7}{h6}$	$\frac{U7}{u6}$				
h7					$\frac{E8}{h7}$	$\frac{F8}{h7}$		$\frac{H8}{h7}$	$\frac{JS8}{h}$	$\frac{K8}{h7}$	$\frac{M8}{h7}$	$\frac{N8}{h7}$									
h8				$\frac{D8}{h8}$	$\frac{E8}{h8}$	$\frac{F8}{h8}$		$\frac{H8}{h8}$													
h9				$\frac{D9}{h9}$	$\frac{E9}{h9}$	$\frac{F9}{h9}$		$\frac{H9}{h9}$													
h10				$\frac{D10}{h10}$				$\frac{H10}{h10}$													
h11	$\frac{A11}{h11}$	$\frac{B11}{h11}$	$\frac{C11}{h11}$	$\frac{D11}{d11}$				$\frac{H11}{h11}$													
h12		$\frac{B12}{h12}$						$\frac{H12}{h12}$													

2. 极限与配合在图上的标注(GB/T 4458.5—2003)

(1)在装配图中配合的标注。

标注形式为

$$\text{基本尺寸}\frac{\text{孔的公差带代号}}{\text{轴的公差带代号}}$$

①采用基孔制配合时，分子为基准孔的公差带代号。

例如，$\varnothing 30\dfrac{H8}{f7}$ 为基孔制间隙配合；$\varnothing 40\dfrac{H7}{n7}$ 为基孔制过渡配合，如图 7-43 所示。

②采用基轴制配合时，分母为基准轴的公差带代号。

例如，$\varnothing 12\dfrac{F8}{h7}$ 为基轴制间隙配合；$\varnothing 12\dfrac{J8}{h7}$ 为基轴制过渡配合，如图 7-44 所示。

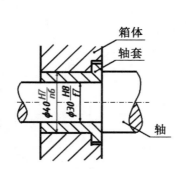

图 7-43　采用基孔制配合的标注

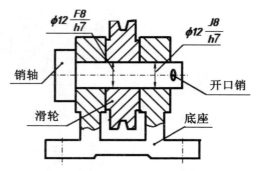

图 7-44　采用基轴制配合的标注

除前面讲的基本标注形式外，还可采用如图 7-45 所示的一些标注形式。

$\varnothing 30\dfrac{H8}{f7}$ 借用尺寸线作为分数线	$\varnothing 30\ H8/f7$ 用斜线作为分数线
$\varnothing 30^{+0.033}_{0}$ 标注上、下偏差值	$\varnothing 30^{+0.033}_{0}$ 借用尺寸线作为分数线
$\varnothing 30^{-0.020}_{-0.041}$	$\varnothing 30^{-0.020}_{-0.041}$

图 7-45　配合的其他标注形式

（2）在零件图中极限的标注，如图 7-46 所示。

①在基本尺寸后注出公差带代号（基本偏差代号和标准公差等级数字）。

②注出基本尺寸及上、下偏差值（常用方法）。

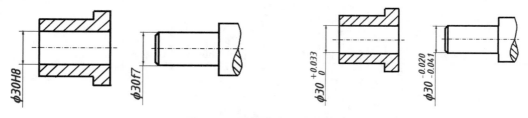

图 7-46　零件图中极限的标注

（3）极限与配合查表举例。

已知用配合代号表示的配合尺寸，求孔、轴极限偏差的方法是：首先根据配合尺寸，确定孔和轴的公差带（用公差带代号表示）（表 7-8），然后通过查表 7-9 和表 7-10 得到孔和轴的上、下极限偏差。

表 7-8　公称尺寸至 500 mm 的标准化公差数值（摘自 GB/T 1800.1—2009）

单位：μm

基本尺寸/mm 大于	至	标准公差等级																	
		IT1	IT2	IT3	IT4	IT5	IT6	IT7	IT8	IT9	IT10	IT11	IT12	IT13	IT14	IT15	IT16	IT17	IT18
							μm								mm				
—	3	0.8	1.2	2	3	4	6	10	14	25	40	60	0.1	0.14	0.25	0.4	0.6	1	1.4
3	6	1	1.5	2.5	4	5	8	12	18	30	48	75	0.12	0.18	0.3	0.48	0.75	1.2	1.8
6	10	1	1.5	2.5	4	6	9	15	22	36	58	90	0.15	0.22	0.36	0.58	0.9	1.5	2.2
10	18	1.2	2	3	5	8	11	18	27	43	70	110	0.18	0.27	0.43	0.7	1.1	1.8	2.7
18	30	1.5	2.5	4	6	9	13	21	33	52	84	130	0.21	0.33	0.52	0.84	1.3	2.1	3.3
30	50	1.5	2.5	4	7	11	16	25	39	62	100	160	0.25	0.39	0.62	1	1.6	2.5	3.9
50	80	2	3	5	8	13	19	30	46	74	120	190	0.3	0.46	0.74	1.2	1.9	3	4.6
80	120	2.5	4	6	10	15	22	35	54	87	140	220	0.35	0.54	0.87	1.4	2.2	3.5	5.4
120	180	3.5	5	8	12	18	25	40	63	100	160	250	0.4	0.63	1	1.6	2.5	4	6.3
180	250	4.5	7	10	14	20	29	46	72	115	185	290	0.46	0.72	1.15	1.85	2.9	4.6	7.2
250	315	6	8	12	16	23	32	52	81	130	210	320	0.52	0.81	1.3	2.1	3.2	5.2	8.1
315	400	7	9	13	18	25	36	57	89	140	230	360	0.57	0.89	1.4	2.3	3.6	5.7	8.9
400	500	8	10	15	20	27	40	63	97	155	250	400	0.63	0.97	1.55	2.5	4	6.3	9.7

表 7-9　500 mm 以内轴的基本偏差数值（摘自 GB/T 1800.1—2009）

μm

公称尺寸/mm 始	至	a	b	c	cd	d	e	ef	f	fg	g	h	js	j IT5和IT6	j IT7	j IT8	k IT4至IT7	k ≤IT3 >IT7	m	n	p	r	s	t	u	v	x	y	z	za	zb	zc
—	3	-270	-140	-60	-34	-20	-14	-10	-6	-4	-2	0		-2	-4	-6	0	0	+2	+4	+6	+10	+14		+18		+20		+26	+32	+40	+60
3	6	-270	-140	-70	-46	-30	-20	-14	-10	-6	-4	0		-2	-4		+1	0	+4	+8	+12	+15	+19		+23		+28		+35	+42	+50	+80
6	10	-280	-150	-80	-56	-40	-25	-18	-13	-8	-5	0		-2	-5		+1	0	+6	+10	+15	+19	+23		+28		+34		+42	+52	+67	+97
10	14	-290	-150	-95		-50	-32		-16		-6	0		-3	-6		+1	0	+7	+12	+18	+23	+28		+33		+40		+50	+64	+90	+130
14	18	-290	-150	-95		-50	-32		-16		-6	0		-3	-6		+1	0	+7	+12	+18	+23	+28		+33	+39	+45		+60	+77	+108	+150
18	24	-300	-160	-110		-65	-40		-20		-7	0		-4	-8		+2	0	+8	+15	+22	+28	+35		+41	+47	+54	+63	+73	+98	+136	+188
24	30	-300	-160	-110		-65	-40		-20		-7	0		-4	-8		+2	0	+8	+15	+22	+28	+35	+41	+48	+55	+64	+75	+88	+118	+160	+218
30	40	-310	-170	-120		-80	-50		-25		-9	0		-5	-10		+2	0	+9	+17	+26	+34	+43	+48	+60	+68	+80	+94	+112	+148	+200	+274
40	50	-320	-180	-130		-80	-50		-25		-9	0		-5	-10		+2	0	+9	+17	+26	+34	+43	+54	+70	+81	+97	+114	+136	+180	+242	+325
50	65	-340	-190	-140		-100	-60		-30		-10	0		-7	-12		+2	0	+11	+20	+32	+41	+53	+66	+87	+102	+122	+144	+172	+226	+300	+405
65	80	-360	-200	-150		-100	-60		-30		-10	0		-7	-12		+2	0	+11	+20	+32	+43	+59	+75	+102	+120	+146	+174	+210	+274	+360	+480
80	100	-380	-220	-170		-120	-72		-36		-12	0		-9	-15		+3	0	+13	+23	+37	+51	+71	+91	+124	+146	+178	+214	+258	+335	+445	+585
100	120	-410	-240	-180		-120	-72		-36		-12	0		-9	-15		+3	0	+13	+23	+37	+54	+79	+104	+144	+172	+210	+254	+310	+400	+525	+690
120	140	-460	-260	-200		-145	-85		-43		-14	0		-11	-18		+3	0	+15	+27	+43	+63	+92	+122	+170	+202	+248	+300	+365	+470	+620	+800
140	160	-520	-280	-210		-145	-85		-43		-14	0		-11	-18		+3	0	+15	+27	+43	+65	+100	+134	+190	+228	+280	+340	+415	+535	+700	+900
160	180	-580	-310	-230		-145	-85		-43		-14	0		-11	-18		+3	0	+15	+27	+43	+68	+108	+146	+210	+252	+310	+380	+465	+600	+780	+1000
180	200	-660	-340	-240		-170	-100		-50		-15	0		-13	-21		+4	0	+17	+31	+50	+77	+122	+166	+236	+284	+350	+425	+520	+670	+880	+1150
200	225	-740	-380	-260		-170	-100		-50		-15	0		-13	-21		+4	0	+17	+31	+50	+80	+130	+180	+258	+310	+385	+470	+575	+740	+960	+1250
225	250	-820	-420	-280		-170	-100		-50		-15	0		-13	-21		+4	0	+17	+31	+50	+84	+140	+196	+284	+340	+425	+520	+640	+820	+1050	+1350
250	280	-920	-480	-300		-190	-110		-56		-17	0		-16	-26		+4	0	+20	+34	+56	+94	+158	+218	+315	+385	+475	+580	+710	+920	+1200	+1550
280	315	-1050	-540	-330		-190	-110		-56		-17	0		-16	-26		+4	0	+20	+34	+56	+98	+170	+240	+350	+425	+525	+650	+790	+1000	+1300	+1700
315	355	-1200	-600	-360		-210	-125		-62		-18	0		-18	-28		+4	0	+21	+37	+62	+108	+190	+268	+390	+475	+590	+730	+900	+1150	+1500	+1900
355	400	-1350	-680	-400		-210	-125		-62		-18	0		-18	-28		+4	0	+21	+37	+62	+114	+208	+294	+435	+530	+660	+820	+1000	+1300	+1650	+2100
400	450	-1500	-760	-440		-230	-135		-68		-20	0		-20	-32		+5	0	+23	+40	+68	+126	+232	+330	+490	+595	+740	+920	+1100	+1450	+1850	+2400
450	500	-1650	-840	-480		-230	-135		-68		-20	0		-20	-32		+5	0	+23	+40	+68	+132	+252	+360	+540	+660	+820	+1000	+1250	+1600	+2100	+2600

js 列：偏差 $= \pm \dfrac{ITn}{2}$，式中 ITn 是 IT 值数。

注：1.基本尺寸小于或等于 1 mm 时，基本偏差 a 和 b 均不采用；
2.公差带 js7 至 js11,若 ITn 值数是奇数,则取偏差 $= \pm (ITn-1)/2$。

表 7-10　500 mm 内孔的基本偏差数值（摘自 GB/T 1800.1—2009）　μm

基本偏差数值表：下偏差 EI（所有标准公差等级：A B C CD D E EF F FG G H）；Js；上偏差 ES（J：IT6 IT7 IT8；K、M、N 分 ≤IT8 与 >IT8；P至ZC ≤IT7；标准公差等级大于IT7：P R S T U V X Y Z ZA ZB ZC）；Δ值（标准公差等级 IT3 IT4 IT5 IT6 IT7 IT8）。

Js 列：偏差 $=\pm\dfrac{IT_n}{2}$，式中 IT_n 是 IT 值数。

P至ZC（≤IT7）列：在大于 IT7 的相应数值上增加一个 Δ 值。

大于	至	A	B	C	CD	D	E	EF	F	FG	G	H	J IT6	J IT7	J IT8	K ≤IT8	K >IT8	M ≤IT8	M >IT8	N ≤IT8	N >IT8	P	R	S	T	U	V	X	Y	Z	ZA	ZB	ZC	Δ IT3	Δ IT4	Δ IT5	Δ IT6	Δ IT7	Δ IT8
—	3	+270	+140	+60	+34	+20	+14	+10	+6	+4	+2	0	+2	+4	+6	0	0	−2	−2	−4	−4	−6	−10	−14		−18		−20		−26	−32	−40	−60	0	0	0	0	0	0
3	6	+270	+140	+70	+46	+30	+20	+14	+10	+6	+4	0	+5	+6	+10	−1+Δ	−1	−4+Δ	−4	−8+Δ	0	−12	−15	−19		−23		−28		−35	−42	−50	−80	1	1.5	1	3	4	6
6	10	+280	+150	+80	+56	+40	+25	+18	+13	+8	+5	0	+5	+8	+12	−1+Δ	−1	−6+Δ	−6	−10+Δ	0	−15	−19	−23		−28		−34		−42	−52	−67	−97	1	1.5	2	3	6	7
10	14	+290	+150	+95		+50	+32		+16		+6	0	+6	+10	+15	−1+Δ	−1	−7+Δ	−7	−12+Δ	0	−18	−23	−28		−33		−40		−50	−64	−90	−130	1	2	3	3	7	9
14	18																										−39	−45		−60	−77	−108	−150						
18	24	+300	+160	+110		+65	+40		+20		+7	0	+8	+12	+20	−2+Δ	−2	−8+Δ	−8	−15+Δ	0	−22	−28	−35		−41	−47	−54	−63	−73	−98	−136	−188	1.5	2	3	4	8	12
24	30																								−41	−48	−55	−64	−75	−88	−118	−160	−218						
30	40	+310	+170	+120		+80	+50		+25		+9	0	+10	+14	+24	−2+Δ	−2	−9+Δ	−9	−17+Δ	0	−26	−34	−43	−48	−60	−68	−80	−94	−112	−148	−200	−274	1.5	3	4	5	9	14
40	50	+320	+180	+130																					−54	−70	−81	−97	−114	−136	−180	−242	−325						
50	65	+340	+190	+140		+100	+60		+30		+10	0	+13	+18	+28	−2+Δ	−2	−11+Δ	−11	−20+Δ	0	−32	−41	−53	−66	−87	−102	−122	−144	−172	−226	−300	−405	2	3	5	6	11	16
65	80	+360	+200	+150																			−43	−59	−75	−102	−120	−146	−174	−210	−274	−360	−480						
80	100	+380	+220	+170		+120	+72		+36		+12	0	+16	+22	+34	−3+Δ	−3	−13+Δ	−13	−23+Δ	0	−37	−51	−71	−91	−124	−146	−178	−214	−258	−335	−445	−585	2	4	5	7	13	19
100	120	+410	+240	+180																			−54	−79	−104	−144	−172	−210	−254	−310	−400	−525	−690						
120	140	+460	+260	+200		+145	+85		+43		+14	0	+18	+26	+41	−3+Δ	−3	−15+Δ	−15	−27+Δ	0	−43	−63	−92	−122	−170	−202	−248	−300	−365	−470	−620	−800	3	4	6	7	15	23
140	160	+520	+280	+210																			−65	−100	−134	−190	−228	−280	−340	−415	−535	−700	−900						
160	180	+580	+310	+230																			−68	−108	−146	−210	−252	−310	−380	−465	−600	−780	−1000						
180	200	+660	+310	+240		+170	+100		+50		+15	0	+22	+30	+47	−4+Δ	−4	−17+Δ	−17	−31+Δ	0	−50	−77	−122	−166	−236	−284	−350	−425	−520	−670	−880	−1150	3	4	6	9	17	26
200	225	+740	+380	+260																			−80	−130	−180	−258	−310	−385	−470	−575	−740	−960	−1250						
225	250	+820	+420	+280																			−84	−140	−196	−284	−340	−425	−520	−640	−820	−1050	−1350						
250	280	+920	+480	+300		+190	+110		+56		+17	0	+25	+36	+55	−4+Δ	−4	−20+Δ	−20	−34+Δ	0	−56	−94	−158	−218	−315	−385	−475	−580	−710	−920	−1200	−1550	4	4	7	9	20	29
280	315	+1050	+540	+330																			−98	−170	−240	−350	−425	−525	−650	−790	−1000	−1300	−1700						
315	355	+1200	+600	+360		+210	+125		+62		+18	0	+29	+39	+60	−4+Δ	−4	−21+Δ	−21	−37+Δ	0	−62	−108	−190	−268	−390	−475	−590	−730	−900	−1150	−1500	−1900	4	5	7	11	21	32
355	400	+1350	+680	+400																			−114	−208	−294	−435	−530	−660	−820	−1000	−1300	−1650	−2100						
400	450	+1500	+760	+440		+230	+135		+68		+20	0	+33	+43	+66	−5+Δ	−5	−23+Δ	−23	−40+Δ	0	−68	−126	−232	−330	−490	−595	−740	−920	−1100	−1450	−1850	−2400	5	5	7	13	23	34
450	500	+1650	+840	+480																			−132	−252	−360	−540	−660	−820	−1000	−1250	−1600	−2100	−2600						

注：1.基本尺寸≤1 mm 时，基本偏差 A 和 B 及大于 IT8 的 N 均不采用。

2.公差带 Js7 至 Js11，若 IT_n 值数是奇数，则取偏差 $=\pm\dfrac{IT_n-1}{2}$。

3.对小于或等于 IT8 的 K、M、N 和小于或等于 IT7 的 P 至 ZC，所需 Δ 值从表内右侧选取。

例如，18～30 mm 段的 K7，Δ＝8 mm，所以 ES＝−2＋8＝＋6mm；8～30 mm 段的 S6，Δ＝4 mm，所以 ES＝−35＋4＝−31 mm。

4.特殊情况：250～315 mm 段的 M6，ES＝−9 mm（代替−11 mm）。

[例 7-2]　确定 Ø10M8/h7 中孔和轴的上、下极限偏差及极限尺寸。

解：此配合，孔和轴的基本尺寸 $d=D=$ Ø10 mm，基轴制配合；孔的公差带代号、Ø10M8，轴的公差带代

号 Ø10h7。

查表 7-8：标准公差数值表，得：T_d＝IT7＝15 μm，T_D＝IT8＝22 μm；

查表 7-9：轴的基本偏差数值表，得：基本偏差为上偏差 es，es＝0 μm。

查表 7-10：孔的基本偏差数值表，得：基本偏差为上偏差 ES，ES＝（－6＋Δ）μm；其中"Δ"根据基本尺寸和公差等级在该行的右边的"Δ"项中查得 Δ 为 7 μm，所以，ES＝（－6＋Δ）μm＝－6＋7＝＋1 μm。

由公式得：轴的下偏差 ei＝es－T_d＝es－IT7＝0－15＝－15 μm＝－0.015 mm。

孔的下偏差 EI＝ES－T_D＝ES－IT8＝（＋1－22）μm＝－0.021 mm。

最大极限尺寸：d_{max}＝Ø10.000 mm，D_{max}＝Ø10.001 mm。最小极限尺寸：d_{min}＝Ø9.985 mm，D_{min}＝Ø9.979 mm。

[例 7-3]　查表确定 Ø50H8/s7 的极限偏差，画出公差带图，判断配合性质。

解：此配合，基本尺寸 d＝D＝Ø50 mm，基孔制配合；孔的公差带代号 Ø50H8，轴的公差带代号 Ø50s7。

查表 7-8：标准公差数值表，得：T_d＝IT7＝25 μm，T_D＝IT8＝39 μm。

查表 7-9：轴的基本偏差数值表，得：ei＝＋43 μm。

查表 7-10：孔的基本偏差数值表，得：EI＝0 μm。

由公式得：es＝ei＋T_d＝ei＋IT7＝＋43＋25＝＋68 μm＝＋0.068 mm。

ES＝EI＋T_D＝EI＋IT8＝0＋39 μm＝＋0.039 mm。

最大极限尺寸：d_{max}＝Ø50.068 mm，D_{max}＝Ø50.039 mm。最小极限尺寸：d_{min}＝Ø50.043mm，D_{min}＝Ø50.000 mm。

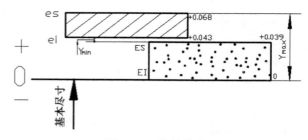

所以 Ø50H8/s7＝$Ø50^{+0.039}_0$／$Ø50^{+0.068}_{0.043}$。

公差带图如图 7-47 所示。

由图 7-47 可见，它们是过盈配合：

最大过盈量 Y_{max}＝es－EI＝＋0.068－0＝＋0.068 mm。

图 7-47　公差带图

最小过盈量 Y_{min}＝ei－ES＝＋0.043－0.039＝＋0.004 mm。

二、形位公差（GB/T 1182—2008）

1.形位公差概念

(1)问题提出：零件加工后，不仅存在尺寸误差，而且还会产生几何形状和相互位置误差。

零件的几何特性是决定零件功能的因素之一。几何特性是指零件的实际要素相对于其几何理想要素的偏离情况，包括尺寸偏离、表面要素形状和相对位置的偏离、表面粗糙度和表面波度。几何误差包括形状、方向、位置和跳动误差。几何误差对产品的性能和寿命影响很大，要加以控制。

(2)定义：形状公差和位置公差简称形位公差，它是指零件的实际形状和位置相对理想形状和位置的允许的变动量。

形位公差的研究对象是构成零件几何要素特征的点、线、面，这些点、线、面统称几何要素（简称要素）。一般在研究形位公差时，涉及的对象有线和面两类要素。

(3)几何要素分类：

①按结构特征分类：

a.轮廓要素：构成零件外形，能为人们直接感觉到的点、线、面。

b.中心要素：轮廓要素对称中心所表示的点、线、面。

②按存在状态分类：

a.实际要素：零件实际存在的要素，它可通过测量反映出来的要素。

b.理想要素：具有几何意义的要素，按设计要求，由图样给定的点、线、面的理想状态。

③按所处部位分类：

a.被测要素：图样中给出了形位公差要求的要素，是测量对象。

b.基准要素：用来确定被测要素方向和位置的要素。基准要素在图样上都有标注基准符号或基准代号。

④按功能关系分类：

a.单一要素：指仅对被测要素本身给出形状公差的要素。

b.关联要素：指与零件基准要素有功能要求的要素。

零件的几何要素举例如图 7-48 所示。

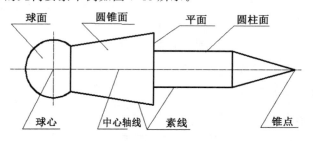

被测要素：球面、圆锥面、圆柱面。

基准要素：球心、锥点、中心轴线、平面。

轮廓要素：素线。

图 7-48　零件的几何要素

2. 形位公差的注法

（1）形位公差的框格及内容。

形位公差用代号标注，代号包括形位公差特征项目符号、形位公差框格及指引线、基准符号、形位公差数值和其他有关符号等。形位公差框格和基准代号示意如图 7-49 所示。

（2）被测要素的标注。

指引线箭头应指向公差带的宽度方向或直径方向，在标注时应注意以下几点：

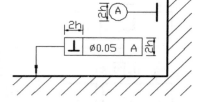

图 7-49　形位公差框格和基准代号

①当被测要素为线或表面时，指引线箭头应指在该要素的轮廓线或其延长线上，并应明显地与该要素的尺寸线错开。

②当被测要素为轴线、球心或中心平面时，指引线箭头应与该要素的尺寸线平齐。

③当被测要素为整体轴线或公共对称平面时，指引线箭头可直接指在轴线或对称线上。

（3）基准要素的标注。

基准代号是细实线，小圆内有大写字母，用细实线与粗短划线横线相连。无论基准代号在图样上的方向如何，圆圈内的字母均应水平书写。

标注时要注意：

①当基准要素为素线或表面时，基准代号应靠近该要素的轮廓线或其引出线标注，并应明显地与尺寸线错开。

②当基准要素为轴线或中心平面或由带尺寸的要素确定的点时，基准符号应与相应的要素尺寸线对齐。

3. 形位公差的项目及其符号

形位公差包括形状公差和位置公差。形状公差是指单一实际要素的形状所允许的变动全量。位置公差是指关联实际要素对基准在位置上所允许的变动全量。

形位公差特征项目及符号见表 7-11。部分形位公差的标注及含义见表 7-12。

表 7-11　形位公差特征项目及符号

分　类	名　称	符　号	分　类	名　称	符　号
形状公差	直线度	—	位置公差 — 定向	平行度	∥
	平面度	▱		垂直度	⊥
	圆度	○		倾斜度	∠
	圆柱度	⌀	位置公差 — 定位	同轴度	◎
形状或位置公差	线轮廓度	⌒		对称度	＝
				位置度	⊕
	面轮廓度	⌓	跳动	圆跳动	↗
				全跳动	↗↗

表 7-12　部分形位公差的标注及含义

标注示例	公差带图	识读与解释
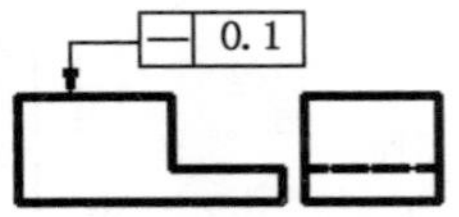 ▭ — 0.1	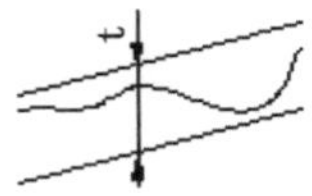 t	直线度公差为 0.1，即被测表面的素线必须在平行于正面且距离为公差值 0.1 的两平行线内； 其公差带是在给定的平面内两平行直线之间的区域
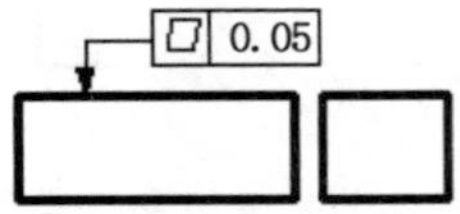 ▭ 0.05	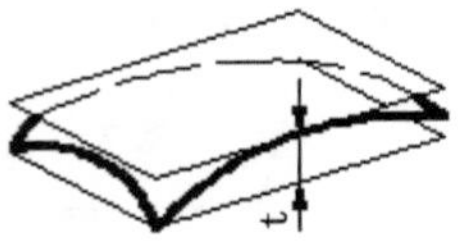 t	平面度公差为 0.05，即被测表面必须位于距离为公差值 0.05 的两平行平面之间； 其公差带是在给定的两平行平面之间的区域
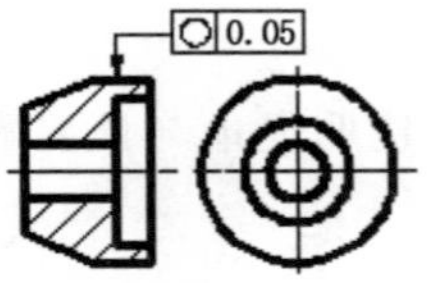 ○ 0.05	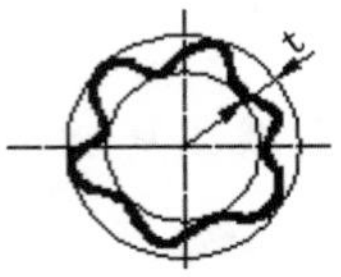 t	圆度公差为 0.05，即被测圆柱面任意正截面的圆周必须位于半径差为公差值 0.05 的两同心圆之间； 其公差带是在同一正截面上两同心圆之间的区域
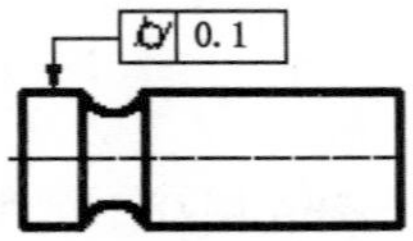 ⌀ 0.1	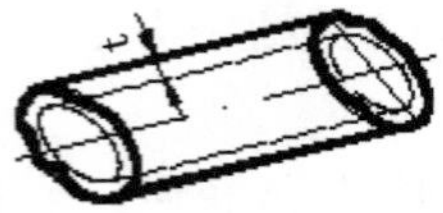 t	圆柱度公差为 0.1，即被测圆柱面必须位于半径差为公差值0.1 的两同轴圆柱面之间； 其公差带是在两同轴圆柱面之间的区域
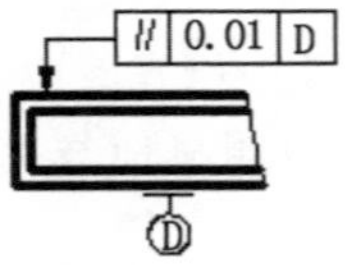 ∥ 0.01 D	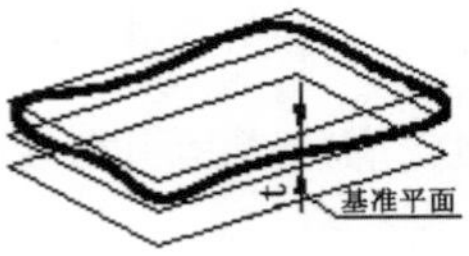 基准平面	平行度公差为 0.01，即被测要素为上平面，基准为下平面，被测平面必须位于距离为公差值 0.01 且平行于基准平面的两平行平面之间； 其公差带是在两平行平面之间的区域

形位公差综合标注示例如图 7-50 所示。

解读：

①表示 Ø33 右端面对 Ø25k6 圆柱轴线的垂直度公差为 0.04。

②表示 Ø25k6 圆柱轴线对 Ø20k6 和 Ø17k6 的公共轴线的同轴度公差为 Ø0.025。

③表示 Ø25k6 圆柱面的圆柱度公差为 0.01。

④表示键槽的中心平面对 Ø25k6 圆柱轴线的对称度公差为 0.01。

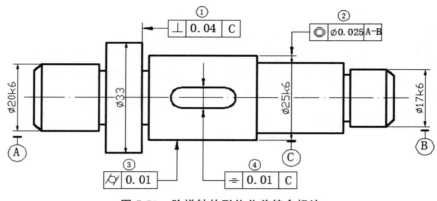

图 7-50　阶梯轴的形位公差综合标注

三、常见的测量工具

1. 游标卡尺

游标卡尺又称百分尺,是测量长度、内外径、深度的一种被广泛使用的高精度测量工具。游标卡尺由主尺和附在主尺上能滑动的游标两部分构成。主尺一般以毫米为单位,而游标上则有 10、20 或 50 个分格,根据分格的不同,游标卡尺可分为十分度游标卡尺、二十分度游标卡尺、五十分度游标卡尺等,游标为 10 分度的有 9 mm,20 分度的有 19 mm,50 分度的有 49 mm,见表 7-13。游标卡尺的主尺和游标上有两副活动量爪,分别是内测量爪和外测量爪。内测量爪通常用来测量内径,外测量爪通常用来测量长度和外径。游标卡尺的构造如图 7-51 所示。

表 7-13　游标卡尺的种类及精度

卡尺种类	主尺最小分度/mm	游标总长度/mm	精度/mm
10 分度	1	9	0.1
20 分度	1	19	0.05
50 分度	1	49	0.02

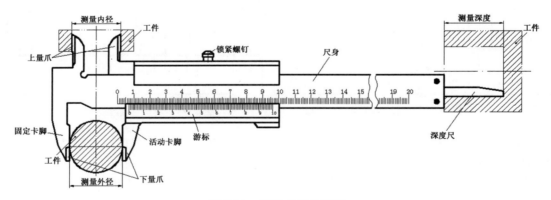

图 7-51　游标卡尺的构造

(1)使用方法。

使用前用软布将量爪擦干净,使其并拢,查看游标和主尺身的零刻度线是否对齐。如果对齐就可以进行测量,如果没有对齐则要记取零误差:游标的零刻度线在尺身零刻度线右侧的叫正零误差,在尺身零刻度线左侧的叫负零误差(这一规定方法与数轴的规定一致,原点以右为正,原点以左为负)。

测量时,右手拿住尺身,大拇指移动游标,左手拿待测外径(或内径)的物体,使待测物位于外测量爪之间,与量爪紧紧相贴。当测量零件的外尺寸时,卡尺两测量面的连线应垂直于被测量表面,不能歪斜。测量时,可以轻轻摇动卡尺,放正垂直位置。量爪若在错误位置上,将使测量结果比实际尺寸要大。先把卡尺的活动量爪张开,使量爪能自由地卡进工件,把零件贴靠在固定量爪上,然后移动尺框,用轻微的压力使活动量爪接触零件。如卡尺带有微动装置,此时可拧紧微动装置上的固定螺钉,再转动调节螺母,使量爪接触零件并读取尺寸。绝不可把卡尺的两个量爪调节到接近甚至小于所测尺寸,把卡尺强制地卡到零件上去,这样做会使量爪变形,或使测量面过早磨损,使卡尺失去应有的精度。

(2)读数原则。

读数时首先以游标零刻度线为准在尺身上读取毫米整数,即以毫米为单位的整数部分。然后看游标上第几条刻度线与尺身的刻度线对齐,如第 6 条刻度线与尺身刻度线对齐,则小数部分即为 0.6 mm(若没有正好对齐的线,则取最接近对齐的线进行读数)。如有零误差,则一律用上述结果减去零误差(零误差为负,相当于加上相同大小的零误差),读数结果为 L＝整数部分＋小数部分－零误差。判断游标上哪条刻度线与尺身刻度线对准,可用下述方法:选定相邻的三条线,如左侧的线在尺身对应线之右,右侧的线在尺身对应线之左,中间那条线便可以认为是对准了。

(3)保管方法。

游标卡尺使用完毕,用棉纱擦拭干净。长期不用时应将它擦上黄油或机油,两量爪合拢并拧紧紧固螺钉,放入卡尺盒内盖好。

(4)游标卡尺读数规则。

三种分度的游标卡尺的读数特点:不用估读。

①十分度游标卡尺读数规则:

因为主尺一个格 1 mm,主尺第九刻度与游标尺第十刻度对齐,1×9＝a×10,所以游标尺一个格 a＝0.9 mm,可见主尺与游标尺每格差 1－0.9＝0.1 mm,因而游标尺一个格精度 0.1 mm,如图 7-52 所示。

②十分度游标卡尺读数举例:

a.游标尺 0 刻度前的主尺整毫米数:4 格,每格 1 mm,即 4 mm。游标尺读数:游标尺第三刻度与主尺刻度对齐,即 3×0.1 mm＝0.3 mm。所以,测量值＝主尺整毫米数＋N×0.1 mm＝4 mm＋3×0.1 mm＝4.3 mm,如图 7-53 所示。

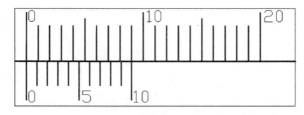

图 7-52　十分度游标卡尺读数原理

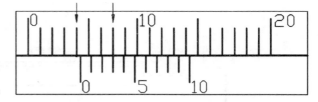

图 7-53　十分度游标卡尺读数举例 1

b.游标尺 0 刻度前的主尺整毫米数:20 格,每格 1 mm,即 20 mm。游标尺读数:游标尺第六刻度与主尺刻度对齐,即 6×0.1 mm＝0.6 mm。所以测量值＝主尺整毫米数＋N×0.1 mm＝20 mm＋6×0.1 mm＝20.6 mm,如图 7-54 所示。

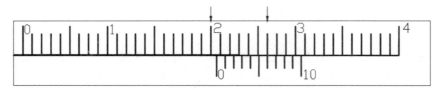

图 7-54　十分度游标卡尺读数举例 2

③二十分度游标卡尺读数规则：

因为主尺一个格 1 mm，主尺第十九刻度与游标尺第二十刻度对齐，$1 \times 19 = a \times 20$，所以游标尺一个格 $a = 0.95$ mm，可见主尺与游标尺每格差 $1 - 0.95 = 0.05$ mm，因而游标尺一个格精度 0.05 mm，如图 7-55 所示。

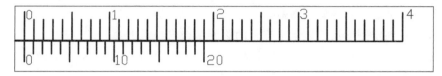

图 7-55   二十分度游标卡尺读数原理

④二十分度游标卡尺读数举例：测量值＝主尺整毫米数＋$N \times 0.05$ mm，故本例中测量值＝6 mm＋5×0.05 mm＝6.25 mm，如图 7-56 所示。

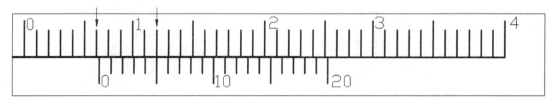

图 7-56   二十分度游标卡尺读数举例

⑤五十分度游标卡尺读数规则：

因为主尺一个格 1 mm，主尺第四十九刻的游标尺第五十刻度对齐，$1 \times 49 = a \times 50$，所以游标尺一个格 $a = 0.98$ mm，可见全尺与游标尺每格差 $1 - 0.98 = 0.02$ mm，因而游标尺一个格精度 0.02 mm，如图 7-57 所示。

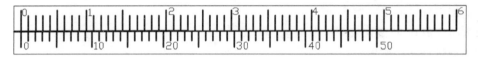

图 7-57   五十分度游标卡尺读数原理

⑥五十分度游标卡尺读数举例：测量值＝主尺整毫米数＋$N \times 0.02$ mm，故本例中测量值＝13 mm＋28×0.02 mm＝13.56 mm，如图 7-58 所示。

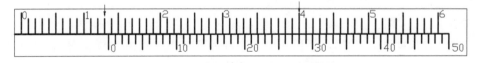

图 7-58   五十分度游标卡尺读数举例

2. 螺旋测微器

螺旋测微器是比游标卡尺更精密的测量长度的工具，主要由测微螺杆、固定刻度、可动刻度、旋钮、微调旋钮、小砧和框架组成，如图 7-59 所示。

（1）螺旋测微器的原理和使用。

螺旋测微器依据螺旋放大原理制成，即螺杆在螺母中旋转一周，螺杆便沿着旋转轴线方向前进或后退一个螺距的距离。螺旋测微器的精密螺纹螺距为 0.5 mm，而可动刻度所在圆筒——活动套管沿圆周刻有 50 个等分刻度，可见，可动刻度旋转一周，测微螺杆可以前进或后退 0.5/50＝0.01 mm，故螺旋测微器可精确到 0.01 mm。但实际读数时，还要估读一位，可读到

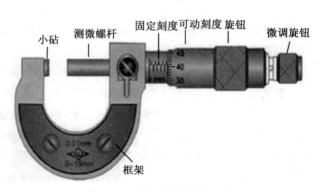

图 7-59   螺旋测微器的结构

毫米的千分位,故又名"千分尺"。

使用螺旋测微器应注意以下几点:

①测量时,在测微螺杆快要靠近被测物体时应停止使用旋钮,而改用微调旋钮,避免产生过大的压力,对测量结果造成误差,同时又能保护螺旋测微器。

②在读数时,要注意固定刻度尺上表示半毫米的刻度是否已经露出。

③读数时,千分位还要有一位估读数字,不能随便弃掉,即使固定刻度的零点正好与可动刻度的某一刻度对齐,千分位也应读取为"0"。

(2)螺旋测微器的读数。

螺旋测微器的读数示例:读数 L=固定刻度+半刻度+可动刻度+估读千分位,如图 7-60 所示。

(a)读数 L=固定刻度+半刻度+可动刻度+估读千分位
=2+0.5+0.01×46+0.000=2.960 mm

(b)读数 L=固定刻度+半刻度+可动刻度+估读千分位
=0+0.5+0.01×40+0.000=0.900 mm

图 7-60　千分尺读数示例

(3)螺旋测微器的正确保养:

①检查零位线是否准确。

②测量时需把工件被测量面擦干净。

③工件较大时应放在 V 型铁或平板上测量。

④测量前将测量杆和砧座擦干净。

⑤拧活动套筒时需用棘轮装置。

⑥不要拧松后盖,以免造成零位线改变。

⑦不要在固定套筒和活动套筒间加入普通机油。

⑧用后擦净上油,放入专用盒内,置于干燥处。

3. 指示性量具

(1)百分表:是一种长度测量工具,广泛用于测量工件的几何形状误差和位置误差,具有防震、使用寿命长、精度可靠的优点,但只能测量相对数值,不能测量绝对数值。

(2)百分表构造组成:主要由表体部分、传动系统和读数装置 3 个部件组成。

(3)百分表分类:钟表式百分表、电子数显式百分表、内径百分表、深度百分表和杠杆百分表。

(4)百分表的工作原理:钟表式百分表是齿轮传动式的测微量具,是测量线性位移(变动量)的机械式指示量具,是利用精密齿条齿轮传动机构,将测杆的直线位移变为指针的角位移的计量器具,即将被测尺寸引起的测杆微小直线移动,经过齿轮传动放大,变为指针在刻度盘上的转动,从而读出被测尺寸的大小。

图 7-61 所示为外径百分表,主要组成有测头、测杆、防震弹簧、表体、刻度盘、指针和传动齿条、齿轮、游丝。其工作原理是:测头 1 与齿条测杆 2 连在一起,当测杆 2 受测头 1 推动上升时,带动测杆上齿条上升,与齿条啮合的小齿轮 3(齿数 16)也旋转起来,跟小齿轮 3(齿数 16)同轴的大齿轮 4(齿数 100)也随之转动,与大齿轮(齿数 100)啮合的中心小齿轮 5(齿数 10),它的转轴另一端安装有长指针 6 也随之转动;而短指针 8 的安装轴另一端则是与中间小齿轮 5(齿数 10)啮合的另一个大齿轮 7(齿数 100)。因为齿条的齿距为 0.625 mm,与之啮合的小齿轮 3 的齿数为 16,大齿轮 4 的齿数为 100,中心齿轮 5 的齿数为 10,当测杆(齿条)移动 16 齿,相当于 16×0.625=10 mm 时,小齿轮 3(齿数 16)转过一圈,同轴大齿轮 4 也随之转过一圈,中心齿轮 5(齿数 10)和长指针 6 则转 10 圈,而另一个大齿轮 7(齿数 100)也随之转过一圈,同轴的短指针 8 走一格。由于百分

表的表盘上有100等分刻度线,每格读数为$1 \div 100 = 0.01$ mm,短指针每格读数为1 mm,因此当测杆移动1 mm时,长指针转过一圈,即100格,百分表测量精度为0.01 mm。

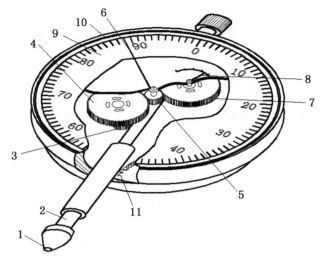

1—测头;2—测杆;3—小齿轮;4—左端大齿轮;5—中间小齿轮;6—长指针;7—右端大齿轮;8—短指针;9—表盘;10—表圈;11—拉簧

图 7-61　百分表结构图

(5)读数方法:先读小指针转过的刻度线(即毫米整数),再读大指针转过的刻度线并估读一位(即小数部分),并乘以0.01,然后两者相加,即得到所测量的数值。

百分表读数示例如图7-62所示。

此外还有:①电子数显百分表,具有精度高、读数直观、可靠等特点;具有公英制转换、任意位置清零、自动断电、快速跟踪最大最小值、数据输出等功能;广泛用于长度、形位误差的测量,也可作为读数装置,如图7-63所示。②内径表,是孔加工必备工具之一,适于测量不同的直径和不同深度的孔,如图7-64所示。③杠杆表,体积小,精度高,适用于一般百分表难以测量的场所,如图7-65所示。④深度百分表,用于工件深度、台阶等尺寸的测量,具有测量可靠、精度高的特点,如图7-66所示。

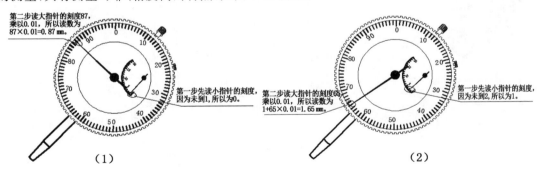

图 7-62　百分表读数示例

图 7-63　电子数显百分表

图 7-64　内径表

图 7-65　杠杆表

图 7-66　深度百分表

（6）注意事项：

①使用前，应检查测杆活动的灵活性。即轻轻推动测杆时，测杆在套筒内的移动要灵活，没有任何轧卡现象，每次手松开后，指针能回到原来的刻度位置。

②使用时，必须把百分表固定在可靠的夹持架上，切不可贪图省事，随便夹在不稳固的地方，否则容易造成测量结果不准确，或摔坏百分表。

③测量时，不要使测杆的行程超过它的测量范围，不要使表头突然撞到工件上，也不要用百分表测量表面粗糙度或有显著凹凸不平的工件。

④测量平面时，百分表的测杆要与平面垂直，测量圆柱形工件时，测杆要与工件的中心线垂直，否则将使测杆活动不灵或测量结果不准确。

（7）维护保养：

①远离液体，不使冷却液、切削液、水或油与内径表接触。

②不使用时，要摘下百分表，使表解除其所有负荷，让测杆处于自由状态，成套保存于盒内，避免丢失与混用。

③为方便读数，在测量前一般都让大指针指到刻度盘的零位。

7.7 画零件图的步骤和方法

一、画图前的准备

（1）了解零件的用途、结构特点、材料及相应的加工方法。
（2）分析零件的结构形状，确定零件的视图表达方案。

二、画图方法和步骤

例如，画端盖的零件图（图 7-67）：

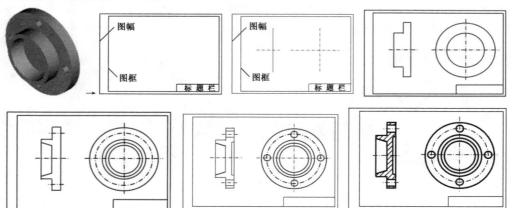

图 7-67　端盖零件图的作图过程

（1）定图幅：根据视图数量和大小，选择适当的绘图比例，确定图幅大小。

（2）画出图框和标题栏。

（3）布置视图：根据各视图的轮廓尺寸，画出确定各视图位置的基线。画图基线包括对称线、轴线、某一基面的投影线。注意：各视图之间要留出标注尺寸的位置。

（4）画底稿：按投影关系，逐个画出各个形体。

步骤：先画主要形体，后画次要形体；先定位置，后定形状；先画主要轮廓，后画细节。

（5）加深：检查无误后，加深并画剖面线。

(6)完成零件图:标注尺寸、表面粗糙度、尺寸公差等,填写技术要求和标题栏。

最后绘制完成的端盖零件图如图 7-2 所示。

7.8　读零件图的方法与步骤

在生产实际中,读零件图就是要求在了解零件在机器中的作用和装配关系的基础上,弄清楚零件的材料、结构形状、尺寸、技术要求等,评论零件设计上的合理性,必要时提出改进意见,或者为零件拟订适当的加工制造工艺方案。

读零件图的方法和步骤如下所述。

一、看标题栏

了解零件的名称、材料、绘图比例等内容。从图 7-67 可知,零件名称为泵体,材料是铸铁,绘图比例1∶2。

二、分析视图

找出主视图,分析各视图之间的投影关系及所采用的表达方法。图 7-68 中的主视图是全剖视图,俯视图取了局部剖,左视图是外形图。

三、分析投影,想象零件的结构形状

看图步骤:①先看主要部分,后看次要部分;②先看整体,后看细节;③先看容易看懂部分,后看难懂部分。按投影对应关系分析形体时,要兼顾零件的尺寸及其功用,以便帮助想象零件的形状。

以图 7-68 所示泵体零件图为例:

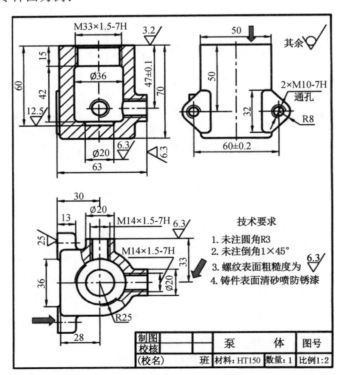

图 7-68　泵体零件图

从三个视图看,泵体由三部分组成:①半圆柱形的壳体,其圆柱形的内腔用于容纳其他零件。②两块三角形的安装板。③两个圆柱形的进出油口,分别位于泵体的右边和后边。

综合分析后,想象出泵体的形状如图 7-69 所示

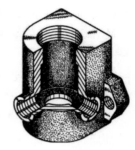

图 7-69　泵体轴测图

四、分析尺寸和技术要求

以图 7-68 所示泵件零件图为例,首先找出长、宽、高三个方向的尺寸基准,然后找出主要尺寸。长度方向是安装板的端面,宽度方向是泵体前后对称面,高度方向是泵体的上端面。47±0.1,60±0.2 是主要尺寸,加工时必须保证。

其次找出进出油口及顶面尺寸:M14×1.5－7H,M33×1.5－7H 都是细牙普通螺纹(M 为普通螺纹代号,14 和 33 为公称直径,出现标注有"×1.5",即为细牙,导程 1.5,因为粗牙不标注导程,7H 为中径顶径公差带代号,其中 7 为公差等级,H 为公差带代号,大写的意思是内螺纹),端面粗糙度 Ra 值分别为 3.2、6.3,要求较高,以便对外连接紧密,防止漏油。

7.9　零件测绘和零件草图

零件测绘就是根据实际零件画出其生产图样。在仿造机器、改革和修理旧机器时,都要进行零件测绘。

一、零件草图的作用和要求

在测绘零件时,先要画出零件草图。以目测估计图形与实物的比例,按一定画法,要求徒手(或部分使用绘图仪器)绘制的图,称为草图。零件草图是画装配图和零件图的依据。在修理机器时,往往将草图代替零件图直接交给车间制造零件。因此,画草图时绝不能潦草从事,必须认真绘制。

零件草图和零件图的内容是相同的,它们之间的主要区别是在作图方法上,零件草图用徒手绘制,并凭目测估计零件各部分的相对大小,控制图中零件各部分之间的比例关系。合格的草图应当:表达完整,线型分明,字体工整,图面整洁,投影关系正确。

二、零件草图的绘制步骤

(1)分析零件、选择视图:仔细了解零件的名称、用途、材料、结构形状、工作位置及其他零件的装配关系等之后,确定表达方案。

(2)画视图:分画底稿和加深两步完成。画图时,应注意不要把零件加工制造上的缺陷和使用后磨损等毛病反映在图上。

(3)确定需要标注的尺寸,画出尺寸界线、尺寸线和箭头。

(4)测量尺寸并逐个填写尺寸数字。测量尺寸时要合理选用量具,并注意正确地使用各种量具。例如,测量毛面的尺寸时,选用钢尺和卡钳;测量加工表面的尺寸时,选用游标卡尺、分厘卡或其他适当的测量工具。这样既保证了测量的精度,又维护了精密量具的使用寿命。对于某些用现有的量具不能直接量得的尺寸,要善于根据零件的结构特点,考虑采用比较准确而又便捷的测量方法。零件上的键槽、退刀槽、紧固件通孔和沉孔等标准结构尺寸,可量取其相关尺寸后查表得到。

(5)加深后注写各项技术要求:技术要求应根据零件的作用和装配关系确定。

(6)填写标题栏,全面检查并改正草图中的错误。

下面以滑动轴承中"上轴瓦"零件的草图及绘制步骤为例说明,如图 7-70 所示。

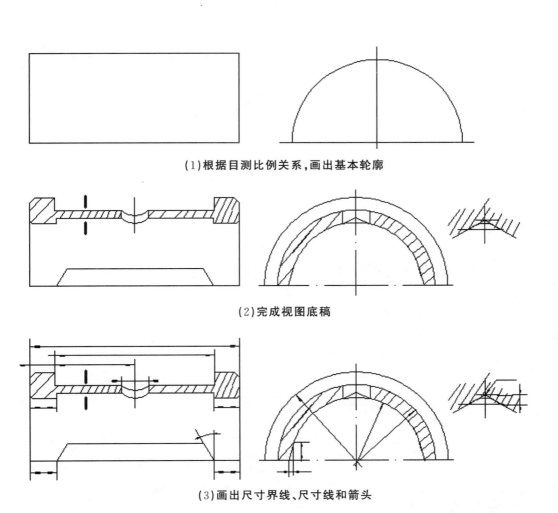

(1)根据目测比例关系,画出基本轮廓

(2)完成视图底稿

(3)画出尺寸界线、尺寸线和箭头

(4)测量并填写尺寸数字后加深,完成草图

图 7-70 滑动轴承中"上轴瓦"零件的草绘过程及草图

第8章 装配图

8.1 装配图的功用和内容

装配图是用来表达机器或部件及组件的图样。表达机器中某个部件或组件的装配图,称为部件装配图或组件装配图。表达一台完整机器的装配图,称为总装配图。在产品设计中,一般先根据产品的工作原理图画出装配草图,由装配草图整理成装配图,然后再根据装配图进行零件的设计并画出零件图;在产品制造中,装配图是制订装配工艺规程,进行装配和检验的技术依据;在机器使用和维修时,也需要通过装配图来了解机器的工作原理和构造。因此,装配图在生产中起着非常重要的作用。

举例:球阀是控制液体流量的一种开关装置,如图 8-1 所示。

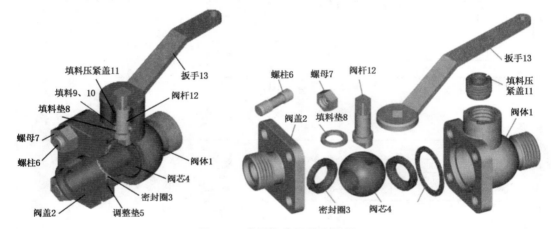

图 8-1 球阀构造及其分解图

(1)工作原理:转动扳手 13,阀杆 12 通过嵌入阀芯槽内的扁榫,从而转动阀芯 4,使流体通过或截断。

(2)功用:装配图用来表达机器或部件的工作原理、各组成部分的相对位置及装配关系,是制定装配工艺规程,进行装配、检验、安装及维修的技术文件。一张完整的装配图,必须具有下列内容:

①一组视图:用一组视图完整、清晰、准确地表达出机器的工作原理、各零件的相对位置及装配关系、连接方式和重要的零件的形状结构。图 8-2 所示是球阀的装配图,采用了三个视图,既有全剖、半剖,又有局部剖;既表达了球阀的外形,又表达了球阀的内部构造,同时也清楚表达了各构成零件的装配关系。

②必要的尺寸:装配图上要有表示机器或部件的规格、装配、检验和安装时所需的一些尺寸。

如图 8-2 所示球阀的通孔的直径 $\varnothing20$ 是规格尺寸,$\varnothing50\dfrac{H11}{h11}$ 是阀体与阀盖的配合尺寸等。

③技术要求:就是说明机器或部件的性能和装配、调整、试验等所必须满足的技术条件。各类不同的机器(或部件),其性能不同,技术要求也各不同。因此,在拟定不同的装配图时,应具体分析。在零件图中已注明的技术要求,装配图中就不再重复注写,技术要求一般书写在图纸的下方空白处。具体的技术要求一般包括装配要求(装配后必须达到的位置公差等、特定的装配方法、装配时的加工)、检验要求、使用要求(包括维护保养、操作等)。

④标题栏、零件序号及明细栏:装配图中的零件编号、明细栏用于说明每个零件的名称、代号、数量和材料等。标题栏包括零部件名称、比例、绘图及审核人员的签名等。

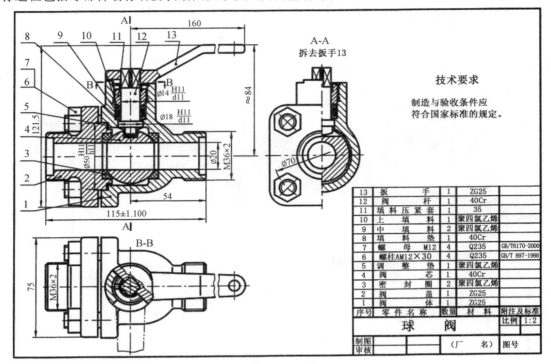

图 8-2　球阀装配图

8.2　装配图的规定画法和特殊画法

一、规定画法

在装配图中有很多零件,为了便于区分不同的零件,并能正确理解零件之间的装配关系,国家标准《机械制图》对装配图的画法做出了如下规定:

(1)相邻零件的接触表面和配合表面(如轴和轴承孔配合表面)只画一条线,如图 8-3(a)所示;不接触表面和非配合表面(如互相不配合的螺钉和通孔)画两条线(即使间隙很小),如图 8-3(b)所示。

(2)两个(或两个以上)零件邻接时,剖面线的倾斜方向应相反或间隔不同;但同一零件在各视图上的剖面线方向和间隔必须一致。

(3)标准件和实心件(滚动轴承、螺栓连接、连杆、拉杆、实心轴、球、钩子、键等)沿轴线方向剖切按不剖画,如图 8-4 所示。如需表明零件的凹槽、键槽、销孔等构造,可用局部剖视来表示。

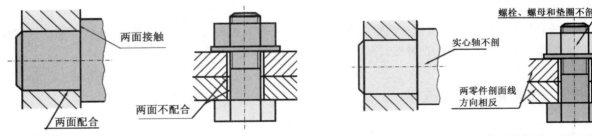

(a)接触表面和配合表面只画一条线　　(b)不接触表面和非配合表面画两条线

图 8-3　装配图相邻零件表面的画法规定

图 8-4　实心轴和标准件沿着轴线方向剖切时按不剖画

二、特殊画法

为了使装配图简洁、合理,规定特殊画法如下所述。

1. 沿零件结合面剖切的画法

假想沿某些零件的结合面剖切,绘出其图形,以表达装配体内部零件间的装配情况。

如图8-5所示滑动轴承,沿轴承盖与轴承座的结合面剖切,拆去上面部分,以表达轴衬与轴承座孔的装配情况。沿轴承盖与轴承座的结合面剖切的画法,俯视图表达了轴衬与轴承座孔的装配情况。

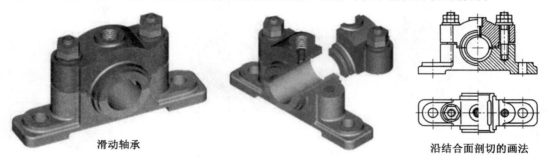

滑动轴承　　　　　　　　　　　　　　　沿结合面剖切的画法

图8-5　滑动轴承轴承盖与轴承座结合面剖切画法

2. 假想画法

与本装配体有关(能表明部件的作用或安装情况的)但不属于本装配体的相邻的辅助零部件,以及运动机件(如操作手柄)的极限位置或中间位置,可用双点画线表示其轮廓线,如图8-6所示。

3. 简化画法

在装配图中,零件的工艺结构,如倒角、圆角、退刀槽等可不画。对于滚动轴承、螺栓连接等可采用简化画法,对于垫片等薄的零件可涂黑表示,如图8-7所示。

4. 夸大画法

薄垫片的厚度、小间隙等可适当夸大画出。

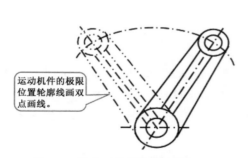

图8-6　操作手柄的极限位置画法

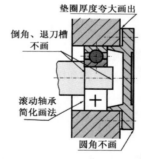

图8-7　装配图中标准件的简化画法

5. 展开画法

为了展开装配图的传动机构的传动路线和装配关系,可假象按传动顺序沿轴线剖切,然后依次将剖切面展开在一个平面上(平行于某个投影面),画出其剖视图。

8.3　装配图视图的选择

一、视图选择的要求

1. 完全

部件的功用、工作原理、装配关系及安装关系等内容表达要完全。

2. 正确

视图、剖视、规定画法及装配关系等的表示方法正确,符合国标规定。

3. 清楚

读图时清楚易懂。

二、视图选择的步骤和方法

1. 部件分析

仍以滑动轴承为例,如图8-8所示。

(1)工作原理:

滑动轴承是用来支撑轴及轴上零件的一种装置,是减少转轴运动摩擦并保证其回转精度的零部件。因与轴接触面大,承载能力强,结构简单,适用于低速重载。轴的两端分别装入滑动轴承的轴孔中转动,以传递扭矩。

(2)结构分析:

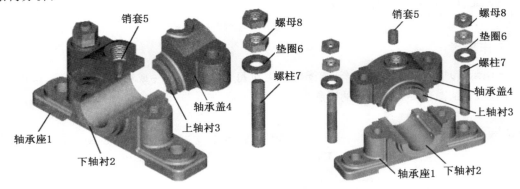

图8-8 滑动轴承的剖切轴测图和分解图

①装配关系:

轴承座与轴承盖:轴承座上的凹槽与轴承盖下的凸起配合定位。轴衬与轴承座孔:轴向,轴衬两端凸缘定位;径向,轴衬外表面配合及销套定位。

②连接固定关系:轴承座与轴承盖用螺柱、螺母、垫圈连接固定。各零件的相对位置关系如图8-8所示。

2. 选择主视图

选择原则:符合部件的工作状态;能清楚表达部件的工作原理、主要的装配关系或其结构特征。

3. 选择其他视图

选择原则:表达主视图没能表达的内容。轴衬与轴承孔的装配关系及工作原理,需选择全剖的左视图表达。为了清楚表达滑动轴承的外形特征及轴衬与其座孔的装配情况,选择沿轴承盖与轴承座结合面半剖的俯视图表达。

4. 方案比较

可多考虑几种表达方案,比较后确定最佳方案。滑动轴承装配图最后方案确定如图8-9所示。

8.4 装配图的尺寸标注

图8-9 滑动轴承装配图

装配图的作用是表达零部件的装配关系,因此装配图不同于零件图,对尺寸标注也要求不同。装配图是设计和装配机器(或部件)的图样,不必把零件所有的尺寸都标出。

一般装配图应标注的尺寸有：

(1)性能(规格)尺寸:表示部件或产品的性能和规格的尺寸。

例如,上面提到的球阀通孔的直径 ⌀20,与液体流量有关。

(2)装配尺寸:零件之间的配合尺寸及影响其性能的重要相对位置尺寸。装配尺寸一般有两种:

①配合尺寸:如球阀的阀体与阀盖的配合尺寸 $⌀50 \frac{H11}{h11}$。

②相对位置尺寸:表示在装配时需要保证的零件间较重要的距离尺寸和间隙尺寸,如球阀竖直中心轴线到 M36×2 螺纹右端面的距离尺寸 54。

(3)安装尺寸:将部件安装到机座上所需要的尺寸。

例如,球阀两侧管中心轴线距离转动扳手的高度约 84。

(4)外形尺寸:部件在长、宽、高三个方向上的最大尺寸,如长 115±1.100,宽 75,高 121.5。

8.5 装配图的零件序号和明细栏

一、零件编号

为了便于图纸管理、看图和组织生产,装配图上需对每个不同的零件成组地进行编号,这种编号也称零件的序号。同时,装配图也要编制相应的明细表。

编号方法

(1)画小黑点→用细实线画指引线、横线或圆→编写数字(5 或 7 号字),如图 8-10 所示。

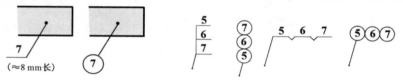

图 8-10 零件序号组成及零件组序号

(2)相同零件只对其中一个编号,其数量填在明细栏内。

(3)指引线不能相交,在通过剖面线区域时不能与剖面线平行。

(4)零件编号应按顺时针或逆时针方向顺序编号,全图按水平方向或垂直方向整齐排列。

二、标题栏和明细栏

每张装配图都必须填写标题栏和明细栏,如图 8-11 所示。标题栏按前面介绍过的标准绘制,明细栏是部件全部零件的详细目录,表中填有零件的序号、代号、名称、数量、材料、附注及标准。明细栏与标题栏之间分界线是粗实线,明细栏外框竖线也是粗实线,明细栏在标题栏的上方,当位置不够时可移一部分紧接标题栏左边继续填写。明细栏中的零件序号应与装配图中的零件编号一致,并且由下往上填写,因此应先编零件序号再填明细栏。标准件的国际代号可写入备注栏内。

序号	代 号	名 称	数量	材料	备注
8	GB/T 898—1988	螺柱M8×55	2	Q235	
7	GB/T 6170—2000	螺母M8	2	Q235	
6	GB/T 97.1—1985	垫圈8	2	Q235	
5		销套	1	45	
4		轴承盖	1	HT200	
3		上轴衬	1	ZQA19-4	
2		下轴衬	1	ZQA19-4	
1		轴承座	1	HT200	

滑动轴承

比例 共 张第 张

制图 审核 （厂名） 图 号

图 8-11　装配图标题栏与明细栏

8.6　画装配图的方法和步骤

在分析部件,确定视图表达方案的基础上,按下列步骤画图。

以滑动轴承为例:

(1)确定图幅。根据部件的大小,视图数量,确定画图的比例、图幅大小,画出图框,留出标题栏和明细栏的位置。

(2)布置视图。画各视图的主要基线,并在各视图之间留有适当间隔,以便标注尺寸和进行零件编号。

(3)画主要装配线。①轴承座被其他零件挡住的线可不画;②下轴衬;③上轴衬;④轴承盖。

(4)画其他装配线及细部结构:销套、螺柱连接等。

(5)完成装配图。检查无误后加深图线,画剖面线,标注尺寸,对零件进行编号,填写明细栏、标题栏、技术要求等,完成装配图,如图 8-12 所示。

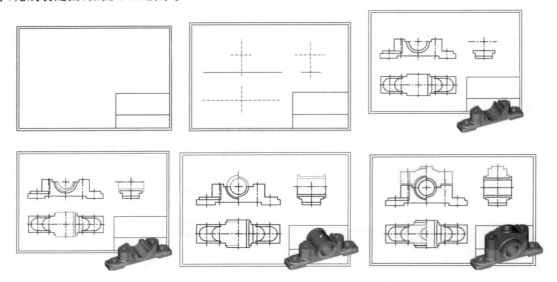

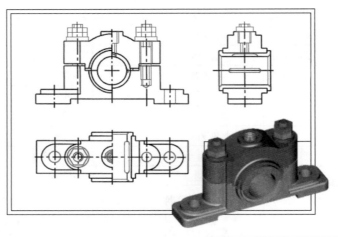

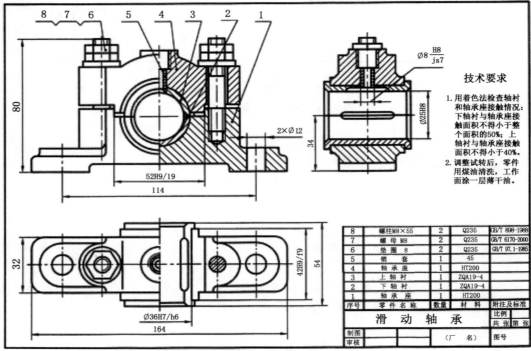

图 8-12　滑动轴承装配图绘制过程

8.7　常见装配结构

为了使机器装配后达到设计要求,并且便于装拆、加工和维修,在设计时必须注意装配结构的合理性。

(1)两个零件在同一个方向上,只能有一个接触面或配合面,如图 8-13 所示。

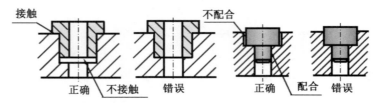

图 8-13　两个零件在同一个方向上,只能有一个接触面或配合面

(2)轴肩处加工出退刀槽,或在孔端面加工出倒角,如图 8-14 所示。

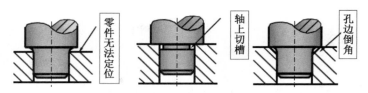

图 8-14　轴肩处的工艺结构

（3）必须考虑装拆的方便和可能。如图 8-15 所示，在轴的中间部位安装滚动轴承时，必须使轴的右端直径略小于轴承的孔径，否则难以装拆。

8.8　装配图的读图方法和步骤

读装配图是工程技术人员必备的一种能力，在设计、装配、安装、调试以及进行技术交流时，都要读装配图。

下面以齿轮油泵装配图为例说明，如图 8-16 所示。

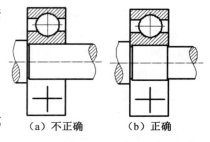

（a）不正确　　（b）正确

图 8-15　轴安装在轴承处的结构处理

一、读装配图的要求

（1）了解部件的名称、功用、使用性能（规格）和工作原理。

（2）弄清各零件的作用和它们之间的相对位置、装配关系和连接固定方式。

（3）弄懂各零件的名称、数量、材料、作用和结构形状。

（4）了解部件的尺寸和技术要求。

要达到上述要求，除了制图知识，还应具有一定的生产实践经验和其他相关知识的学习，其中包括在生产实践中了解一般的机械结构设计和制造工艺知识，以及与部件有关的专业知识的学习。只有在今后的学习生活和工作中，注意观察，多进行生产实践，多读，才能逐步提高读图能力。

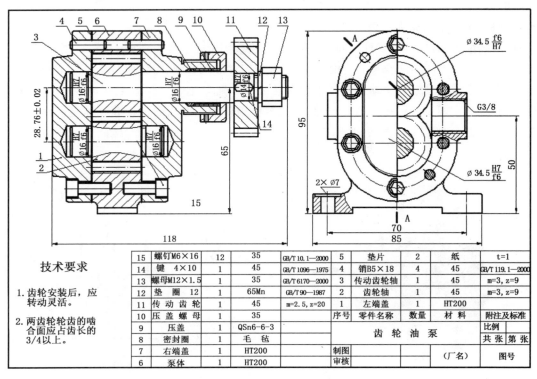

技术要求

1. 齿轮安装后，应转动灵活。
2. 两齿轮轮齿的啮合面应占齿长的 3/4 以上。

15	螺钉M6×16	12	35	GB/T 10.1—2000	5	垫片	2	纸	t=1
14	键　4×10	1	45	GB/T 1096—1975	4	销B5×18	4	45	GB/T 119.1—2000
13	螺母M12×1.5	1	35	GB/T 6170—2000	3	传动齿轮轴	1	45	m=3, z=9
12	垫圈 12	1	65Mn	GB/T 90—1987	2	齿轮轴	1	45	m=3, z=9
11	传动齿轮	1	45	m=2.5, z=20	1	左端盖	1	HT200	
10	压盖螺母	1	35		序号	零件名称	数量	材料	附注及标准
9	压盖	1	QSn6-6-3			齿　轮　油　泵			
8	密封圈	1	毛毡					比例	
7	右端盖	1	HT200		制图			共　张	第　张
6	泵体	1	HT200		审核		（厂名）		图号

图 8-16　齿轮油泵装配图

二、读装配图的方法和步骤

1. 概括了解

(1)看标题栏并参阅有关资料，了解部件的名称、用途、使用性能、比例和数量。

(2)了解零件间的相对位置、装配关系及装拆顺序和装拆方法。

(3)看零件编号和明细栏，了解零件的名称、数量、材料、热处理和它在图中的位置。

例如，由图 8-16 所示的齿轮油泵装配图的标题栏可知，该部件名称为齿轮油泵，是安装在液压传动系统油路中的一种向系统提供高压油的装置；由明细栏和外形尺寸可知它由 15 个零件组成，主要零件有一对啮合的齿轮及齿轮轴、泵体和端盖，结构不太复杂。

2. 分析视图

弄清各个视图的名称、所采用的表达方法和所表达的主要内容及视图间的投影关系，弄清楚各零件的作用、形状及它们之间的装配关系。例如，齿轮油泵装配图由两个视图表达，主视图采用了全剖视，表达了齿轮油泵的主要装配关系；啮合齿轮对的装配关系。左视图沿左端盖和泵体结合面剖切，并沿进油口轴线取局部剖视，表达了齿轮油泵的工作原理：为了与进出油管相连，并保证密封，不漏油，不影响齿轮油泵的工作压力，进出油口均有管螺纹 G3/8。

3. 分析部件的工作原理

从表达传动关系的视图入手，分析部件的工作原理。

如图 8-17 所示的齿轮油泵，当主动齿轮逆时针转动、从动齿轮顺时针转动时，左边的一对啮合齿轮对从刚开始啮合到完全啮合，转到右边就渐渐脱离，直至完全脱离。在这个过程中，啮合的齿轮对密封工作空间在竖直轴的左边是从大变小，在竖直轴的右边又从小变大，所以左边是压油区，右边是吸油区，由相互啮合的轮齿和泵体分割开。可见，齿轮对齿轮啮合区左边压力升高，右边的压力降低，在右边产生负压力（吸力），油池中的油在大气压力作用下，从进油口进入泵腔内，随着齿轮的转动，齿槽中的油不断沿箭头方向被轮齿带到左边，高压油从出油口送到输油系统。

4. 分析零件间的装配关系和部件结构

分析部件的装配关系，要弄清零件之间的配合关系、连接固定方式等。

(1)配合关系：可根据图中配合尺寸的配合代号，判别零件的配合制、配合种类及轴、孔的公差等级等。

齿轮油泵有主动齿轮轴系和从动齿轮轴系两条装配线。轴与孔的配合尺寸为 Ø16H7/f6，属基孔制，间隙配合，说明轴在左、右端盖的轴孔内是转动的，以满足使用要求。齿轮的齿顶和泵体空腔的内壁间配合尺寸是 Ø34.5H7/f6 是基孔制，间隙配合，如图 8-18 所示。

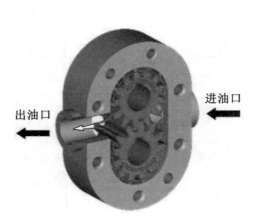

图 8-17　齿轮油泵工作原理

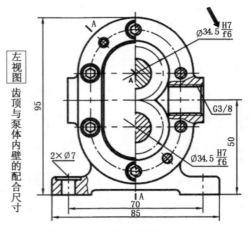

图 8-18　齿轮油泵装配尺寸

(2)连接和固定方式:弄清零件之间用什么方式连接,零件是如何固定、定位的。

①左、右端盖与泵体:用螺钉连接,用销钉准确定位。

②齿轮轴的轴向定位:靠齿轮端面以及左、右端盖内侧面接触而定位。

③传动齿轮 11 在轴上的定位:用螺母和键在轴向和径向固定、定位。

(3)密封装置:为了防止漏油及灰尘、水分进入泵体内影响齿轮传动,在主动齿轮轴的伸出端设有密封装置,靠压盖螺母和压盖将密封圈压紧密封。左、右端盖与泵体之间有垫片 5 密封。垫片的另一个作用是调整齿轮的轴向间隙。

(4)装拆顺序:部件的结构应利于零件的装拆。

齿轮油泵的装拆顺序:

拆的顺序:拆螺钉 15 、销 4→左端盖 1→齿轮轴 2→螺母 13 及垫圈 12→传动齿轮 11→压盖螺母 10、压盖 9 及密封圈 8→传动齿轮轴 3。

注意:装的顺序刚好与拆相反。

5. 分析零件,弄清零件的结构形状

(1)顺序:

①先看主要零件,再看次要零件。

②先看容易分离的零件,再看其他零件。

③先分离零件,再分析零件的结构形状。

(2)把零件从装配图中分离出来的要领:

①根据剖面线的方向和间隔的不同及视图间的投影关系等区分形体。

②看零件编号,分离不剖零件。

③看尺寸,综合考虑零件的功用、加工、装配等情况,然后确定零件的形状。

④形状不能确定的部分,要根据零件的功用及结构常识确定。

例如,泵体根据剖面线的方向及视图间的投影关系,在主、左视图中分离出泵体的主要轮廓如图 8-19 所示。

主体部分:外形和内腔都是长圆形,腔内容纳一对齿轮。前后锥台有进、出油口与内腔相通,泵体上有与左、右端盖连接用的螺钉孔和销孔。

底板部分:根据结构常识,可知底板呈长方形,左、右两边各有一个固定用的螺栓孔,底板上面的凹坑和下面的凹槽,是用于减少加工面,使齿轮油泵固定平稳。

经分析,可知齿轮油泵中泵体 6 的形状及各零件的形状如图 8-19 所示。

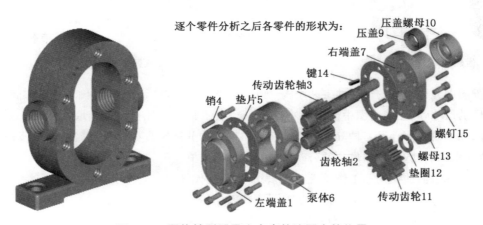

图 8-19 泵体轴测图及它在齿轮油泵中的位置

8.9　由装配图拆画零件图

在设计过程中,为了看懂某一零件的结构形状,必须先把这个零件的视图从整个装配图中分离出来,然后想象其结构形状,对表达不清楚的地方要根据整个机器或部件的工作原理进行补充,然后画出其零件图。根据装配图画出零件图的过程称为拆画零件图,简称为拆图。拆图时要在全面读懂装配图的基础上,因此读装配图应特别注意从机器或部件中分离出每一个零件,并分析其主要结构形状和作用,以及同其他零件的关系,然后再将各个零件合在一起,分析机器或部件的作用、工作原理及防松、润滑、密封等系统的原理和结构等,必要时还应查阅相关的专业资料。只有具备一定的设计和工艺知识,才能画出符合生产要求的零件图。一般常常先画主要的零件,然后根据装配关系逐一画出其他零件,以便保证各零件的形状和尺寸要求等协调一致。

一、拆画零件图的步骤

(1)按读装配图的要求,看懂部件的工作原理、装配关系和零件的结构形状。

(2)根据零件图视图表达的要求,确定各零件的视图表达方案。

(3)根据零件图的内容和画图要求,画出零件工作图,重点表达装配图中对零件形状不够清楚和不够完整的地方。

注意:区分零件图与装配图在视图内容、表达方法、尺寸标注等方面的不同。

二、拆画零件图应注意的问题

(1)零件的视图表达方案应根据零件的结构形状确定,而不能盲目照抄装配图。

如齿轮油泵中,右端盖零件的形状如图 8-20 所示

右端盖的视图应按图 8-21 所示方案确定。

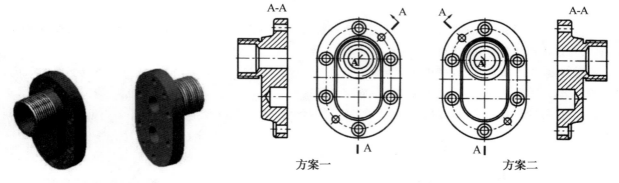

方案一　　　　　　　　方案二

图 8-20　齿轮泵右端盖轴测图　　　　图 8-21　右端盖零件图视图选择

(2)在装配图中允许不画的零件的工艺结构,如倒角、圆角、退刀槽等,在零件图中应全部画出。

(3)零件图的尺寸,除在装配图中注出者外,其余尺寸都在图上按比例直接量取,并圆整。与标准件连接或配合的尺寸,如螺纹、倒角、退刀槽等要查标准注出。齿轮的分度圆直径可通过测量齿轮顶径,再通过计算确定。有配合要求的表面,要注出尺寸的公差带代号或偏差数值。

(4)根据零件各表面的作用和工作要求,注出表面粗糙度代号。

①配合表面:Ra 值取 3.2~0.8,公差等级高的 Ra 取较小值。

②接触面:Ra 值取 6.3~3.2,如零件的定位底面 Ra 可取 3.2,一般端面可取 6.3 等。

③需加工的自由表面(不与其他零件接触的表面):Ra 值可取 25~12.5,如螺栓孔等。

(5)根据零件在部件中的作用和加工条件,确定零件图的其他技术要求。

三、举　例

例如,根据齿轮油泵装配图拆画的泵体零件图如图 8-22 所示。

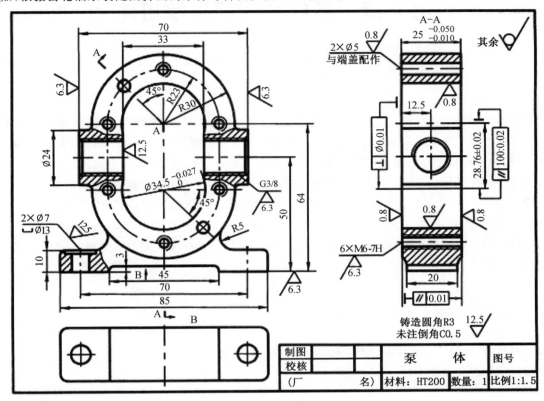

图 8-22　泵体零件图

第9章 螺纹紧固件及常用件

常用的标准件如螺纹紧固件、滚动轴承等和常用的非标准件如齿轮、弹簧等,在机器和仪器中应用非常广泛。这些零件上的常用结构要素如螺纹、齿轮的轮齿和弹簧的各圈,都是按一定规律形成的,且形状特殊、数量繁多,它们的图样若完全按照正投影的基本表示法如实绘制,则非常麻烦。为此,国家标准对标准件和常用件均规定了特殊表示法,具体从两个方面互相结合起来形成:一是规定了画法,比真实投影简单多了;二是规定了标注法,将形成该结构的要素和精度要求按规定的格式标注出来。对于由常用结构要素构成的标准件,国家标准对它们的结构、型式、尺寸、材料和技术要求等都实行了标准化,以利于设计、制造、选用和维修。机器设计过程中选用标准件时,不必绘制它们的零件图,只需要在装配图中按照制图标准规定的简化画法和标记加以表达。

9.1 螺纹画法及标注

螺纹紧固件包括螺栓、双头螺柱、螺钉、螺母、垫圈等。它们的种类较多,其结构、型式、尺寸和技术要求等都可以根据标记从标准中查得。

一、螺纹的形成、结构和要素

1. 螺纹的形成

一个与轴线共面的平面图形(三角形、梯形等),绕圆柱面作螺旋运动,则得到一圆柱螺旋体就叫螺纹,在零件外表面上的螺纹叫外螺纹,在零件孔腔内表面上的螺纹叫内螺纹。

2. 螺纹的结构

(1)螺纹末端如图 9-1 所示。

(2)螺纹加工方法如图 9-2 所示。

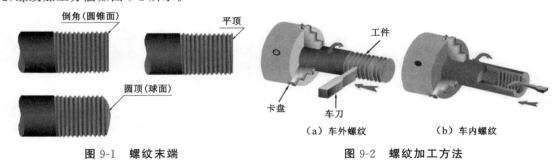

图 9-1 螺纹末端　　　　图 9-2 螺纹加工方法

(3)螺尾和退刀槽如图 9-3 所示。

3. 螺纹的要素

(1)螺纹的牙型:即在通过螺纹轴线的剖面上,螺纹的轮廓形状,如图 9-4 所示。

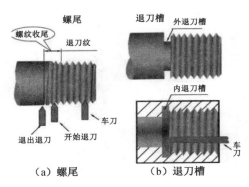

（a）螺尾　　　　　　　　　（b）退刀槽

图 9-3　螺尾及退刀槽

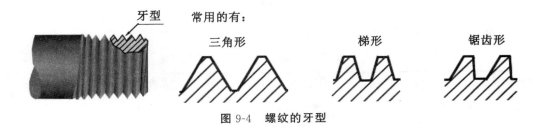

图 9-4　螺纹的牙型

（2）螺纹的大径、小径和中径（图 9-5）：

①大径：与外螺纹牙顶或内螺纹牙底相切的假想圆柱面的直径。内螺纹大径用 D 表示，外螺纹大径用 d 表示。

②小径：与外螺纹牙底或内螺纹牙顶相切的假想圆柱面的直径。内螺纹小径用 D_1 表示，外螺纹小径用 d_1 表示。

③中径：一个假想圆柱的直径。该圆柱的母线通过牙型上沟槽和凸起宽度相等的地方。

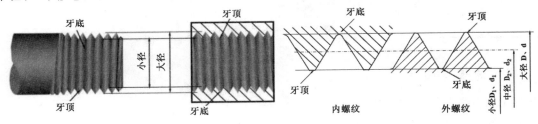

图 9-5　螺纹各部分名称

（3）螺纹的线数 n：

沿一条螺旋线形成的螺纹叫单线螺纹，如图 9-6（a）所示；沿两条或两条以上在轴向等距分布的螺旋线所形成的螺纹叫多线螺纹，如图 9-6（b）所示。

（4）螺距和导程：

螺纹上相邻两牙在中径线上对应两点之间的轴向距离 P 称为螺距；同一条螺纹上相邻两牙在中径线上对应两点之间的轴向距离 Ph 称为导程，如图 9-6（c）和（d）所示。

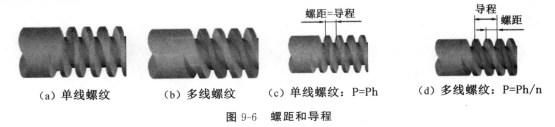

（a）单线螺纹　　　（b）多线螺纹　　　（c）单线螺纹：P=Ph　　　（d）多线螺纹：P=Ph/n

图 9-6　螺距和导程

(5)螺纹的旋向。

螺纹的旋向如图9-7所示。注意：只有上述各要素完全相同的内、外螺纹才能旋合在一起。

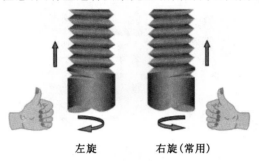

左旋　　　　　右旋（常用）

图 9-7　螺纹的旋向

常用的几种螺纹的特征代号及用途见表9-1。

表 9-1　常用的几种螺纹的特征代号及用途

螺纹种类		特征代号	外形图	用　途
连接螺纹	普通螺纹　粗牙	M		是最常用的连接螺纹
	普通螺纹　细牙			用于细小的精密或薄壁零件
	管螺纹	G		用于水管、油管、气管等薄壁管子上，用于管路的连接
传动螺纹	梯形螺纹	Tr		用于各种机床的丝杠，做传动用
	锯齿形螺纹	B		只能传递单方向的动力

三、螺纹的规定画法

(1)牙顶用粗实线表示（外螺纹的大径线，内螺纹的小径线）。

(2)牙底用细实线表示（外螺纹的小径线，内螺纹的大径线）。

(3)在投影为圆的视图上，表示牙底的细实线圆只画约3/4圈。

(4)螺纹终止线用粗实线表示。

(5)不论是内螺纹还是外螺纹，其剖视图或断面图上的剖面线都必须画成粗实线。

(6)当需要表示螺纹收尾时，螺尾部分的牙底线与轴线成30°。

三、螺纹画法

1. 外螺纹画法

外螺纹画法如图9-8所示。

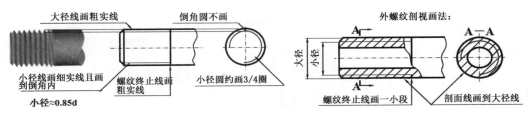

图 9-8　外螺纹画法

2. 内螺纹画法

内螺纹画法如图 9-9 所示。

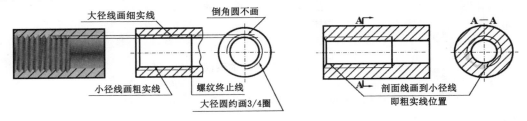

图 9-9　内螺纹画法

3. 螺纹局部结构的画法与标注

螺纹局部结构的画法与标注如图 9-10 所示。

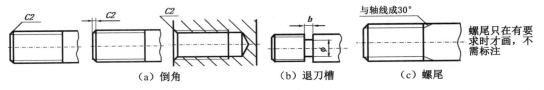

（a）倒角　　　　　　（b）退刀槽　　　　　（c）螺尾

图 9-10　螺纹局部结构的画法与标注

4. 螺纹牙型的表示

螺纹牙型的表示如图 9-11 所示。

5. 螺纹相贯的画法

螺纹相贯时，只在钻孔与钻孔相交处画出相贯线，如图 9-12 所示。

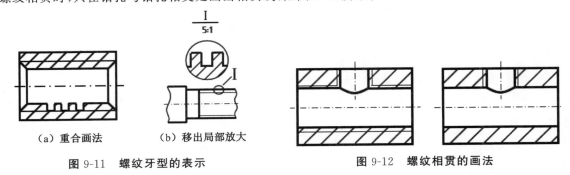

（a）重合画法　　　　（b）移出局部放大

图 9-11　螺纹牙型的表示

图 9-12　螺纹相贯的画法

6. 螺纹连接的画法

画图要点：大径线和大径线对齐；小径线和小径线对齐；旋合部分按外螺纹画；其余部分按各自的规定画。

具体画图过程如如图 9-13 所示。

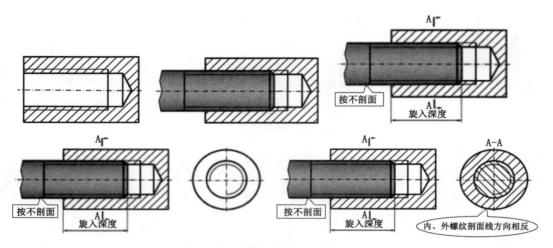

图 9-13　螺纹连接画法的画图过程

其中主视图画图步骤：①画外螺纹；②确定内螺纹的端面位置；③画内螺纹及其余部分投影；④画剖面线，如图 9-14 所示。

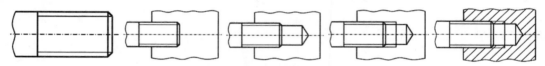

图 9-14　螺纹连接主视图画图详细步骤

四、螺纹的标注

1. 标注的基本格式

标注的基本格式如图 9-15 所示。

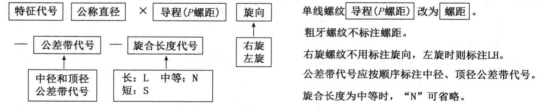

图 9-15　螺纹标注的基本形式

2. 标注示例

螺纹的标注示例如图 9-16 所示。

3. 标注方法

螺纹的标注方法如图 9-17 所示。

记住：尺寸界线应从大径引出。

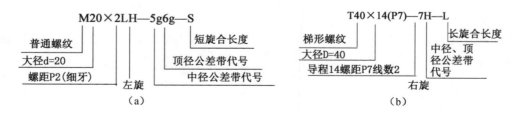

图 9-16　螺纹的标注示例

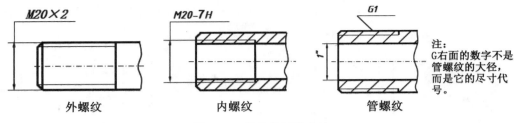

图 9-17　螺纹的标注方法

9.2　螺纹紧固件

一、常用的螺纹紧固件

螺纹紧固件有螺栓、螺钉、螺柱、螺母、垫圈等,如图 9-18 所示。由于这类零件都是标准件,通常只需用简化画法画出它们的装配图,同时给出它们的规定标记。标记方法按"GB"有关规定。

螺栓连接中应用最广泛的是六角头螺栓连接,它是用六角头螺栓、螺母和垫圈来紧固连接零件的,其中垫圈的作用是防止拧紧螺母时损伤被连接零件表面,并使螺母的压力均匀分布到零件表面上。被连接零件都加工出无螺纹的通孔,通孔的直径 d_h 稍大于螺纹大径,真实尺寸可查标准表。

1—开槽盘头螺钉;2—内六角圆柱头螺钉;3—十字槽沉头螺钉;4—开槽锥端紧定螺钉;5—六角头螺栓;6—双头螺柱;7—Ⅰ型六角螺母;8—Ⅰ型六角开槽螺母;9—平垫圈;10—弹簧垫圈

图 9-18　常见的螺纹紧固件

1. 螺母

螺栓连接中配套使用的有螺母和垫圈。螺母形状有六角形、圆形、方形等,其中应用最普遍的是六角头螺母。六角头螺母的厚度又有所不同,扁螺母用于尺寸受限制的地方,厚螺母用于经常装拆、易于磨损的场合。六角螺母的标记和简化画法如图 9-19 所示。

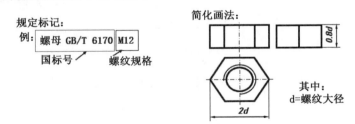

图 9-19　六角螺母的标记和简化画法

2. 螺栓

螺栓按头部可分为多种,其中应用最普遍的是六角头螺栓。螺栓按螺杆可分为全螺纹和部分螺纹,按螺距可分粗牙和细牙两种。

六角头螺栓规定标记:如螺栓 GB/T 5780 M12×80(→螺栓长度)。其简化画法如图 9-20 所示。

3. 垫圈

垫圈是绝大多数螺纹连接中必不可少的附件,常用的有平垫圈、弹簧垫圈和斜垫圈。垫圈的作用是保护被连接零件的表面不被擦伤,增大螺母与被连接零件间的接触面积以及遮盖被连接件的不平表面,减少接触处压强,使螺母的压力均匀地分布到零件表面上。弹簧垫圈还有放松的作用。平垫圈的标记和简化画法如图 9-21 所示。

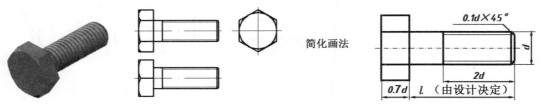

图 9-20　六角头螺栓

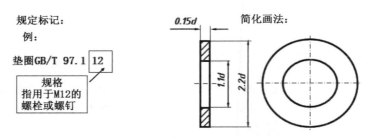

图 9-21　平垫圈的标记和简化画法

4. 螺钉

　　螺钉按头部也可分为多种,在电子行业中应用最普遍的是圆柱头、球面圆柱头、半圆头、沉头(图 9-22)、半沉头等。螺钉按头部起子槽分,有一字槽、十字槽、内六角孔等形式。沉头和半沉头螺钉,钉头很薄,适用于结构所限必须沉头的地方。半圆头螺钉外形美观。一字槽螺钉强度较差,扭紧力矩不宜过大。十字槽螺钉对中性好,便于自动装配。内六角孔螺钉能承受较大的扳手力矩,连接强度高,可代替六角头螺栓,用于要求结构紧凑的场合。

　　螺钉规定标记:如螺钉 GB/T 65 M12×1

　　开槽圆柱头螺钉简化方法及其连接如图 9-23 和图 9-24 所示。

图 9-22　沉头螺钉图片

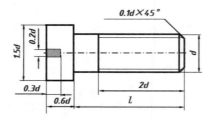

图 9-23　开槽圆柱头螺钉简化画法

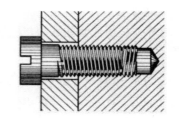

图 9-24　开槽圆柱头螺钉连接

　　例如,绘制三种长 $L=30,d=5$ 的不同类型的螺钉,其中圆柱头螺钉依据 GB 65—1976,半圆头螺钉依据 GB 67—1976,沉头螺钉依据 GB 68—1976。

　　查表得所需参数,见表 9-2。

表 9-2　三种不同类型螺钉参数

	圆柱头螺钉(GB 65—1976)	半圆头螺钉(GB 67—1976)	沉头螺钉(GB 68—1976)
d	5	5	5
D	8.5	9	9
H	3	3.8	2.5
n	1.2	1.2	1.2

	圆柱头螺钉（GB 65—1976）	半圆头螺钉（GB 67—1976）	沉头螺钉（GB 68—1976）
t	1.7	2.2	1.2
R	—	4.5	—
$r \leqslant$	0.4	0.4	—
$b \leqslant$	—	—	0.5
L	30	30	30
$L0$	25	25	25

根据所得参数绘制相应类型螺钉，如图 9-25 所示。

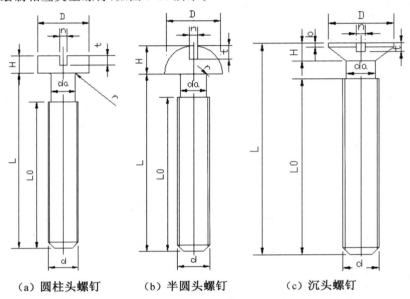

（a）圆柱头螺钉　　　（b）半圆头螺钉　　　（c）沉头螺钉

图 9-25　三种不同类型螺钉的绘制

二、螺纹紧固件装配图的画法

1. 螺栓装配图的简化画法

在画装配图时，应根据各紧固件的型式、螺纹大径（d）和被连接零件的厚度（t），确定螺栓的公称长度（l）和标记。通过计算，初步确定螺栓的公称长度 l：

$l \geqslant$ 被连接零件的总厚度（$t_1 + t_2$）+垫圈厚度（h）+螺母厚（m）+螺栓伸出螺母的高度（b_1）

式中，h、m 的数值从相应的标准查得，b_1 一般取 $0.2d \sim 0.3d$。

如图 9-26 所示，被连接件的孔径＝$1.1d$，两块板的剖面线方向相反，螺栓、垫圈、螺母按不剖画，螺栓的有效长度：$l = t_1 + t_2 + 0.15d$（垫圈厚）$+ 0.8d$（螺母厚）$+ 0.3d$，计算后查表取标准值。

螺栓装配图的画图步骤如图 9-27 所示

2. 螺钉连接

螺钉连接不用螺母，它一般用于受力不大而又不需经常拆装的地方。被连接零件中的一个零件加工出螺孔，其余零件都加工出通孔。如图 9-28 所示，画螺钉连接图时，也要先计算出螺钉的近似长度（l）[$l \geqslant t$（加工出通孔的零件厚度）+L_1（螺钉旋入螺孔的深度）]，再取标准长度值。螺钉长度：$l_{\text{计}} = b_m + t$。螺钉旋入螺

孔的深度 L_1 的大小,也与螺纹大径和加工出螺孔的零件材料有关,画图时,可与双头螺柱旋入端长度 b_m 的计算方法一样来确定,最后确定螺钉的标记。连接图的比例画法要注意螺钉头部起子槽的画法,它在主、俯视图之间不符合投影关系,在俯视图上要和圆的对称中心线成 45°倾斜。

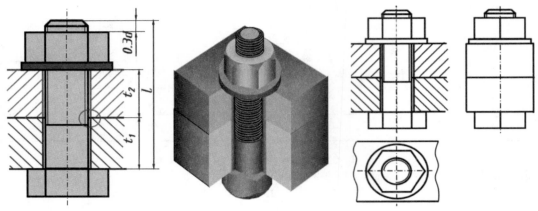

图 9-26　螺栓装配图

先画俯视图:

再画主视图:　　　　　　　　　　　　　　　　　　　　　　　最后画左视图:

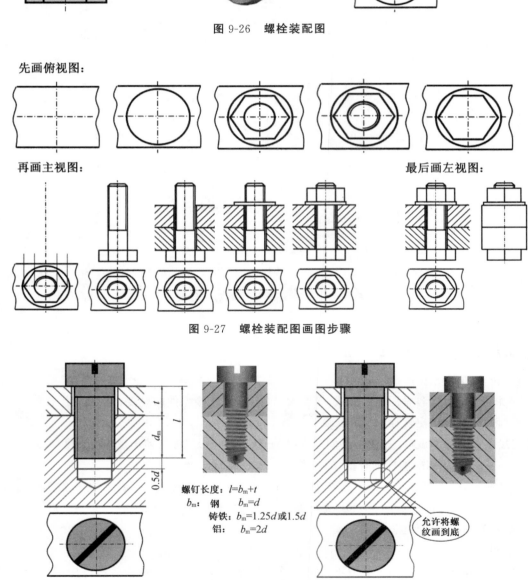

图 9-27　螺栓装配图画图步骤

螺钉长度: $l=b_m+t$
b_m:　钢:　　$b_m=d$
　　　铸铁: $b_m=1.25d$ 或 $1.5d$
　　　铝:　　$b_m=2d$

允许将螺纹画到底

图 9-28　螺钉连接

圆柱头螺钉、半圆头螺钉、沉头螺钉连接装配图如图 9-29 所示

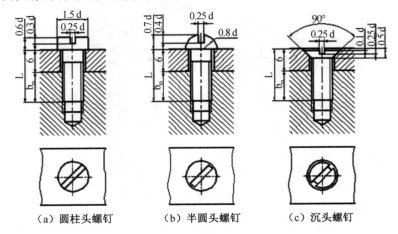

（a）圆柱头螺钉　　　（b）半圆头螺钉　　　（c）沉头螺钉

图 9-29　三种不同螺钉连接装配图

常见的几种错误画法如图 9-30 所示。

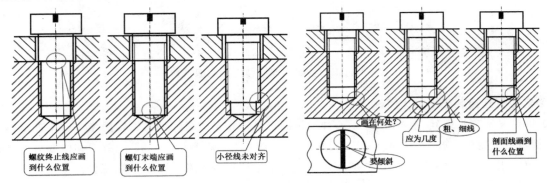

图 9-30　常见的螺钉错误画法

3. 双头螺柱连接装配图的比例画法

双头螺柱连接是用双头螺柱、垫圈、螺母来紧固被连接零件的。双头螺柱连接用于被连接零件太厚或由于结构上的限制不宜用螺栓连接的场合。被连接零件中较厚的一个零件加工出螺孔，其余零件加工出通孔，并常配合使用弹簧垫圈。

双头螺柱两端都有螺纹，一端必须全部旋入被连接零件的螺孔内，称为旋入端，另一端用螺母来拧紧，称为紧固端。旋入端的长度 b_m 与螺孔和钻孔的深度尺寸 L_2、L_3 应根据螺纹大径和加工出螺孔的零件材料决定。

按旋入端长度 b_m 不同，国家标准规定双头螺柱有下列四种：

（1）钢、青铜零件：$b_m = d$（标准编号为 $GB/T\ 897—1998$）。

（2）铸铁零件：$b_m = 1.25d$（标准编号为 $GB/T\ 898—1998$）。

（3）材料强度在铸铁和铝之间的零件：$b_m = 1.5d$（标准编号为 GB/T 899—1998）。

（4）铝零件：$b_m = 2d$（标准编号为 GB/T 900—1998）。

如图 9-31 所示，在画装配图时，画双头螺柱连接与画螺栓连接一样应根据各紧固件的型式、螺纹大径（d）和被连接零件的厚度（t），确定双头螺柱的近似长度（l），再取标准值，然后确定双头螺柱的标记。

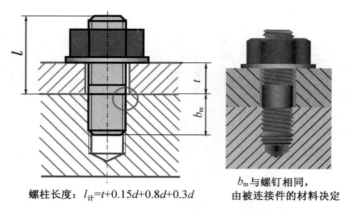

螺柱长度：$l_{计}=t+0.15d+0.8d+0.3d$

b_m 与螺钉相同，由被连接件的材料决定

图 9-31　双头螺柱连接装配图

双头螺柱连接装配图画图步骤如图 9-32 所示。

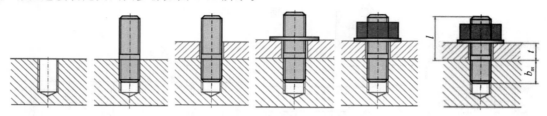

图 9-32　双头螺柱连接装配图画图过程

4. 紧定螺钉连接装配图的比例画法

紧定螺钉又称支头螺丝、定位螺丝，是一种专供固定机件相对位置用的螺钉。类型有方头凸缘端紧定螺栓、方头倒角端紧定螺钉（GB/T 821—1988）、方头长圆柱端紧定螺钉（GB/T 85—1988）和内方头紧定螺钉。

紧定螺钉用来定位并固定两个零件的相对位置。紧定螺钉分锥端、柱端、平端三种。锥端紧定螺钉靠端部锥面顶入机件上的小锥坑起定位、固定作用。柱端紧定螺钉利用端部小圆柱插入机件上的小孔或环槽起定位、固定作用。平端紧定螺钉靠其端平面与击机件的摩擦力起定位作用。锥端紧运螺钉和柱端紧定螺钉的连接装配图如图 9-33 所示。

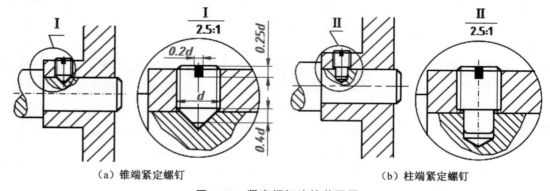

（a）锥端紧定螺钉　　　　　　　　（b）柱端紧定螺钉

图 9-33　紧定螺钉连接装配图

9.3　键连接

一、键的功用、种类及标记

1. 键的功用

用键将轴与轴上的传动件（如齿轮、皮带轮等）连接在一起，使它们和轴一起转动，以传递扭矩，如图 9-34

所示。

2. 键的种类

常用的键有普通平键、半圆键、钩头楔键等,如图 9-35 所示。普通平键又有 A 型、B 型、C 型三种。

图 9-34　键连接

（a）键的种类　　（b）普通平键　　（c）钩头楔键

图 9-35　键的种类

3. 键的标记

例如,标记:键 16×100 GB/T 1096—2003,表示:圆头普通平键(A)型,宽度＝16 mm,长度＝100 mm,如图 9-36 所示。

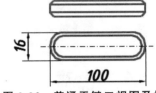

图 9-36　普通平键二视图及标注

二、键连接的画法

画键连接轴和轮时,键有一部分嵌入轴的键槽内,另一部分嵌在轮的键槽内,这样可保证轴与轮一起转动。画键连接图时,首先要知道轴的直径和键的类型,然后根据轴的直径查标准数值,确定键的尺寸:键宽 b、键高 h 或半圆键直径 D,以及轴和轮上键槽的尺寸。对于普通平键和钩头楔键还必须选定键的长度值。普通平键的两侧面是工作表面,因此画装配图时,键的两侧面和底面都应与轴上、轮上键槽的相应表面接触,而键的上表面不与轮上键槽顶面接触,应有间隙,如图 9-37 所示。半圆键连接的画法与平键连接的画法类似,两侧面是工作表面,如图 9-38 所示。在钩头楔键连接中,键是打进键槽中的,键的斜面与轮上键槽的斜面紧密接触,它们均为工作面,图上不能有间隙,如图 9-39 所示。

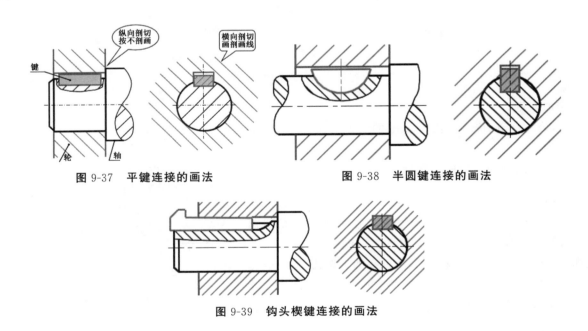

图 9-37　平键连接的画法　　　　图 9-38　半圆键连接的画法

图 9-39　钩头楔键连接的画法

三、轴上键槽画法及尺寸注法

轴上键槽画法及尺寸注法如图 9-40 所示。

四、轮毂上键槽画法及尺寸注法

轮毂上键槽画法及尺寸注法如图 9-41 所示。

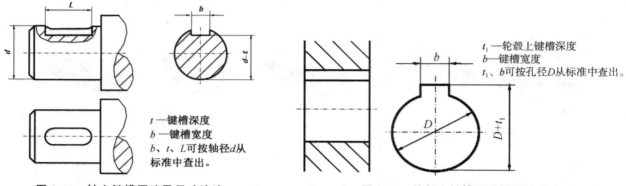

t—键槽深度
b—键槽宽度
b、t、L 可按轴径 d 从标准中查出。

图 9-40 轴上键槽画法及尺寸注法

t_1—轮毂上键槽深度
b—键槽宽度
t_1、b 可按孔径 D 从标准中查出。

图 9-41 轮毂上键槽画法及尺寸注法

9.4 销连接

一、销的功用、种类及标记

1. 销的功用

销主要用于零件之间的定位,也可用于零件之间的连接,但只能传递不大的扭矩。

2. 销的种类

销按形状可分为圆柱销、圆锥销、开口销。圆柱销、圆锥销通常用于零件间的连接或定位,而开口销一般用于防止螺母松动或固定其他零件。

(a) 圆柱销   (b) 圆锥销   (c) 开口销

图 9-42 销的种类

3. 销的标记

例如,公称直径 10 mm,长 50 mm 的 B 型圆柱销,标记:销 GB 119—2000 B10×50。

二、销连接的画法

圆柱销和圆锥销的连接画法如图 9-43 所示。在剖视图中,当剖切平面通过销的轴线时,销按不剖绘制;若垂直于销的轴线时,被剖切的销应画出剖面线。说明:圆柱销和圆锥销用于连接和定位时,有较高的装配要求,所以在加工销孔时,一般把有关零件装配在一起加工,这个要求必须在零件图上注明。圆锥销孔加工过程和连接画法如图 9-44 所示。

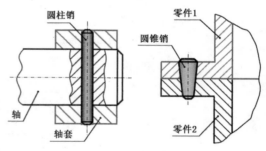

图 9-43 销连接

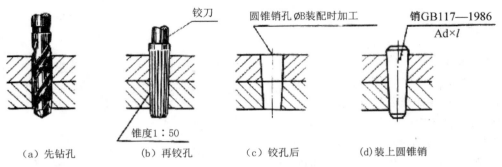

| （a）先钻孔 | （b）再铰孔 | （c）铰孔后 | （d）装上圆锥销 |

铰刀

圆锥销孔 ØB 装配时加工

销 GB117—1986
Ad×l

锥度1：50

图 9-44 圆锥销加工及连接画法

销的简图和简化标记举例见表 9-3。

表 9-3 销的简图和简化标记举例

名　称	简　图	标记示例
圆柱销 GB/T 119.1—2000	Ø8　30	销 GB/T 119.1 A8×30 表示公称直径 $d=8$ mm、长度 $l=30$ mm 的 A 型圆柱销
圆锥销 GB/T 117—2000	Ø12　◁1:50　60	销 GB/T 117 A12×60 表示公称直径 $d=12$ mm、长度 $l=60$ mm 的 A 型圆锥销
开口销 GB/T 91—2000	50　Ø5	销 GB/T 91 5×50 表示公称直径 $d=5$ mm、长度 $l=50$ mm 的开口销

9.5　齿　轮

　　齿轮传动在机械传动中应用广泛,除了用来传递动力,还可以改变转动方向、转动速度、运动方式等。根据传动轴轴线的相对位置的不同,常见的齿轮传动有圆柱齿轮传动、锥齿轮传动和蜗轮蜗杆传动。齿轮上的齿称为轮齿,当齿轮的轮齿方向和圆柱的素线方向一致时,称为圆柱齿轮。圆柱齿轮由轮齿、齿盘、辐板(或辐条)、轮毂等组成。轮齿的齿形有直齿、斜齿、人字齿等。

　　齿轮传动的作用:①传递运动和动力;②改变轴的转速与转向。其种类有圆柱齿轮(用于两平行轴的传动)、圆锥齿轮(用于两相交轴的传动)和蜗轮蜗杆(用于两交叉轴的传动),如图 9-45 所示。

直齿圆柱齿轮　　　斜齿圆柱齿轮　　　圆锥齿轮　　　蜗轮蜗杆

图 9-45 齿轮传动

一、圆柱齿轮

1. 圆柱齿轮各部分的名称

圆柱齿轮各部分的名称如图 9-46 所示。

2. 直齿圆柱齿轮各部分名称及参数

(1)齿数 Z:齿轮上轮齿的个数。

(2)齿顶圆直径 d_a:通过齿顶的圆柱面的直径。

(3)齿根圆直径 d_f:通过齿根的圆柱面的直径。

(4)分度圆直径 d:分度圆是一个假想圆,在该圆上,齿厚 s 等于齿槽宽 e,d 是加工时的重要参数。

(5)节圆直径:只有在两个齿轮传动时,节圆才存在,节圆直径只有在装配后才能确定。当两个齿轮传动时,其齿廓(轮齿在齿顶圆和齿根圆之间的曲线段)在两齿轮圆心连线上的接触点处,两齿轮的圆周速度相等,接触点到各自齿轮圆心的距离即为节圆半径。

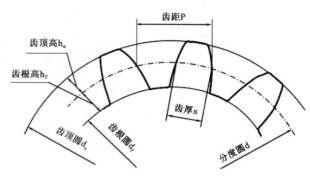

图 9-46　圆柱齿轮各部分的名称

(6)齿高 h:齿顶圆和齿根圆沿着直径方向的距离。

(7)齿顶高 h_a:齿顶圆和分度圆沿着直径方向的距离。

(8)齿根高 h_f:齿根圆和分度圆沿着直径方向的距离。

(9)齿距 p:分度圆上相邻两齿廓对应点之间的弧长。

(10)齿厚 s:分度圆上轮齿的弧长。

(11)模数 m:分度圆的周长 $=\pi d=pz$,所以把 p/π 称为模数 m,因此,$d=mz$;模数越大,齿的尺寸越大,承载能力越强,为了便于生产,模数已标准化。模数的标准数值见表 9-4。

表 9-4　齿轮模数标准系列摘录(摘自 GB1357—2008)

第一系列	1　1.25　1.5　2　2.5　3　4　5　6　8　10　12　16　20　25　32　40　50
第二系列	1.75　2.25　2.75　(3.25)　3.5　(3.75)　4.5　5.5　(6.5)　7　9　(11)　14　18　22　28　36　45

注:优先选用第一系列,其次第二系列,括号内的数值尽可能不用。

(12)齿形角 α:一对齿轮啮合,在分度圆上的啮合点的法线方向和切线方向所夹的锐角。标准齿齿形角 $\alpha=20°$。

(13)中心距 a:两圆柱齿轮轴线间的距离。

注意:①标准齿轮:凡模数、压力角、齿顶高系数和径向系数均取标准值,且分度圆上的齿厚和齿槽宽相等的齿轮。②一对齿轮啮合时,模数和齿形角必须都各自相等。

3. 直齿圆柱齿轮的计算公式

直齿圆柱齿轮的计算公式见表 9-5。

表 9-5　直齿圆柱齿轮的计算公式

基本参数:模数 m 齿数 z			
序　号	名　称	符　号	计算公式
1	齿距	p	$p=\pi m$
2	齿顶高	h_a	$h_a=m$
3	齿根高	h_f	$h_f=1.25m$

基本参数：模数 m 齿数 z

序　号	名　称	符　号	计算公式
4	齿高	h	$h=h_a+h_f=m+1.25m=2.25m$
5	分度圆直径	d	$d=mz$
6	齿顶圆直径	d_a	$d_a=m(z+2)$
7	齿根圆直径	d_f	$d_f=m(z-2.5)$
8	中心距	a	$a=m(z_1+z_2)/2$

对于齿数很少的小齿轮，当其分度圆直径 d 与轴的直径 d_s 相差很少($d<1.8d$)时，可将齿轮和轴做成整体；顶圆直径 $d_a\leqslant500$ mm 的齿轮通常是锻造或铸造的，锻造的齿轮一般采用圆盘式(腹板式)结构，小的可做成实心的结构。顶圆直径 $d_a\geqslant400$ mm 的齿轮常用铸铁或钢铸成，铸造齿轮常为轮辐式。

4. 圆柱齿轮的画法

(1)单个直齿圆柱齿轮的画法。

画图要点：齿顶圆画粗实线；分度圆画点划线；齿根圆在剖视图中画粗实线，在端视图中画细实线或省略不画；在非圆投影的剖视图中轮齿部分不画剖面线，如图 9-47 所示。

(2)两直齿圆柱齿轮啮合的画法。

画图要点：在非圆投影的剖视图中，两轮节线重合，画点划线；齿根线画粗实线；齿顶线画法为一个轮齿可见，画粗实线，一个轮齿被遮住，画虚线；在投影为圆的视图中，两轮节圆相切，齿顶圆画粗实线，齿根圆画细实线或省略不画，如图 9-48 所示。注：标准齿轮的节圆＝分度圆。

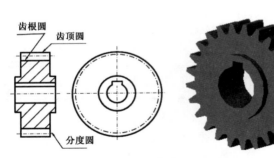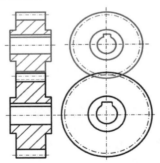

图 9-47　单个直齿圆柱齿轮的画法　　　　图 9-48　两直齿圆柱齿轮啮合的画法

(3)齿轮和齿条啮合的画法。

齿轮直径无限大时，齿顶圆、齿根圆、分度圆和齿廓都变成直线，齿轮成为齿条。

齿轮与齿条啮合的画法与齿轮啮合画法基本相同，如图 9-49 所示。

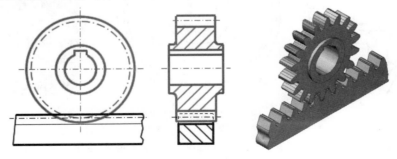

图 9-49　齿轮和齿条啮合的画法

二、直齿圆锥齿轮

直齿圆锥齿轮是传递两直角相交轴之间的运动,轮齿一端大一端小,齿厚跟着变化,直径、模数也跟着变化,通常用大端的模数为准。直齿圆锥齿轮参数及尺寸计算见表 9-6。

表 9-6　直齿圆锥齿轮参数及尺寸计算

名　称	符　号	计算公式	计　算
齿顶高	h'	$h' = m$	$h' = 2$
齿根高	h''	$h'' = 1.2m$	$h'' = 2.4$
齿高	h	$H = 2.2m$	$h = 4.4$
分度圆直径	$D_{分}$	$D_{分} = mz$	$D_{分} = 50$
齿顶圆直径	$D_{顶}$	$D_{顶} = m(z + 2\cos\varnothing)$	$D_{顶} = 52$
齿根圆直径	$D_{根}$	$D_{根} = m(z - 2.4\cos\varnothing)$	$D_{根} = 47.6$
分度圆锥母线长	L	$L = mz/(2\sin\varnothing)$	$L = 28.87$
齿顶角	θ	$tg\theta = (2\sin\varnothing)/z$	$\theta = 3°58'$
齿根角	γ	$tg\gamma = (2.4\sin\varnothing)/z$	$\gamma = 4°45'$
顶锥角	$\varnothing_{顶}$	$\varnothing_{顶} = \varnothing + \theta$	$\varnothing_{顶} = 63°58'$
根锥角	$\varnothing_{根}$	$\varnothing_{根} = \varnothing - \gamma$	$\varnothing_{根} = 55°15'$
齿宽	B	$B \leqslant L/3$	$B \leqslant 9.62$

例如,绘制直齿圆锥齿轮,$m = 2$,$z = 25$,齿形角 $a = 20°$,如图 9-50 所示。

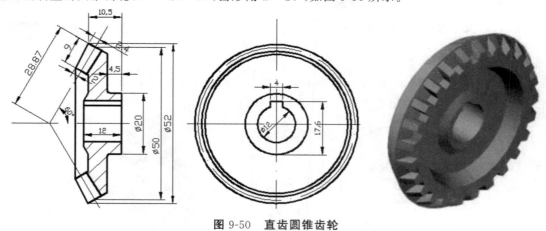

图 9-50　直齿圆锥齿轮

一对锥齿轮啮合:先绘制主视图,再画左视图,注意啮合处齿廓重叠,如图 9-51 所示。

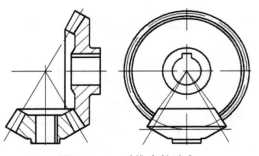

图 9-51　一对锥齿轮啮合

三、蜗轮蜗杆

蜗轮蜗杆常用于垂直交叉的两轴之间的传动。蜗轮蜗杆的齿向是螺旋形的。蜗轮的齿顶面常做成环面。蜗轮蜗杆通常是蜗杆主动,蜗轮从动。蜗杆齿数 z_1,称为头数,相当于螺杆上的螺纹的线数。蜗杆常常是单头或双头,也就是蜗杆旋转一周,蜗轮只转过一齿或两齿。因此,蜗轮蜗杆传动可得到较大的速比 $i(i = z_2/z_1)$,z_2 为蜗轮齿数。一对蜗轮蜗杆啮合,必须具有相同的模数的螺旋角。在绘制蜗轮蜗杆视图时,大体与圆柱齿轮的绘制相同,只是蜗轮投影为圆的视图中,只需画出分度圆和最大的外圆,而不必画出齿顶圆和齿根圆。蜗轮蜗杆啮合图中,当剖切平面通过蜗轮的轴线时,蜗轮轮齿被遮挡的部分用虚线绘制或省略不画。

例如,绘制蜗轮蜗杆,模数 $m = 2.5$,齿数 $z_1 = 1$,$z_2 = 29$,$q = 12$(q 为蜗杆特性系数,$q = d$ 分 $/m$)。

(1)计算蜗杆部分尺寸,见表 9-7。

表 9-7　蜗杆部分尺寸计算

名　称	符　号	计算公式	计　算
齿顶高	h'	$h' = m$	$h' = 2.5$
齿根高	h''	$h'' = 1.2m$	$h'' = 3$
齿高	h	$h = 2.2m$	$h = 5.5$
分度圆直径	$D_分$	$D_分 = mq$	$D_分 = 30$
齿顶圆直径	$D_顶$	$D_顶 = m(q+2)$	$D_顶 = 35$
齿根圆直径	$D_根$	$D_根 = m(q-2.4)$	$D_根 = 24$
蜗杆螺纹部分长度	L	当 $z_1 = 1 \sim 2$,$L = (13 \sim 16)m$; 当 $z_1 = 3 \sim 4$,$L = (15 \sim 20)m$	$L = 28.87$
导程角	γ	$\mathrm{tg}\gamma = z_1/q$	$\gamma = 4°45'49''$
轴向齿距	$t_轴$	$t_轴 = \pi m$	$t_轴 = 7.85$
螺纹导程	S	$S = z_1 m$	$S = 7.85$

(2)计算蜗轮部分尺寸,见表 9-8。

表 9-8 蜗轮部分尺寸计算

名　称	符　号	计算公式	计　算
蜗轮外径	$D_外$	$D_外 < D_顶 + 2m$（当 $z_1 = 1$ 时） $D_外 < D_顶 + 2m$（当 $z_1 = 2 \sim 3$ 时） $D_外 < D_顶 + m$（当 $z_1 = 4$ 时）	$D_外 < 82.5$
分度圆直径	$D_分$	$D_分 = mz_2$	$D_分 = 72.5$
齿顶圆直径	$D_顶$	$D_顶 = m(z_2 + 2)$	$D_顶 = 77.5$
齿根圆直径	$D_根$	$D_根 = m(z_2 - 2.4)$	$D_根 = 66.5$
中心距	A	$A = m(q + z_2)/2$	$A = 51.25$
齿顶圆弧半径	R_1	$R_1 = mq/2 - m$	$R_1 = 12.5$
齿根圆弧半径	R_2	$R_2 = mq/2 + 1.2m$	$R_2 = 18$
包角	2γ	$2\gamma = 45° \sim 130°$	
轮缘宽度	B	$B \leqslant 0.75 D_顶$（当 $z_1 < 3$ 时） $B \leqslant 0.67 D_顶$（当 $z_1 = 4$ 时）	$B \leqslant 26.25$

（3）蜗杆视图，如图 9-52 所示。

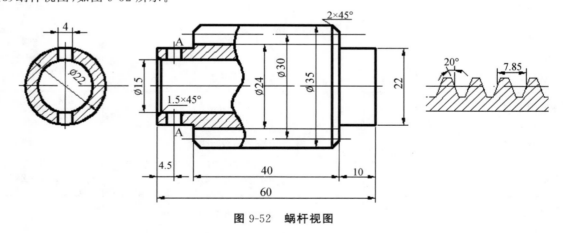

图 9-52 蜗杆视图

（4）蜗轮二视图，如图 9-53 所示。

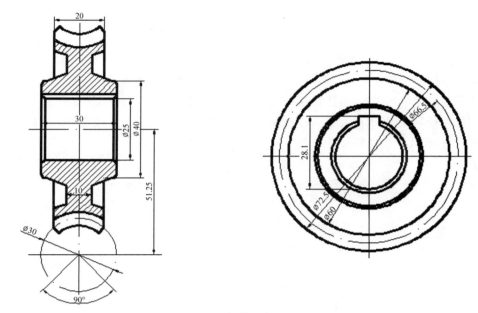

图 9-53　蜗轮二视图

9.6　滚动轴承

滚动轴承是支撑转动轴的组件。其主要优点是摩擦阻力小、结构紧凑。滚动轴承一般由安装在机座上的座圈（又称外圈），安装在轴上的轴圈（又称内圈），安装在内、外圈间的滚道中的滚动体和隔离圈（又称保持架）等零件组成。滚动轴承类型很多，每一类型在结构上各有特点，可应用于不同的场合。

一、滚动轴承的结构、分类及标记及代号

1. 结构组成

滚动轴承由内圈、外圈、滚动体和保持架组成，如图 9-54 所示。

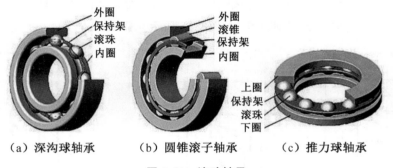

（a）深沟球轴承　　　（b）圆锥滚子轴承　　　（c）推力球轴承

图 9-54　**滚动轴承**

2. 分类

滚动轴承按其承受的载荷方向分为向心轴承（主要承受径向力）、推力轴承（主要承受轴向力）和向心推力轴承（同时承受径向力和轴向力）。

3. 标记

滚动轴承的标记由名称、代号和标准编号组成，其格式：| 名称 |　| 代号 |　| 标准编号 |，如滚动轴承 51208 GB/T 301—2015。

4. 代号

(1)代号的构成:按顺序由前置代号、基本代号、后置代号构成。

(2)基本代号:表示轴承的基本类型、结构和尺寸,是轴承代号的基础。基本代号由轴承类型代号、尺寸系列代号和内径代号构成。基本代号通常用 4 位数字表示,从左往右依次为:第一位数字是轴承类型代号(表 9-9)。第二位数字是尺寸系列代号,包括宽(高)系列代号、直径系列代号、内径代号。尺寸系列是指同一内径的轴承具有不同的外径和宽度,因而有不同的承载能力。右边的两位数字是内径代号。当内径尺寸在 20～480 mm 范围内时,内径尺寸＝内径代号×5。

表 9-9　轴承类型代号

代　号	轴承类型	代　号	轴承类型
1	双列角接触球轴承	7	角接触球轴承
0	调心球轴承	8	推力圆柱滚子轴承
2	调心滚子轴承和推力调心滚子轴承	N	圆柱滚子轴承
3	圆锥滚子轴承	NN	双列或多列圆柱滚子轴承
4	双列深沟球轴承	U	外球面球轴承
5	推力球轴承	QJ	四点接触球轴承
6	深沟球轴承		

例如,轴承代号 6204:6—类型代号(深沟球轴承),2—尺寸系列(02)代号,04—内径代号(内径尺寸＝04×5＝20 mm)。

二、滚动轴承的画法

滚动轴承是标准件,国家标准规定滚动轴承在装配图中有两种表示法:简化画法和规定画法,通常采用简化画法(比例画法)。

采用规定画法绘制滚动轴承剖视图时,轴承的滚动体不绘制剖面线,其各套圈等可画成方向和间隔相等的剖面线,在不至于引起误解时,也可省略不画,如图 9-55 所示。

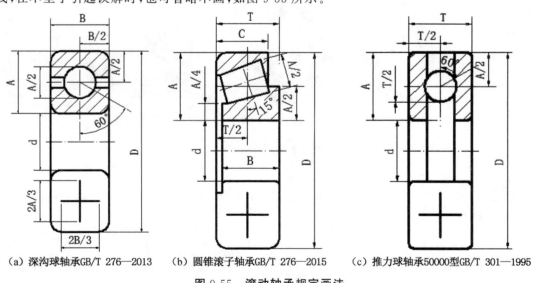

（a）深沟球轴承GB/T 276—2013　（b）圆锥滚子轴承GB/T 276—2015　（c）推力球轴承50000型GB/T 301—1995

图 9-55　**滚动轴承规定画法**

简化画法又分通用画法和特征画法,但在同一图样中一般只能采用其中的一种画法。

1. 通用画法

在剖视图中,当不需要确切地表示滚动轴承的外轮廓、荷载特性、结构特征时,可用矩形线框及位于线框中央的正立的十字形符号表示。十字形符号不应与矩形线框接触,如需确切地表示滚动轴承的外形,则应画出其断面轮廓,中间十字形符号画法与上面相同。滚动轴承通用画法如图 9-56 所示。

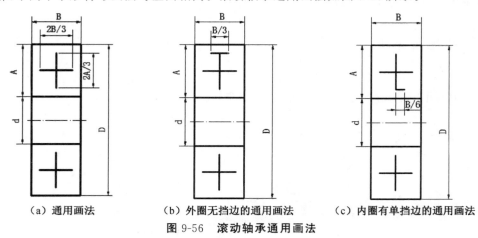

（a）通用画法　　　　　（b）外圈无挡边的通用画法　　　　（c）内圈有单挡边的通用画法

图 9-56　滚动轴承通用画法

2. 特征画法

在剖视图中,当需要较形象地表示滚动轴承的结构特性时,可采用在矩形线框内画出其结构要素符号的方法表示,如图 9-57 所示。各种滚动轴承的特征画法可查看《机械制图》国家标准。主要参数有 d（内径）、D（外径）、B（宽度）。d、D、B 根据轴承代号在画图前查标准确定。

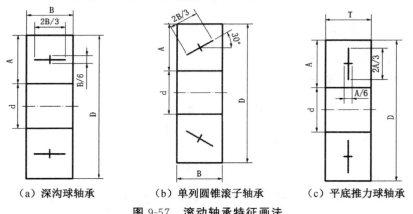

（a）深沟球轴承　　　　　（b）单列圆锥滚子轴承　　　　（c）平底推力球轴承

图 9-57　滚动轴承特征画法

在装配图中,滚动轴承的保持架、倒角等可省略不画;安装滚动轴承的轴及外壳等,为了保证轴承端面与挡肩接触,轴和外壳孔的最大圆角半径(r_s)应小于轴承圆角半径(r_{as});挡肩的高度不要过大,考虑安装和拆卸的方便,应留有余量 △,如图 9-58 所示。

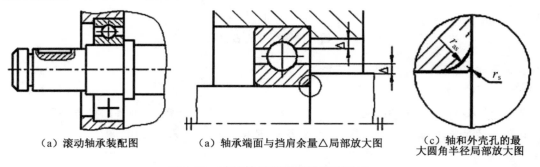

（a）滚动轴承装配图　　　（a）轴承端面与挡肩余量△局部放大图　　　（c）轴和外壳孔的最大圆角半径局部放大图

图 9-58　滚动轴承装配图及结构要求

9.7 弹 簧

弹簧是一种具有弹性的零件，一般用在减震、夹紧、自动复位、测力和储存能量等方面。弹簧种类很多，常用的有螺旋弹簧、蜗卷弹簧和板弹簧。

一、弹簧的作用和种类

1. 作用

弹簧在部件中的作用是减震、复位、夹紧、测力和储能等。

2. 种类

弹簧种类如图9-59所示。

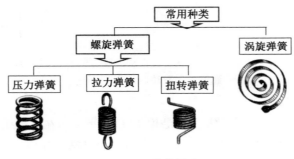

图 9-59　弹簧种类

二、圆柱螺旋压力弹簧

1. 弹簧各部分的名称及尺寸关系

弹簧各部分的名称及尺寸关系如图9-60所示。

d:簧丝直径

D_2:弹簧外径

D_1:弹簧内径

D:弹簧中径

$D=D_2-d$

t:弹簧节距

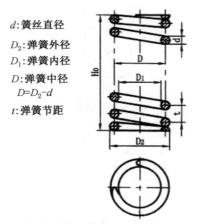

图 9-60　圆柱弹簧部分的名称及尺寸关系

2. 弹簧的画法

（1）单个弹簧的画法：

在平行于轴线的投影面上，弹簧各圈的轮廓线画成直线；四圈以上的弹簧，中间各圈可省略不画，而用通过中径线的点画线连接起来；弹簧两端的支撑圈，不论多少，都按图9-61中形式画出。

作图步骤：

① 根据 D、H_0画矩形；②画出支撑圈部分的圆和半圆，直径＝弹簧钢丝直径；③画出有效圈部分的圆；④

按右旋方向作相应圆的公切线；⑤加深并画剖切线，如图 9-61 所示。

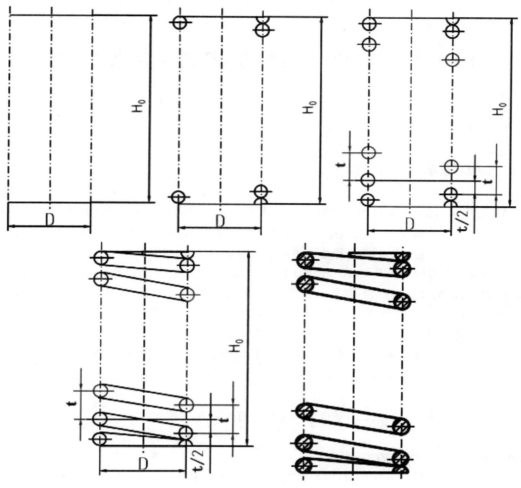

图 9-61　圆柱弹簧画图过程

（2）装配图中弹簧的画法：

弹簧各圈取省略画法后，其后面被挡住的结构一般不画，可见轮廓线只画到弹簧钢丝的断面轮廓或中心线处，如图 9-62 所示。

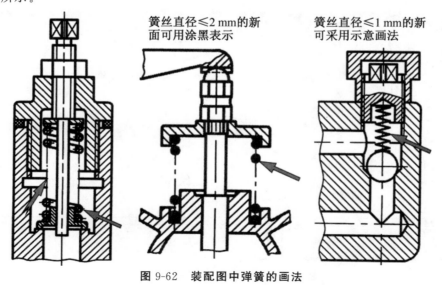

图 9-62　装配图中弹簧的画法

第10章 CAD项目教学法之经典案例教程

10.1 CAD 基本操作练习

AutoCAD 是美国 Autodesk 公司首次于 1982 年开发的通用的计算机辅助设计软件,其强大而精确的二维绘图功能早已为大众周知,现已成为国际上广为流行的绘图工具,可用于建筑、机械、电子、服装、化工及室内装潢等工程设计领域。它可以更轻松地帮助用户实现数据设计、图形绘制等多项功能,从而极大地提高设计人员的工作效率。随着版本的升级,AutoCAD 的三维实体编辑功能也得到了极大提高,分水岭是 2007 版CAD,增加了放样、扫掠、螺旋线等 3D 功能。2007 版致力于提高 3D 设计效率。2010 年以后的版本工作界面有较大的改变,增加了很多新功能,2019 版增加了 DWG 图比较、保存至多种设备、增强 2D 绘图、增强共享视图、跨设备访问、移动应用程序、PDF 导入等与其他设备沟通交流的能力。

本章分三大块:基本操作、平面图形绘制、实体编辑,以项目教学方式进行,内容翔实,图例丰富,避免了空洞的说教和枯燥的解说。CAD 项目教学案例均可在 AutoCAD 2007 中文版及以上版本中完成。

(1)AutoCAD 2007 的工作界面如图 10-1 所示。

AutoCAD 2016 与 AutoCAD 2007 联机后的工作界面如图 10-2 所示。

(2)软件启动。

启动 AutoCAD 软件的方式有三种:

①双击桌面上的图标快捷方式按钮,即可进入 AutoCAD 软件的界面,再单击界面左上角的"新建"图标,就可进入工作界面。

②依次单击计算机左下角按钮"开始"→"程序"→"Autodesk"→"AutoCAD 2007 Simplified Chinese"→"AutoCAD 2007",即可进入 AutoCAD 软件的界面,再单击界面左上角的"新建"图标,就可进入工作界面。

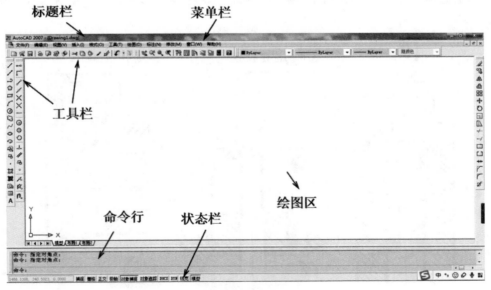

图 10-1 AutoCAD 2007 **的工作界面**

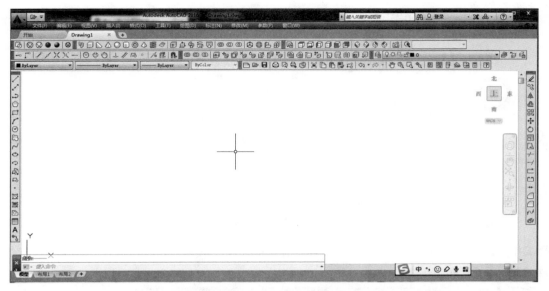

图 10-2　AutoCAD 2016 与 AutoCAD 2007 联机后的工作界面

③双击打开某一个 AutoCAD 文件，后缀名.dwg（标准默认后缀文件格式）或.dwt（样板文件后缀格式）或.dxf（网络共享文件格式），即可进入 AutoCAD 软件的界面。

（3）绘图前系统设置：打开 CAD 软件，单击菜单栏中的"工具"→"选项"→"显示"，单击"颜色"，把默认的绘图区底色黑色改为白色，单击"应用并关闭"，如图 10-3 所示。

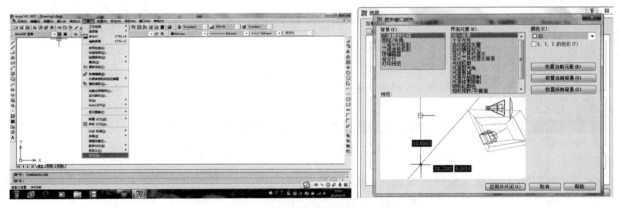

图 10-3　修改绘图区颜色的步骤

单击菜单栏中的"工具"→"选项"→"用户系统配置"，设置绘图单位及线宽显示比例等，如图 10-4 所示。

单击菜单栏中的"工具"→"选项"→"草图"，设置自动捕捉、靶框大小等，如图 10-5 所示。

图 10-4　设置绘图单位及线宽显示比例等

图 10-5 设置自动捕捉靶框大小等

选择工作空间为"AutoCAD 经典",移动光标到有快捷工具栏的地方,右击,勾选二维操作或三维操作必需的工具,如图 10-6 所示。

图 10-6 勾选二维操作或三维操作所需快捷工具

(4)在特性工具栏中设置线条的颜色、线型、线宽。

比如要画虚线,但目前特性工具栏中没有这种线型,单击"其他",弹出对话框,单击"加载",再在弹出的加载或重载线型对话框中单击虚线所在的"线型"→"ACAD-IS002W100",单击"确定",再在弹出的线型管理器对话框中选中所需线型,单击"当前",再单击"确定",如图 10-7 所示。

在特性工具栏中就可以看到设定的"虚线",单击"线宽",选择合适的线宽的值,单击绘图工具栏中的"直线"图标,单击状态栏中"正交",在绘图区合适的地方单击,再沿着 X 轴正向拉动鼠标,可以画出水平的虚线,也可输入具体的数值,如 50,画长度 50 的虚线,如图 10-8 所示。

(5)文字样式及标注样式的设置。

文字和标注是 AutoCAD 图形中重要的内容,AutoCAD 提供了多种文字样式和标注样式,以供用户需要。文字样式设置主要包括文字字体、字号、角度、方向以及其他文字特征。可单击绘图工具栏中的"A",输入多行文字,也可在命令行输入"STYLE",还可以在菜单栏中的"格式"→"文字样式"对话框中设定字的样式、高度等,设置完毕,先点击"应用",再点击"关闭"。标注在工程图中非常重要,标注样式的设置也非常重要。设置标注样式包括创建新标注样式并命名、设置当前所需样式、修改标注样式等。可在命令行输入"DIMSTYLE",还可以在菜单栏中的"格式"→"标注样式"对话框中设定标注的样式、标注的直线线型、颜色、标注的文字、箭头、单位等,可新建,可修改,也可修改后置为当前,如图 10-9 所示。

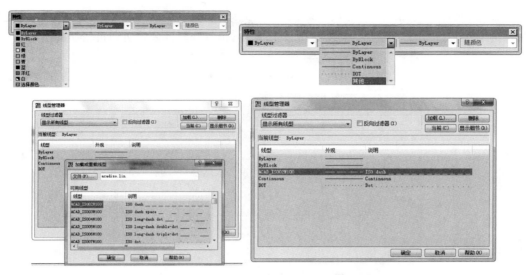

图 10-7　在特性工具栏中设置线条的颜色、线型、线宽

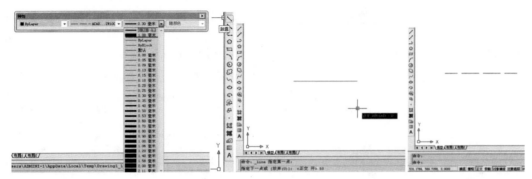

图 10-8　调用虚线线型

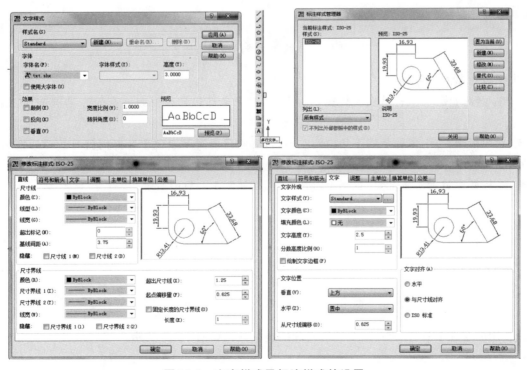

图 10-9　文字样式及标注样式的设置

（6）软件出现状况时，一般情况下，可从菜单栏中的"工具"→"选项"→"配置"→"重置"→"确定"（图 10-10），菜单栏中的"视图"→"全部重生成"来解决；或关闭软件，再打开软件来解决随机错误的出现。

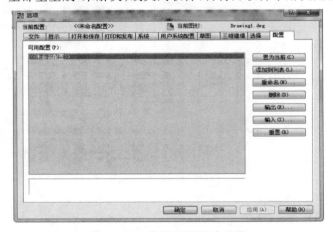

图 10-10　出错时可系统重置

（7）文件保存格式：默认后缀为.dwg；也可设置主要包括图线线型、线宽等图形特定的样式的样板格式,.dwt。

（8）基本二维绘图操作有四种方式：如画直线，命令行输入"line"，或在绘图区右击鼠标，在弹出的菜单中选"直线"，或单击绘图工具栏中的直线图标，或在菜单栏中的"绘图"→"直线"来实现，如图 10-11 所示。

图 10-11　绘制直线的四种方法

（9）选中编辑对象的三种方法：

①左选（也叫窗口模式，鼠标从左上角拉到右下角，对象全部包含在框内才有效），选框蓝色，如图 10-12（a）所示。

②右选（也叫窗交模式，鼠标从右下角拉到左上角，对象只要有一点包含在框内就有效），选框绿色，如图 10-12（b）所示。

③点选：光标移至目标对象上，用鼠标单击选中对象，如图 10-12（c）所示

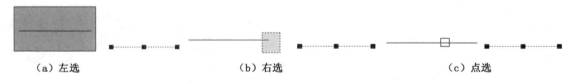

（a）左选　　　　　　　　（b）右选　　　　　　　　（c）点选

图 10-12　选中编辑对象的三种方法

（10）最常用的绘图工具栏、修改工具栏和对象捕捉工具栏如图 10-13 所示。

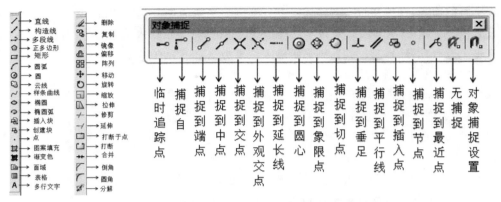

图 10-13　绘图工具栏、修改工具栏和对象捕捉工具栏

(11) 三维建模常用工具栏如图 10-14 所示。

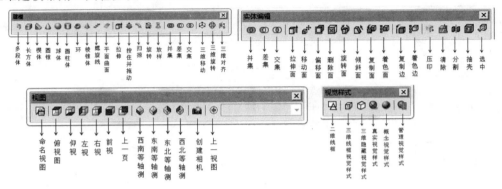

图 10-14　三维建模常用工具栏

(12) 图形大小的设置如图 10-15 所示。

(13) 标注尺寸数字的结果设置：依次单击菜单栏中的"格式"→"标注样式"→"修改"→"主单位"→"比例因子"输入"1"，则绘图区按 40 长度绘制的线条，单击菜单栏中的"标注"→"线性"，选这线的两端点标注结果为"40"；若"比例因子"输入"10"，则单击菜单栏中的"标注"→"线性"，选同样这条线的两端点标注结果为"400"；若"比例因子"。输入"0.1"，则单击菜单栏中的"标注"→"线性"，选同样这条线的两端点标注结果为"4"，如图 10-16 所示。

绘图比例	1:1	1:100
出图比例	1:100	1:1
打印结果	1:100	1:100

图 10-15　图形大小的设置

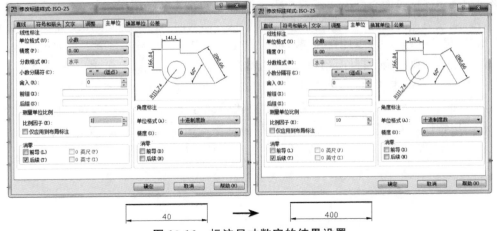

图 10-16　标注尺寸数字的结果设置

(14)特殊字符的输入:在英文状态下输入"％％c",则显示输入结果为"Ø";输入"％％d",则显示输入结果为"°";输入"％％％",则显示输入结果为"％";输入"％％p",则显示输入结果为"±";输入"％％o",则显示输入结果为文字上方有"";输入"％％u",则显示输入结果为文字下方有"_"。

(15)坐标有两种:世界坐标系(默认)wcs 和用户坐标系 ucs(自定义)。坐标根据是二维操作空间还是三维操作空间不同,分别显示为如图 10-17 所示。

图 10-17　不同坐标的显示

(16)数据的输入方法。

①点的输入:

a. 利用键盘输入:也就是通过键盘输入点的坐标值,也称坐标输入法。因坐标系分直角坐标系和极坐标系,坐标输入又分绝对坐标输入和相对坐标输入,因此点的坐标输入有多种组合方式,常见的输入方式见表 10-1。

表 10-1　点坐标输入的常用方式

坐标分类		举　例	注　释
绝对坐标	直角坐标系	100,50	①点坐标用"X、Y"表示,各坐标之间用逗号隔开; ②X、Y 均指该点相对于坐标系原点的坐标
	极坐标系	100<45	①点坐标用"距离<角度"表示; ②距离指该点与坐标系原点的距离,角度指原点与该点的连线与 X 轴正方向的夹角
相对坐标	直角坐标系	@100,30	①点坐标用"@ΔX,ΔY"或"@距离<角度"表示; ②相对坐标的输入是指该点坐标相对于前一点坐标的偏移量;且数值前面要加"@"
	极坐标系	@100<30	

b. 利用鼠标输入:指通过控制鼠标操作,在屏幕上确定点的位置的方法。常用的方法有利用鼠标在屏幕上拾取点、利用对象捕捉模式确定点、利用极轴追踪法确定点。

②角度的输入。

输入角度数值时,AutoCAD 默认 X 轴的正方向为 0°,逆时针方向旋转为正,顺时针方向旋转为负。可通过键盘直接在命令行输入角度数值,如要输入 60°,只需在命令行提示指定角度时输入"60"并回车即可。

(17)图层的使用。

图层是将图形信息分类进行组织管理的有效工具之一,使用这种工具能够方便地绘制、修改和管理图形。例如,按照制图国标规定的各种不同线型和线宽的图线可分类设置图层,每个图层存储不同的图线;也可把同类的结构(如建筑上的门或窗等)分别设在不同图层,需要时打开,也可关闭不显示,只显示不能修改的就点击"冻结"图层。这样可方便看图和修改,可见图层就相当于一沓对齐重叠的透明电子胶片,用户可根据需要抽出某些来查看、修改,也可随时增设图层或删除。图层可以一层,也可多层,但当前层(相当于最上面图纸)只有一张,除了系统默认的一个"0"图层不可删除(但可以修改其他属性),其他每个图层均可以设置名字,也必须设置图名。创建图层:单击菜单栏中的"格式"菜单:"格式"→"图层",在面板上单击"图层特性图标"按钮,弹出"图层特性管理器"对话框,可设置图层,包括添加图层,删除图层,置为当前层,设置图层名,图层中图线的颜色、线型、线宽等,及打开、冻结、锁定图层等,如图 10-18 所示。

图 10-18　图层的设置及使用

10.2　CAD 项目教学

一、平面图形练习

1. 平面太极图的绘制及填充

(1)绘制过程及最后填充的效果如图 10-19 所示。

(2)具体步骤:

①绘制一条线宽 0.3 mm、长 450 mm 的红色直线,作为太极图的中心轴线。

②捕捉直线的中点为圆心,绘制一个直径为 Ø400 的圆,然后用直线工具画出 Ø400 的半径。

③捕捉所画的半径的中点为圆 Ø200 的圆心,画出竖直线上的 Ø200 的圆,再镜像出下面的另一个 Ø200 的圆。

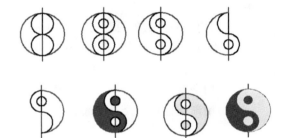

图 10-19　平面太极图的绘制

④分别捕捉两个 Ø200 的圆心为圆心,画出 Ø100 的两个小圆。

⑤用修剪工具删除多余的两条弧线,用图案填充中的 SOLID(纯色),并分别选择红色和黄色对对应的区域进行填充色彩。

2. 奥运五环的绘制

(1)画一条长 120 mm 的水平直线,并以直线左端点为圆心,画半径 50 mm 的圆,再用偏移命令向内偏移一个,偏移距离 5 mm。

(2)用复制命令,对象选中两圆,以上一步的圆心为基点复制到直线右端点处。

(3)用镜像命令,在正交模式下,以直线右端点为镜像轴第一点,第二点垂直往 Y 轴方向移动并单击选中对象把直线左边两同心圆镜像到右边。

(4)以第一条直线的中点为端点垂直向下画出长度 50 mm 的直线,并用复制命令,选中两个同心圆,以同心圆的圆心为基点复制到竖直线的末端点。

(5)用镜像命令,镜像出右边两同心圆。

(6)用修剪命令把五环中被遮挡在下面的弧线修剪掉,形成环环相扣的效果。

(7)用图案填充命令,执行五次,依次把五环填充为代表五洲的色彩,蓝、黑、红、黄、绿五种,如图 10-20 所示。

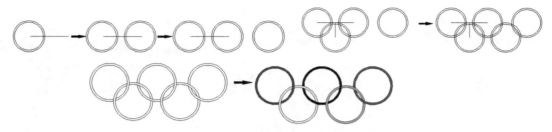

图 10-20　奥运五环的绘制

3. 双色拼花砖的绘制

(1)用正多边形工具,画出正方形,并用分解命令把它分解为四条线。

(2)用偏移命令把四条边一一向内偏移 5 mm,并修剪四个角的交线。

(3)用直线命令画出四个角的顶点连线,以及用直线命令捕捉各自边中点画出中点连线。

(4)把小的正方形邻边中点依次连接。

(5)用直线命令捕捉上一步边的中点依次画出小正方形。

(6)再次用直线命令捕捉上一步边的中点依次画出小正方形。用偏移命令把四条边一一向内偏移 5 mm。

(7)用填充命令选红色进行如图 10-21(g)所示填充。

(8)用填充命令选黄色进行如图 10-21(h)所示填充。

(9)用填充命令分别选红色和黄色进行如图 10-21(i)所示填充。

(10)用渐变色填充命令选红和黄两色径变图案填充四角三角形,如图 10-21(j)所示。

(11)用渐变色填充命令选绿和黄两色径变图案填充小四角三角形,如图 10-21(k)所示。

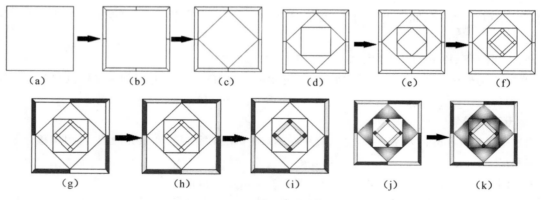

图 10-21　双色拼花砖的绘制

举一反三:绘制及填充如图 10-22 所示的图案。

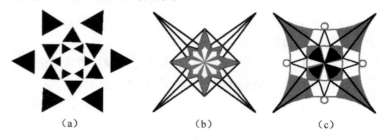

图 10-22　图案绘制及填充

二、平面图形抄绘及标注

1. 挂钩的绘制

(1)在特性工具栏中加载线宽为 0.2 mm 的细点画线,画一条长 180 mm 的水平轴线,再在距离其左端点 150 mm 处画一竖直轴线。

(2)用偏移命令把竖直轴线分别向左偏移 8 mm 和 104 mm。

(3)分别以左边交点和右边交点为圆心作圆,如图 10-23(c)所示。

(4)用画圆命令,在命令行输入"t",切点分别选 Ø60 竖直轴左上角弧处和 Ø96 竖直轴右上角弧处,画出光滑连接弧,半径 R150。用修剪命令剪掉一部分多余的弧线,如图 10-23(d)所示。

(5)以同样方法画出光滑连接弧,半径 R82,记住,不要修剪得过短。

(6)以 Ø96 的圆心为圆心,以 R(48-11)=R37 为半径画辅助圆,与偏移 8 的竖直轴线相交于一点,即为光滑连接弧 R11 的圆心。

(7)画出 R11 光滑连接弧。

(8)用修剪命令剪掉一部分多余的弧线,完成绘图,图形轮廓线线宽均为 0.3 mm。

(9)在特性工具栏中选好细实线标注,如图 10-23 所示。

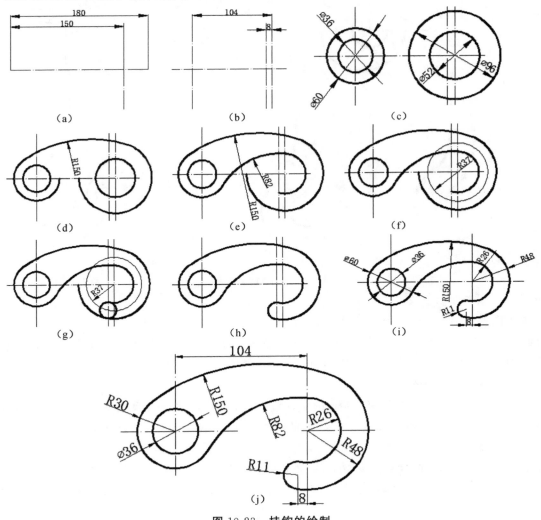

图 10-23　挂钩的绘制

2. 吊钩的绘制

(1)用直线命令画出水平轴线,在合适的位置画出竖直轴线,并用偏移命令把竖直轴线向右偏移 90,得另一条竖直轴线。同理偏移两次得 900 的水平轴线和 380 的水平轴线。

（2）再把 Ø400 的竖直轴线分别向左右偏移 Ø300/2＝150 和 Ø240/2＝120，得图 10-24(b)中的圆柱轮廓线。用画圆命令，分别作出 Ø400 圆弧线和 R480 圆弧。

（3）用画圆命令，在命令行输入"t"，切点分别选 Ø300 左轮廓线上和 Ø400 右上角弧处，画出光滑连接弧，半径 R600。用修剪命令剪掉一部分多余的弧线，同样画出光滑连接弧，半径 R400，如图 10-24(c)所示。

（4）把水平轴线向下偏移 150，以 Ø400 的圆心为圆心画一辅助圆，半径 R(200＋400＝600)，交偏移 150 的水平轴线于一点，以这点为圆心、R400 为半径画出绿色弧线，同理得另一绿色中间弧线 R230。最后用画圆命令，在命令行输入"t"，切点分别选 R400 绿色弧线线上和 R230 绿色弧线线上，画出光滑连接弧，半径 R30。用修剪命令剪掉一部分多余的弧线。

（5）标注，如图 10-24 所示。

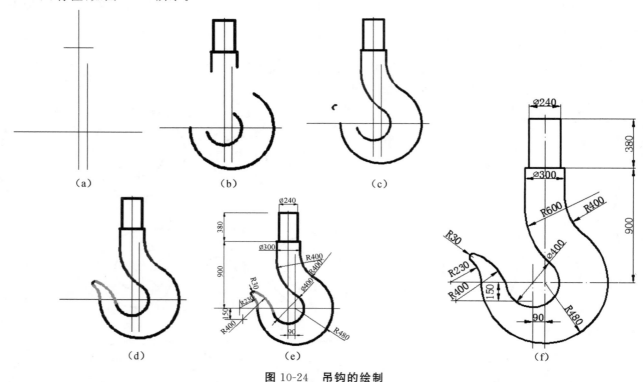

图 10-24　吊钩的绘制

3. 电路原理图的绘制

电路原理图就是用来体现电子电路的工作原理的一种电路图，又称为电原理图。这种图由于它直接体现了电子电路的结构和工作原理，因此一般用在设计、分析电路中。分析电路时，通过识别图纸上所画的各种电路元件符号以及它们之间的连接方式，就可以了解电路的实际工作情况。

二阶电路的零状态响应图：

（1）画长 70、宽 40 的矩形；捕捉矩形左边的中点画半径 4 的圆，修剪掉中间的竖直直线，并补画水平直径表示理想电源的符号；用多段线画线宽 0.2、长 10 的细线，再画起点线宽 1 到终点线宽 0 的箭头；用绘图工具栏中的多行文字，输入文字"2A"，字体选宋体、字高 4，如图 10-25(a)所示。

（2）向右偏移圆下边的线，偏移距离 10；画一条长度 8、与竖直线夹角 20 的斜线作为开关，并捕捉竖直线上端点为圆心（命令行要输入"c"）画出弧线，并用多段线如前面操作一样画出箭头；输入文字"S"，如图 10-25(b)所示。

（3）把最右边的线向左偏移 40，画一个长 2，宽 8 的矩形，并移至线的中点表示电阻；复制理想电源符号旁边的箭头并旋转 180°，移至电阻符号的下边；依次输入文字"2 Ω"、"2－i"、"＋"、"－"、"u1"；复制"矩形电阻符号"至上边线中点处，并复制文字和箭头（旋转 90°），如图 10-25(c)所示。

（4）在距最右边线 16 的地方画出两条短粗实线，间距 2，表示电容；输入文字"1/6F"；画高 10、长 24 的直线，在上边线中间画小正三角形，并镜像出右边一个表示受控源；复制箭头并输入文字"0.5u1"，如图 10-25（d）所示。

（5）在距最右边线上端点 4 的地方画水平定位线；在图右边空白处画半径 4 的圆，并修剪成半圆弧线，捕捉象限点向下复制 4 个半圆弧线作为电感符号；移动"电感符号"至定位线处；输入文字"1H"；复制"电阻符号"和箭头以及文字"2 Ω"至图的电感符号的下方，如图 10-25（e）所示。

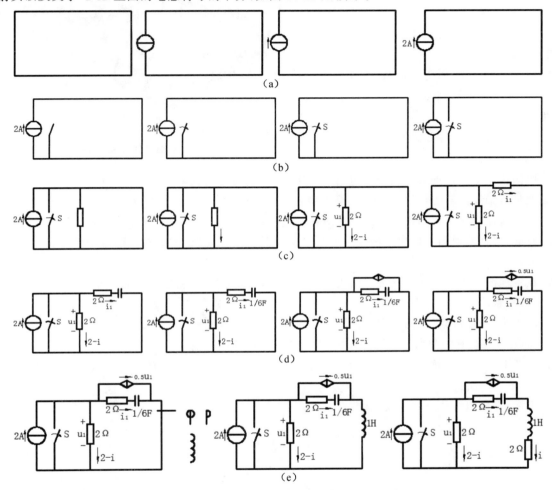

图 10-25　电路原理图的绘制

三、三视图绘制及标注

如图 10-26 所示组合体，绘制其三视图并标注。

分析：该组合体由带方槽的长方体和带半圆孔及切割的半圆柱体组合成底座，并在其上面叠加一个有小圆孔的拱形体，应把特征面选在主视图上表达出来。

绘图步骤（图 10-27）：

（1）在特性工具栏中选择线宽 0.2 的细点画线，用直线命令画一竖直对称轴线，并以 0.3 线宽的粗实线画长 120、高 16 的长方形。

（2）以长度中点为圆心，用画圆命令绘制半径 R20、R35 的同心圆（轮廓线线宽均为0.3）。

（3）用修剪命令修剪成拱形。

（4）用偏移命令把底边向上偏移 27。

（5）修剪。

（6）再把底边向上偏移 55，单击选中，在特性工具栏中改为 0.2 的细点画线。

（7）以两轴线交点为圆心，以 R15、R8 为半径画同心圆，并过 R15 水平直径两端点向下作垂线与 R35 弧相交。

（8）用修改工具中的修剪，修剪多余的线段。

（9）把竖直中心轴向左向右各偏移 8，改为 0.3 的粗实线，并修剪，开出 16 宽的槽。

（10）把长方形上边线向下偏移 7，改为虚线，并以 0.3 虚线补画圆弧 R35 的一小段直至与虚线相交，完成主视图。

（11）延长竖直轴线，并以之为对称线，画俯视图，长 120、宽 70。

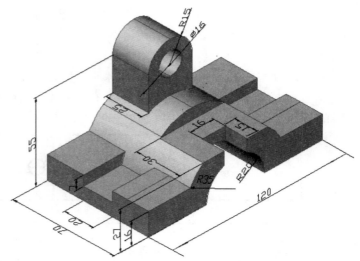

图 10-26　由组合体绘制三视图并标注

（12）用偏移命令分别把后边线和前边线向中间偏移 25，得方槽投影。

（13）把竖直轴线向两边偏移 8，用直线命令画出另一方槽 16×15。

（14）用直线命令从主视图各点画出俯视图各对应线。

（15）修剪，得到俯视图中横向方槽投影线及 R20 半圆孔投影线，高 27、宽 30 的截切面投影。

（16）再对应修剪出上面叠加的带 Ø16 小圆孔的拱形俯视图投影，宽 25，完成俯视图。

（17）在主视图右边合适处画一细点画线的对称轴线，并以之为对称线，画出带凹槽的左侧面投影。

（18）修剪、整理。

（19）从主视图对应出拱形的左视图投影，宽 25。

（20）作高 27、宽 30 的截切面左视图投影，并对应水平圆筒的高度线。

（21）注意 R35 外圆柱面后面 25 和前面 30 之间的投影高度变化，以及 R20 处 16 长、15 宽的方槽侧面投影线。

（22）标注，完成组合体三视图及标注。

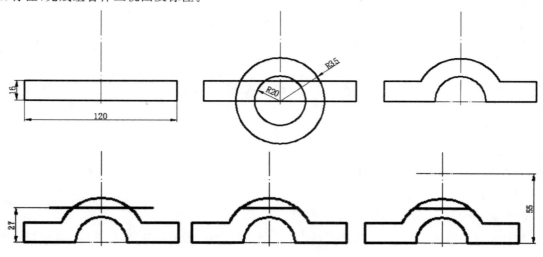

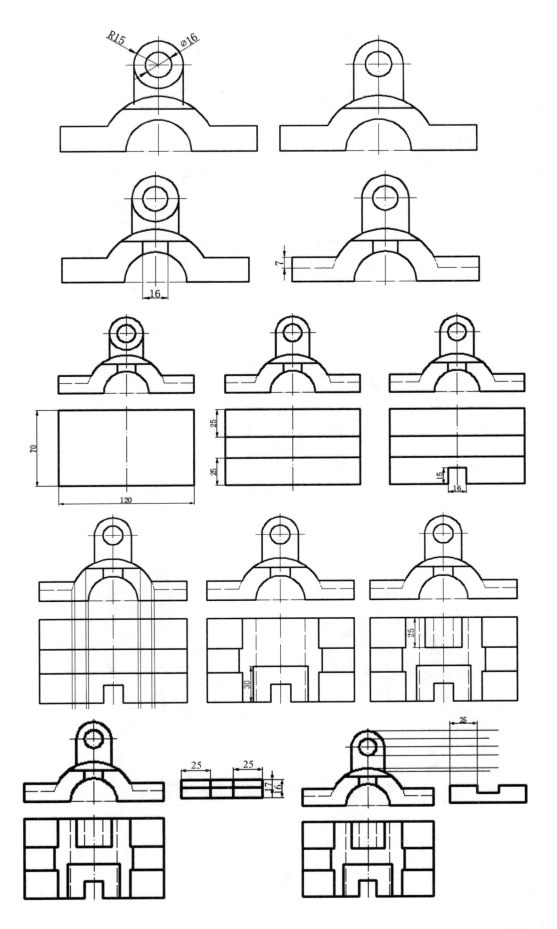

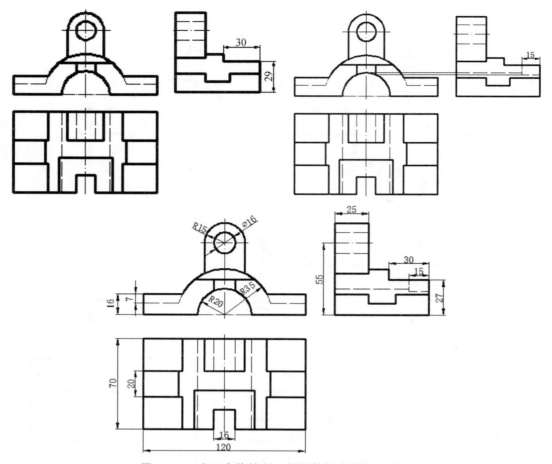

图 10-27　由组合体绘制三视图并标注的作图过程

举一反三：根据图 10-28 所示下组合体及尺寸，绘制其三视图并标注。

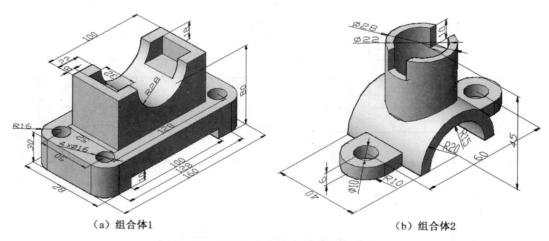

（a）组合体1　　　　　　　　　　　　　　（b）组合体2

图 10-28　由组合体绘制三视图并标注练习

四、零件图绘制及标注

填料压盖零件图的绘制：

（1）用画直线命令画出长 297、宽 210 的长方形，线宽 0.35，并向右偏移左边线 25，向左偏移右边线 5，上下两边线各向中心偏移 5,组成 A4 图框。

(2)在图纸右下角按尺寸画标题栏。

(3)用绘图菜单栏→文字→多行文字(字高 3,水平居中、垂直居中,第一个角点单击小方格左上角点,第二个角点单击小方格右下角点)依次填写标题栏。

(4)画二视图,确定二视图的大体位置,先画中心轴线再画主视图的左端面积聚线(长度的基准线),高 114,关于水平中心轴线对称,依次画二视图其他轮廓线,线宽 0.3。

(5)在全剖左视图实体部分用图案填充出剖面线,注意比例选择。

(6)标注尺寸:注意主视图中 $\varnothing54^{+0.025}_{-0.050}$ 的标注,先用菜单栏中的"标注"→"线性",显示"54",再单击选中尺寸,用菜单栏中的"修改"→"对象"→"文字"→"编辑",在英文输入状态下,在 54 前面输入"％％C",则显示"∅",改为直径标注。再单击选中"∅54",右击,在弹出快捷菜单中选"特性",拉动左侧滚动条向下找到公差,分别输入上下偏差值,回车后再关闭特性对话框。表面粗糙度符号可以画一个 60°的正三角形,定义为块,再调用,也可以在高版本中单击绘图工具栏中的"插入块"图标,在弹出的插入对话框中选图块名"表面结构代号",输入参数,在需要插入的地方插入。

(7)完成零件图的绘制,如图 10-29 所示。

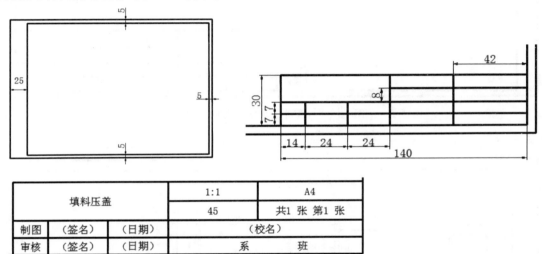

| 填料压盖 | 1:1 | A4 |
| | 45 | 共1 张 第1 张 |

| 制图 | (签名) | (日期) | (校名) | |
| 审核 | (签名) | (日期) | 系 | 班 |

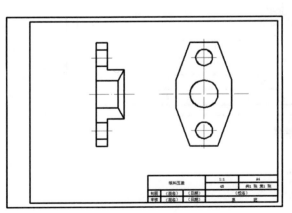

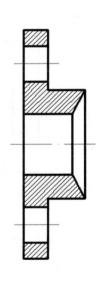

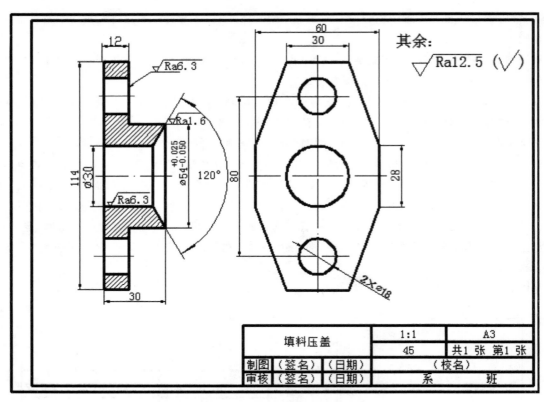

图 10-29　填料压盖零件图的绘制

举一反三:抄绘轴的零件图,如图 10-30 所示。

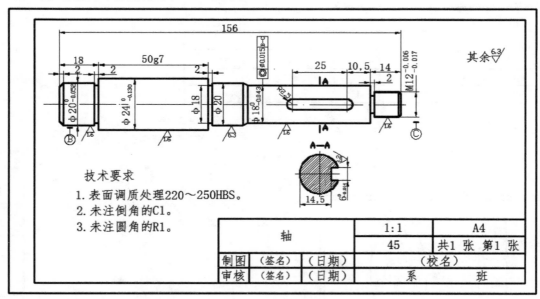

技术要求

1. 表面调质处理220~250HBS。
2. 未注倒角的C1。
3. 未注圆角的R1。

图 10-30　轴的零件图

五、二维轴测图绘制及标注

如图 10-31 所示二维组合体轴测图,其绘图步骤(图 10-32):

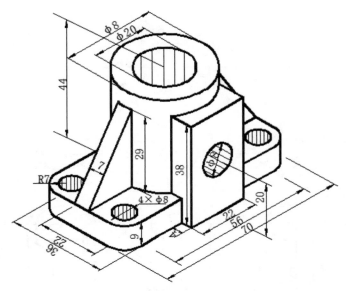

图 10-31　二维组合体轴测图

（1）用线宽 0.2 细实线画好正等测轴，夹角 120°。

（2）分别向 X、Y 轴两边偏移 X、Y 轴 10、10，再重复偏移 17、17，得 $\varnothing20$ 和 $\varnothing34$ 的圆的外接正方形的正等测图——菱形。

（3）连接短对角线和对应边的中点，与水平线（即长对角线）相交于一点。

（4）用四心圆弧法作椭圆。

（5）把两个椭圆和 X、Y 轴向下复制，基点选坐标轴中心，向下位移 44。

（6）用画直线命令，起点选坐标轴中心，向 Y 轴正向画叠加的正方体的底面中线，输入"@22＜－30"；再复制 X 轴到直线端点，再次作出长方体前面的底边，一边各 11，以中点为直线起点，分别输入"@11＜－150"、"@11＜30"。

（7）以上一步最后作出的底边端点为起点向上作出高度线 38，并复制宽度线 22，作出三条宽边。

（8）把 $\varnothing34$ 的右前方两段圆弧向下（44－38＝6）复制出。

（9）修剪成相交线。

（10）定位长方体的前面长方体中心的小圆孔 $\varnothing12$ 的位置，定位尺寸先向下画 44－38＝6，再向 Y 正向画 22（粗黑线）。

（11）沿着孔中心轴线画出 $\varnothing12/2＝6$ 四条线段。

（12）用四心圆弧法作一个正平圆的椭圆；

（13）把顶面中心的 X、Y 轴向下复制，位移 44－9＝35，并从中心沿着 X 轴正轴画出三角形楔块的定位尺寸 70/2＝35，以及 Y 向楔块的宽 7。

（14）沿着宽度线的两端点作 X 轴平行线，长至与复制平移下来的 $\varnothing34$ 弧有交点；过交点作楔块高度线 29。

（15）定位 R7 倒圆角的中心，照样用四心圆弧法作出弧。

（16）整理，并画出底座上表面可见边线。

（17）再定位 4×$\varnothing8$ 的中心，照样用四心圆弧法作出弧，画出上表面两个椭圆。

（18）把 $\varnothing34$ 的两段弧向下移 44－9＝35，复制它们。

（19）整理，修剪，再捕捉左前圆孔的一个圆心，输入定位尺寸"@56＜－150"画出右前方的孔的定位线；并选中左前方孔的四段弧复制到右边直线端点。

（20）整理得到二维平面的轴测图。

（21）标注:注意旋转角度 30°或 150°即可,文字可设得大些。

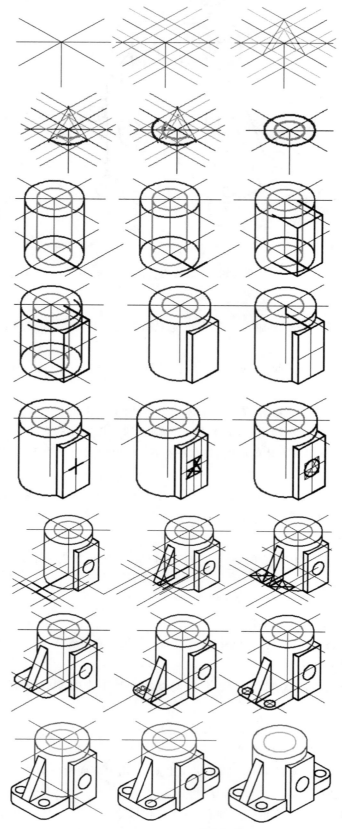

图 10-32　二维组合体轴测图绘制过程

举一反三：如图 10-33 所示，画二维组合体轴测图。

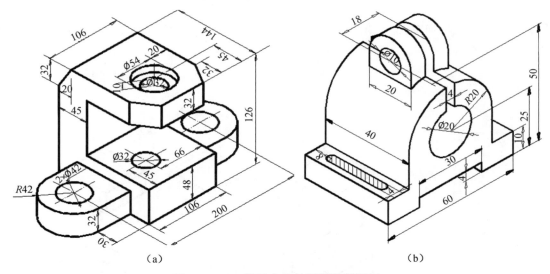

（a）　　　　　　　　　　　　　　　　　　　（b）

图 10-33　二维组合体轴测图绘制练习

六、三维线框轴测图绘制及标注

三维线框轴测图绘制及标注过程：

（1）在原先的二维编辑工作界面的基础上，在有工具栏的地方右击鼠标勾选与三维编辑有关的工具栏，如建模、实体编辑、视觉样式、视图。

（2）用画直线命令，在正交状态下沿着 X 轴画 106 长的线段，Y 向 144－45＝99，依次再画出第四块长方体上表面的四条边；再向 Z 负向画 48 高度线，连接成长方体。

（3）在长方体的上表面画出圆孔的上表面的定位轴线，距离右边 66，距离前边 45；用画圆命令画出 Ø32 的圆，完成第四块叠加体的三维线框图。

（4）照样在水平面上画长（200－106）/2＝47，宽 2×R42＝84 的第二块上表面三条边，再画好中心轴线，画出 R42 半圆弧，再次以同一点为圆心画出 Ø42 的小圆。

（5）向下画出 32 的高度线，选上面圆心为基点向下复制 R42 半圆弧，位移输入 32，并修剪，完成第二块叠加体的三维线框图。

（6）沿着 X 正向先画一条起点在圆心上的辅助线，长度 200，用修改菜单栏中的三维操作子菜单中的三维镜像，选镜像的三个点，其中一个捕捉辅助线中点，另两个分别为 Y 向一点和 Z 向一点，确定出镜像平面，由第二块镜像出第三块。

（7）在水平面上作出长 106、宽 144 的第一块上表面线框；再两条宽边各向内偏移 20，以及前面的长向后偏移 32；连接斜边的端点。

（8）定位出 Ø54 的圆心，并用画圆命令画出 Ø54 的圆，以圆心为基点向下 10 复制 Ø54 的圆。

（9）修剪或用打断命令修剪一小段看不见的圆弧，再画一个同心圆，直径 32，并从上表面左前方三个顶点向下作 32 的高。

（10）画一条 144－32－45＝67 的宽；向下作高度线分别为 126 和 126－32＝94；定位好后面的斜面，高 32，宽 20。

（11）连接后斜面的边线；整理；再把下边的线补画出来并打断被遮挡的线段，完成第一块叠加体的三维线框图。

（12）把四块拼在一起，注意灰线的交点为拼接点，其中 30 这个定位尺寸很重要。

（13）选定面的一个角点，及时切换 UCS 坐标，重复在 XOY 平面内标注，注意捕捉特殊点来定位，完成标注。

在命令行输入"UCS"，回车，指定第四块的一个角点为新坐标原点，确定组装组合体的四块形体的位置和顺序，如图 10-34 所示。

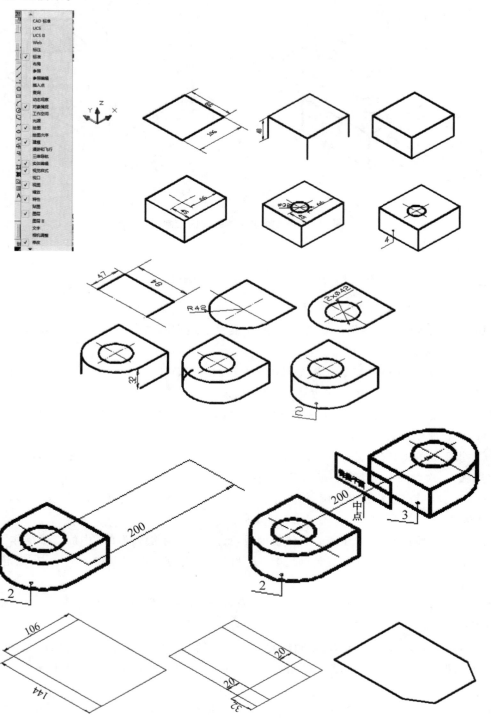

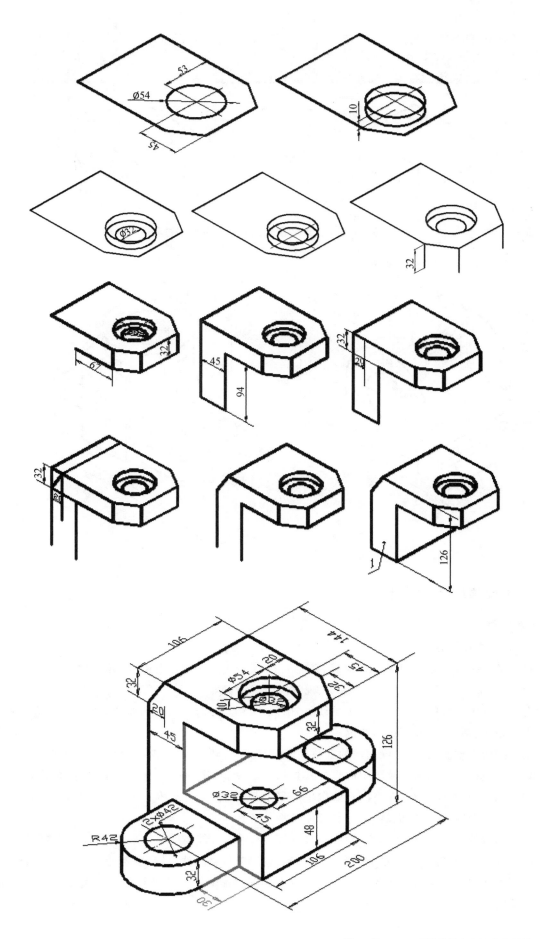

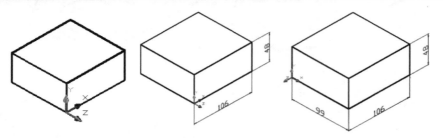

图 10-34　三维线框轴测图绘制及标注过程

举一反三：如图 10-35 所示，画三维线框图。

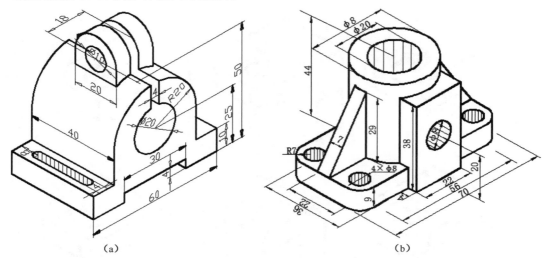

(a)　　　　　　　　　　　　(b)

图 10-35　三维线框图练习

七、实体编辑基本操作

1. 五星红旗

五星红旗的绘制过程：

（1）打开 AutoCAD 软件，切换到三维建模空间，在有工具栏的地方右击，在弹出的快捷菜单栏中依次勾选与实体编辑有关的工具栏：建模、实体编辑、视觉样式、视图等。

（3）在俯视图中，绘制正五边形，外接圆直径 70；隔一顶点连接两个定点；整理；在绘图工具栏中找到面域工具，选中五角星，面域，并改颜色为黄色。

（3）切换到西南轴测图，选中没面域的五角星，记着先保留辅助圆，在圆心处向上作出高 10 的垂线，并在末端画出一点，点样式可在格式菜单中的点样式选项中选择；再用建模工具栏中的放样，依次选择五角星和点，默认选仅横截面，直接回车，在弹出对话框中选平滑拟合，放样出实体五角星，记得放样的截面是封闭图形或开环的直线、曲线，但不能面域，截面数量可以两个以上。

（4）选择面域的五角星，用建模工具栏中的拉伸命令，输入拉伸高度 5 回车，则拉伸出直体；若在拉伸选项中输入"t"后回车，再先后输入角度 60°，高度输入 5，则拉伸出斜体，注意，高度不能过高，否则拉伸失败。

（5）在俯视图中画一个长 300、宽 200 的长方形并用偏移命令把长边和短边分别偏移 100、150，定出长方形的中心；从中心点开始画一条与水平线夹角 30°的射线，与从中心点为圆心画出 Ø160 的圆相交；把上面放样得到的立体五角星（捕捉端点）移到中心点；再复制一个五角星到30°斜线与∅160圆的交点处，并缩放0.4，然后旋转90°，让小五角星一个顶点指向大五角星；以大五角星的中点为中心点，环形阵列四个小五角星，填充角度－90°。

（6）最后填充长方形为红色，如图10-36所示。

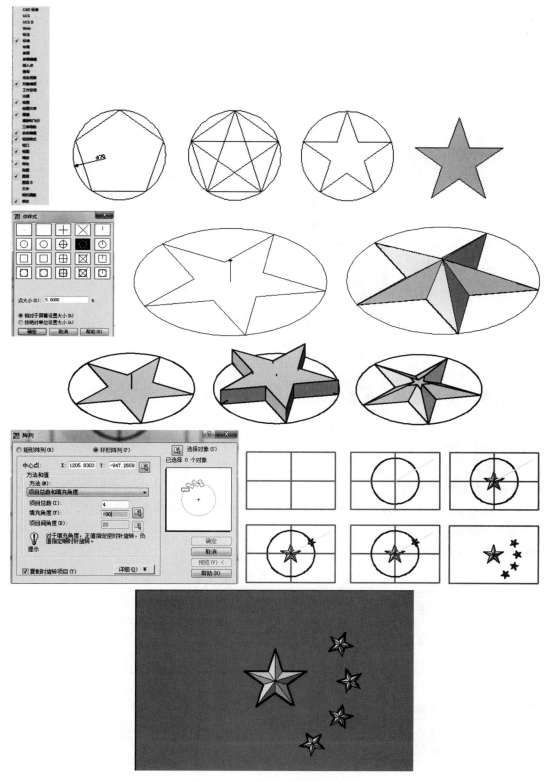

图 10-36　五星红旗的绘制过程

2. 平面体太极图

平面体太极图的绘制过程：

(1)在俯视图中画出 CAD 项目教学一中的平面太极图，并以圆心为中点画出一个正八边形；依次面域太极图中的两个小圆和两个逗号图形以及正八边形；拉伸五成等高的平面体，正八棱柱要差集出 Ø100 大圆孔，逗号实体要差集出 Ø20 太极眼。

(2)捕捉圆心，组装，最后效果图如图 10-37 所示。

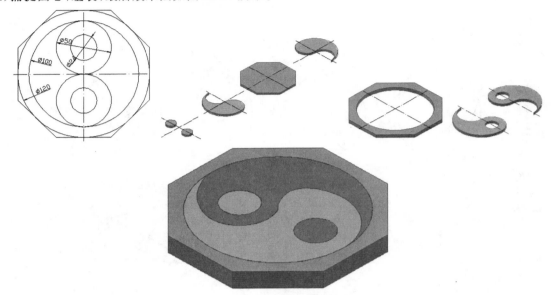

图 10-37 平面体太极图的绘制过程

八、机械零件实体编辑及组装

下面以一级减速箱的绘制和组装为例说明复杂机械零件实体编辑及装配。

1. 直齿圆柱齿轮对啮合

齿轮传动是机械设备中应用非常广泛的传递运动和力的机构。常见的传动齿轮有三种：圆柱齿轮、圆锥齿轮和蜗轮蜗杆。齿轮齿形分渐开线、摆线、弧线。这里仅介绍直齿圆柱齿轮的绘制和啮合齿轮对的组装。齿轮是减速箱内最重要的零件，一对啮合齿轮对齿数不等，但模数和压力角、齿形要相同。

CAD 画齿轮的方法：

大小齿轮参数计算表见表 10-2。

表 10-2 大小齿轮参数计算表

	模数	齿数	齿宽	轴孔直径	键格宽	分度圆直径	齿顶圆直径	齿根圆直径	中心距	基圆
大齿轮	2	55	26	32	10/8	110	114	105	70	103.4
小齿轮	2	15	26	24	6	30	34	25	70	28.19

渐开线标准直齿圆柱齿轮基本参数压力角 $20°$，齿数 z，模数 m，齿顶高系数 $ha^* = 1$，顶隙系数 $c^* = 0.25$。

(1)前期准备工作。

①小齿轮的平面图形绘制如图 10-38 所示。

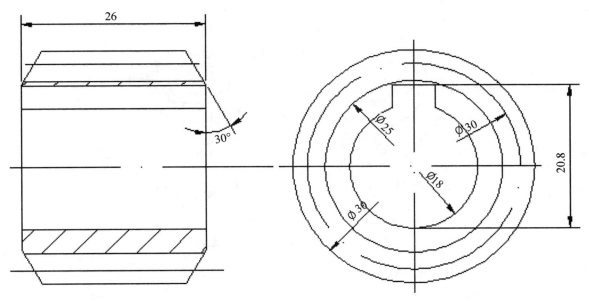

图 10-38　小齿轮平面图

②大齿轮的平面图形绘制如图 10-39 所示。

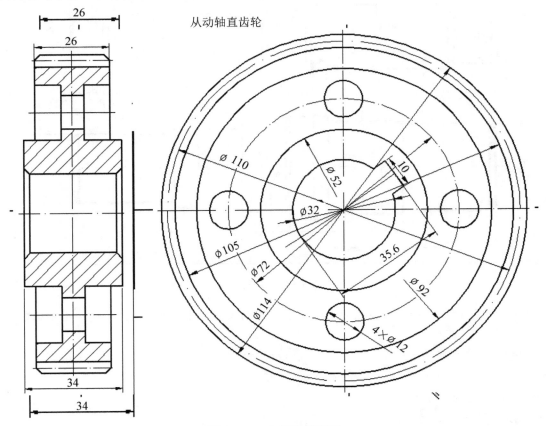

图 10-39　大齿轮平面图

③大、小齿轮及齿轮轴装配图如图 10-40 所示。

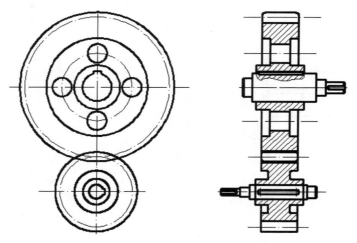

图 10-40 大、小齿轮及齿轮轴装配图

④主动齿轮轴（与齿轮作成整体式的）和从动轴的绘制如图 10-41 所示。

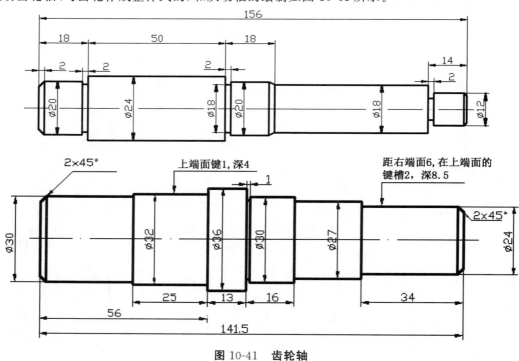

图 10-41 齿轮轴

⑤从动齿轮轴上 R5、R3 键和齿轮轮毂上键槽以及主动齿轮轴上 R3 键和齿轮轮毂上键槽的绘制如图 10-42 所示。

键是标准件，经查普通平键尺寸对照表，从动轴 $\varnothing32$ 对应的键的尺寸为

$b \times h = 10 \times 8, t_1 = 5, t_2 = 3.3, d - t_1 = 27, D + t_2 = 35.3$。

轴 $\varnothing24$ 对应的键的尺寸为

$b \times h = 8 \times 7, t_1 = 4, t_2 = 3.3, d - t_1 = 20, D + t_2 = 27.3$。

主动轴 $\varnothing18$ 对应的键的尺寸为

$b \times h = 6 \times 6, t_1 = 3.5, t_2 = 2.8, d - t_1 = 14.5, D + t_2 = 20.8$。

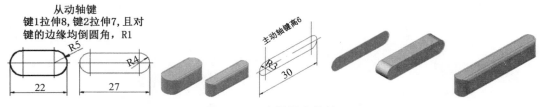

图 10-42　齿轮轴上的键

在轴上固定齿轮的是键,键用于实现周向固定与传递转矩的轮毂连接。在俯视图中绘制三个键的平面图形,各自面域,R5 的键拉伸高度为 8,R4 的键拉伸高度为 7,R3 的键拉伸高度为 6。

(2)实体编辑部分:

①大齿轮的绘制(图 10-43):先画单个齿形,齿形的绘制方法详见第 10 章第九渐开线齿形画法,先镜像齿槽两边齿廓的对称弧线,再环形阵列 55 个,面域,拉伸 26,与由齿坯截面旋转得来的齿坯并集,注意对齐辅助线长 26(齿宽),大齿轮有突出的轮毂。

a. 画齿形。

b. 拉伸 26,捕捉上表面圆心画 Ø105、高 26 的圆柱,差集。

c. 画齿形倒角平面图,面域左边上下两个等腰直角三角形,画出长 114 上下边的中点连线为旋转轴。

d. 用建模工具栏中的旋转两个等腰直角三角形成实体,并集实体,捕捉上表面圆心,移至齿形实体上表面圆心,差集,形成两端有倒角的齿圈,三维旋转。

e. 绘制齿坯,旋转成实体;绘制通孔和键槽平面图形,面域,拉伸 26,并集;齿坯差集减去圆柱和键槽;再与齿形并集。

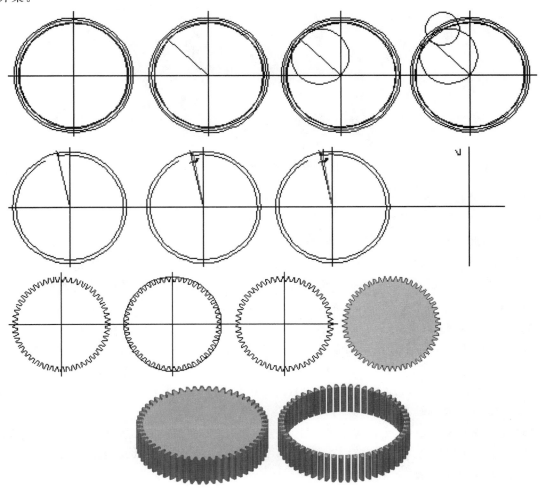

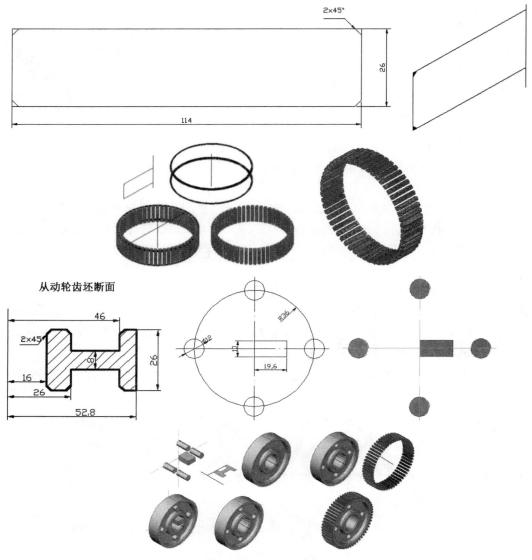

图 10-43 **大齿轮的绘制**

②小齿轮及小齿轮轴(整体式)的绘制(图 10-44):

a. 画齿形。

b. 拉伸 26,捕捉上表面圆心画 Ø25、高 26 的圆柱,差集。

c. 画齿形倒角平面图,面域右边上下两个等腰直角三角形,画出 34 上下边的中点连线为旋转轴;旋转两个等腰直角三角形成实体,并集实体,捕捉三角形实体上表面圆心,移至齿形实体上表面圆心,差集,形成两端有倒角的齿形。

d. 绘制主动轴、键槽及螺纹:

复制主动轴平面图,修剪,取转轴以上一半图形,连接转轴左右端点以及外轮廓形成封闭图形,面域,旋转成实体,以主动轴右端面圆心为原点,建立新的坐标系,从原点往 X 负向 19,Y 正向 11.8 画键槽的定位辅助线,把早已绘制完毕并复制备份的键,捕捉键的上端面右端圆弧圆心移至所画键槽的定位辅助线端点,差集,轴减去键,形成带键槽的轴。

三角形牙普通外螺纹的绘制:先按螺旋线的尺寸(公称直径 12,螺距 2,螺纹总长 11)绘制螺旋线,再绘制内接圆半径 r0.65 的正三角形,修剪掉 1/3 高,面域,移至螺旋线处,扫掠成实体,把螺纹实体移至距离主动轴右端面 1 处(右端倒角 1),差集,轴减去螺纹。

转变轴测图,从另一个角度看效果。

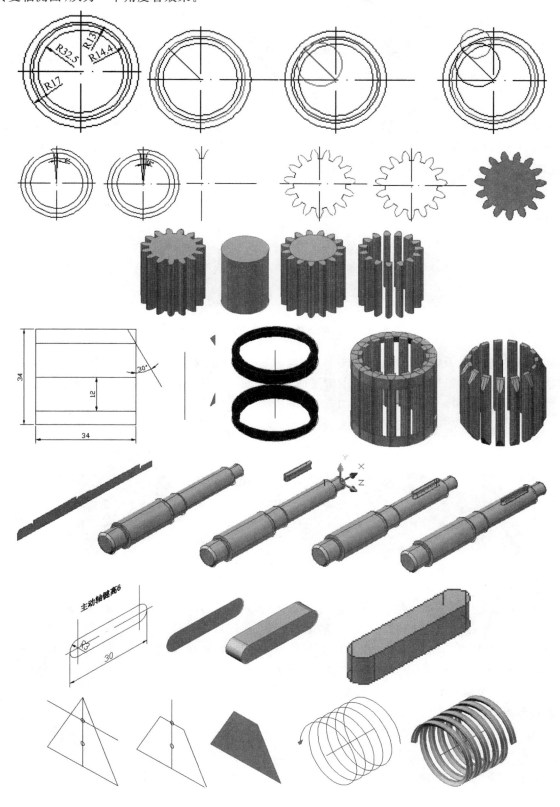

图 10-44　小齿轮及小齿轮轴的绘制

　　③主动轴、主动齿轮（即小齿轮轴、整体式）及键的装配：根据键槽在轴上的位置：复制主动轴的键，并以键的下端面右边圆心为基点，移至主动轴键槽底面右边圆心处，再画好定位辅助线，把轴、轮、键三个零件组装起来，如图 10-45 所示。

图 10-45　主动轴、主动齿轮及键的装配

　　④从动轴、从动齿轮及键的装配也同样操作：把绘制好的两个键移至从动轴旁，捕捉 R5 的键下面左端圆点移至轴左边键槽的左端圆点处，捕捉 R3 的键下面右端圆点移至轴右边键槽右端圆点处，再把齿轮移至从动轴处（定位尺寸 56－26＝30），三者并集，如图 10-46 所示。

图 10-46　从动轴、从动齿轮及键的装配

　　⑤主动齿轮轴组件与从动齿轮轴组件组装：先绘制两轴中心距 70 的辅助线，捕捉小齿轮轴圆心，把小齿轮轴组件移至辅助线端点，保证两平行轴距离 70；再各自从大小齿轮左端面圆心画辅助直线至右端面圆心处，把两轴中心距 70 的辅助线移至两条圆心连线中点处；再次捕捉小齿轮轴组件两圆心连心这条辅助线的中心移至两轴中心距 70 的辅助线的端点，如图 10-47 所示。

2. 减速器附件绘制

（1）油标尺。

　　为了检查减速箱中的油面高度，应当在箱体便于观察的部位设置游标，油标尺上有最高和最低油标线，观察时拔出油标尺，观看油痕来判断油面高度是否合适。

图 10-47　齿轮组件组装

　　先绘制主视平面图，取转轴及转轴以上一半线条组成封闭图形，面域，旋转成实体。绘制螺纹线，公称直径 10，螺距 1.5，螺纹长度 10，再绘制三角形螺纹牙，面域，扫掠成螺纹实体，移至油标尺 Ø10 处，差集出螺纹，如图 10-48 所示。

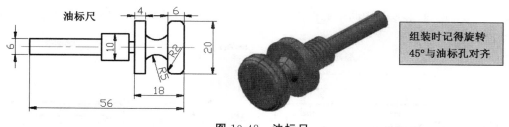

图 10-48 油标尺

（2）油塞头。

在箱座底部有排油孔，以便换油和清洗箱体时排出油污，平时用油塞封住，油塞直径一般为箱座壁厚的 2 ～3 倍，并有细牙螺纹以保证密封。

①画油塞头正六边形，内接于圆＜I＞5.75，面域；复制面域，一个拉伸 1，一个拉伸 5，得到两个正六棱柱；以正六边形内接圆半径为边长，高 1，斜边角度 150°画截面，面域，旋转成圆台实体，并移至高 1 的正六棱柱体，上表面中心对齐，交集得到倒角的实体；再把倒角实体下表面中心与高 5 的正六棱柱体的上表面中心对齐，并集，得到倒角的油塞头。

②画油塞头前端螺纹：60°三角牙外螺纹公称直径是牙顶 D，小径（牙底）$D_1 = D - 1.0825P = 10 - 1.0825 \times 1.5 = 8.37625$，这里取 8.4，则大径小径差的一半（$1.0825P = 1.0825 \times 1.5 = 1.62375$）为小三角形的高的三分之二，为 1.62375，那么牙形正三角形边为 $1.62375 \times 2 \div \sqrt{3} = 1.875$，把切了三分之一高的小三角形移至螺旋线（用建模中的螺旋线工具画一条底径 10、顶径 10、圈高 1.5、总高 6.5 的螺旋线）的起点处，扫掠；再移到圆柱体上被减去，形成螺纹。三个组装，并集，如图 10-49 所示。

图 10-49 油塞头

3. 减速箱上各零配件

（1）端盖。

轴承端盖主要用于固定轴承、承受轴向力和调整轴承间隙。端盖有闷盖（没有通孔）和透盖（有通孔，供油穿出），它的主要作用不是支撑，而是轴承外圈的轴向定位，防尘，和密封件配合达到密封作用。每根轴一头有一个闷盖，另一头有一个透盖。

绘制两个透盖的平面图,保存,另外打开一个新的 CAD 文件,复制透盖平面图,取转轴一边对称图形的一半,删除尺寸标注和剖面线,以及中间空腔的连线,面域,旋转(旋转轴选图形的对称轴)成实体;闷盖同理绘制,如图 10-50 所示。

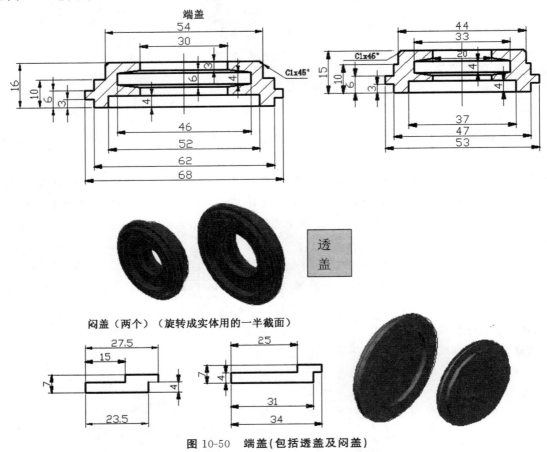

图 10-50　端盖(包括透盖及闷盖)

(2)调整垫片组。

调整垫片也叫调整环,由不同厚度的垫片组成,使用时,可根据需要调整组成不同的厚度。

调整垫片组作用是调整轴承间隙及支承的轴向位置。垫片组由不同厚度的垫片组成,使用时根据需要调整使用不同厚度的垫片。绘制垫片一半截面,以中心轴线为转轴,旋转成实体,如图 10-51 所示。

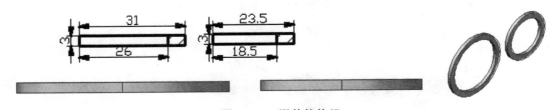

图 10-51　调整垫片组

(3)支撑环。

轴承与齿轮之间有支撑环,用于将齿轮固定在轴上。绘制支撑环一半截面,以中心轴线为转轴,旋转成实体,如图 10-52 所示。

(4)挡油环。

对于轴承室内侧的密封,按作用可分为封油环和挡油环两种。封油环用于脂润滑,本例中采用油润滑轴承的挡油环,如图 10-53 所示。

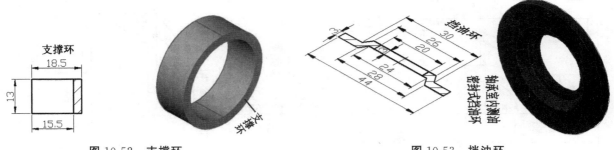

图 10-52　支撑环　　　　　　　　　　　图 10-53　挡油环

4. 轴承及其他组件的绘制

（1）轴承：主要功用是支撑回转体，降低运动过程中的摩擦，并保证回转精度的零部件。滚动轴承一般由外圈、内圈、滚动体和保持架四部分组成。

①绘制深沟球轴承 6206 平面图；两根轴的轴承分别为 6206 和 6204。

②面域旋转成内、外圈及安放滚珠的内凹面。

③在 6206 保持架中心画滚珠球体，半径 5.3，绕红线（中心轴线）环形阵列 12 个；并集，并捕捉轴线端点移至轴承轴线相同端点处。另一个 6204 同理绘制，如图 10-54 所示。

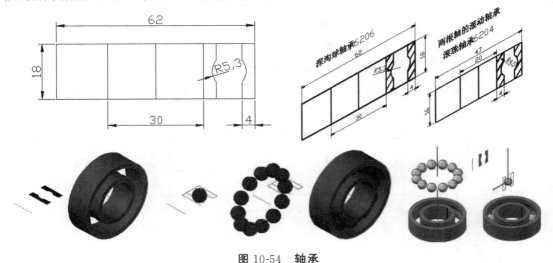

图 10-54　轴承

（2）轴伸出处毡圈式密封（镶嵌在透盖中）：绘制平面图形，取转轴右边一半截面，面域，旋转成实体，如图 10-55 所示。

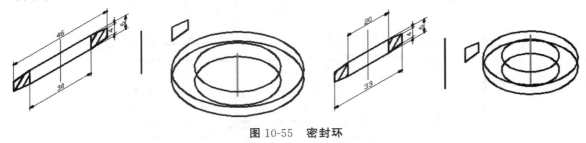

图 10-55　密封环

5. 减速箱体绘制

减速箱又称减速器，是与原动机连接的、可根据工作需要减速、传递大扭矩的一种动力传递设备。减速箱按箱体内的传动机构不同，可分为齿轮减速箱、蜗轮蜗杆减速箱和行星轮减速箱；按传动级数不同，可分单级、二级、多级。本例是直齿圆柱齿轮一级减速箱，如图 10-56 所示。

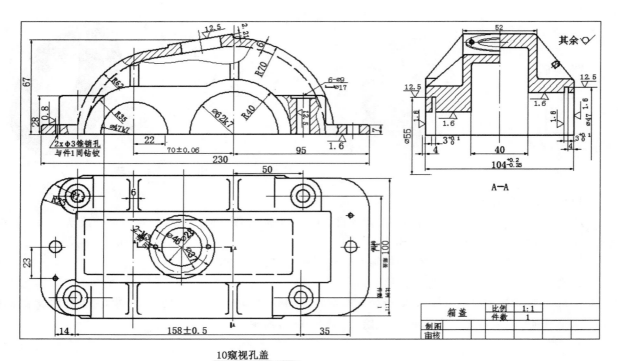

箱盖	比例	1:1
	件数	1
制图		
审核		

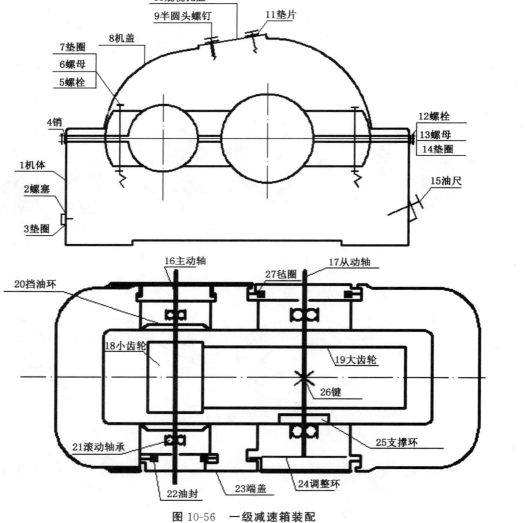

图 10-56　一级减速箱装配

（1）绘制箱盖。

为了便于箱体内零件的装拆，箱体采用剖分式的，现绘制一灰铸铁 HT200 直壁式箱盖。

步骤：

①绘制 R62 与 R70 圆的公切线。

②复制上面平面图形，整理，面域，拉伸 40。

③取外圈弧线，封闭图形，面域，拉伸 6，复制一个实体移至下表面。

④外圈与上面的实体对齐，保证总高 52。

⑤绘制凸台平面图。

⑥如同上面的操作，绘制实体：首先，面域外圈，拉伸 6；接着，复制，移动，对齐，差集；再面域凸台，拉伸 32；最后复制，与上一步实体对齐，并集。

⑦绘制箱盖与箱座连接的底面平面图形。

⑧平面与圆分别面域，拉伸 7，差集。

⑨复制凸台，根据二视图，箱盖轴孔 R70 与底座右端面定位尺寸 95，而上一步外壁右端与右边小圆孔距离 11.5，可以此画好辅助线把凸台与外壁对齐，差集（外壁减去凸缘）。再用分割实体工具，分割，得带缺口的外壁，并与凸台对齐，并集；从另一侧查看实体。

⑩绘制凸台，面域，拉伸 28，镜像四个（158×74）；与上面箱盖实体对齐，对齐尺寸 14 是凸台到 Ø8.6 的小孔的定位尺寸，并集。

⑪绘制四个凸台的沉头孔，并集；复制一份装配时放箱盖旁边作为沉头螺栓零件用；另一份移至凸台处，差集（箱盖减去螺栓形成安放螺栓的沉头孔）。

⑫为了便于查看箱体内传动件的啮合、润滑以及加注润滑油等，在箱盖顶处开有窥视孔，平时用盖板盖上，并用半圆头螺钉加垫片密封，为了减小加工面，窥视孔有凸台；复制上面的 Ø28 长 13 的圆柱螺栓，移至箱盖处，差集出孔：

a. 先捕捉两弧间的线段端点和中点，建立新的 UCS。

b. 复制中心轴至 Ø28、长 13 的圆柱螺栓处，三维旋转圆柱（从圆柱原来的红色中心轴旋转至黑色的新轴线）。

c. 把 Ø28、长 13 的圆柱螺栓移至箱盖处，差集出孔；凸台也重复这些步骤，旋转，移动，但是与箱盖并集；垫片、孔盖与螺栓也旋转，移动到箱盖上方。

⑬为了加强箱体刚度，在轴承盖上设四个加强筋，加强筋厚度常设为壁厚的 0.85 倍。

a. 先绘制加强筋的平面图，面域，拉伸 6。

b. 画好定位尺寸，镜像，并集，并移至箱盖处并集，完成箱盖的绘制，如图 10-57 所示。

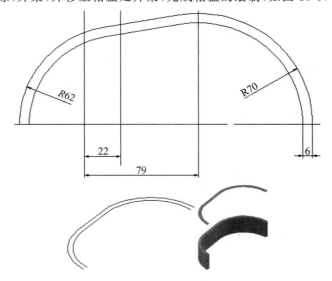

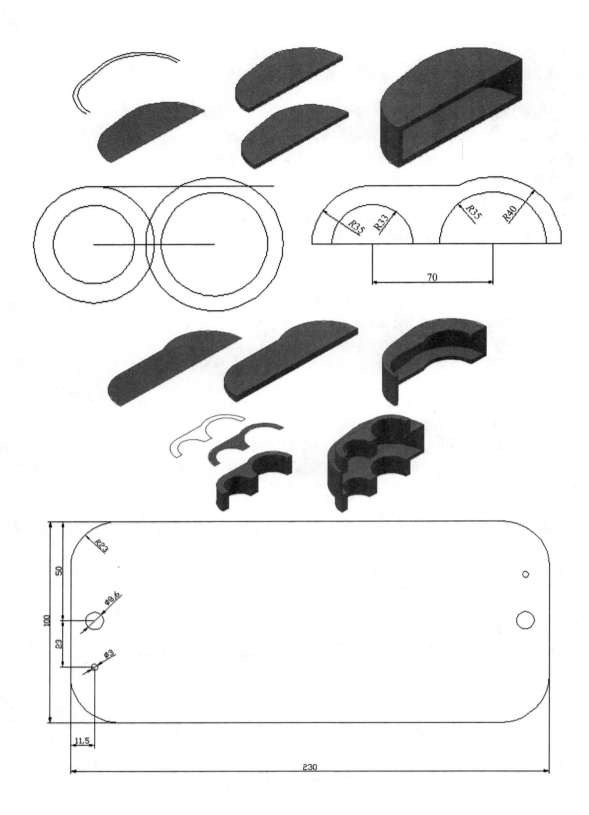

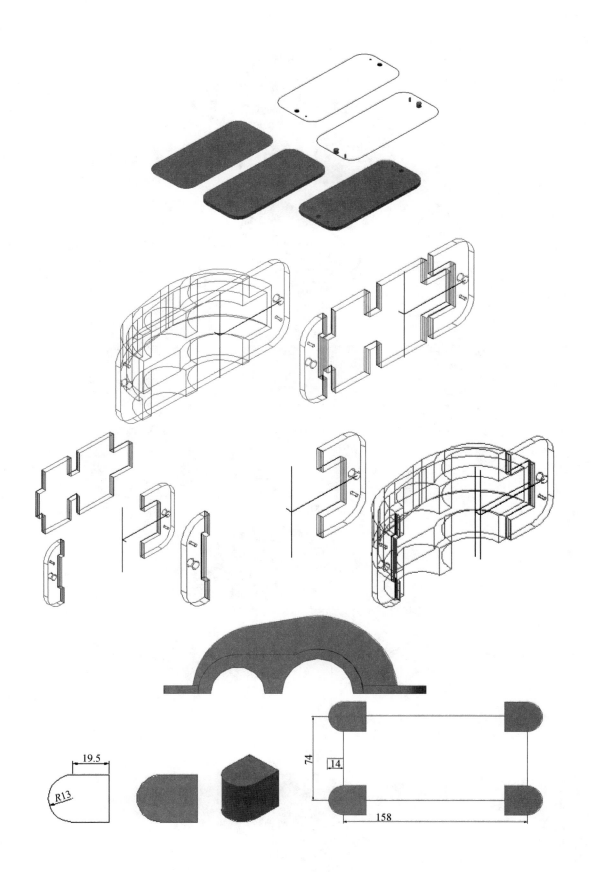

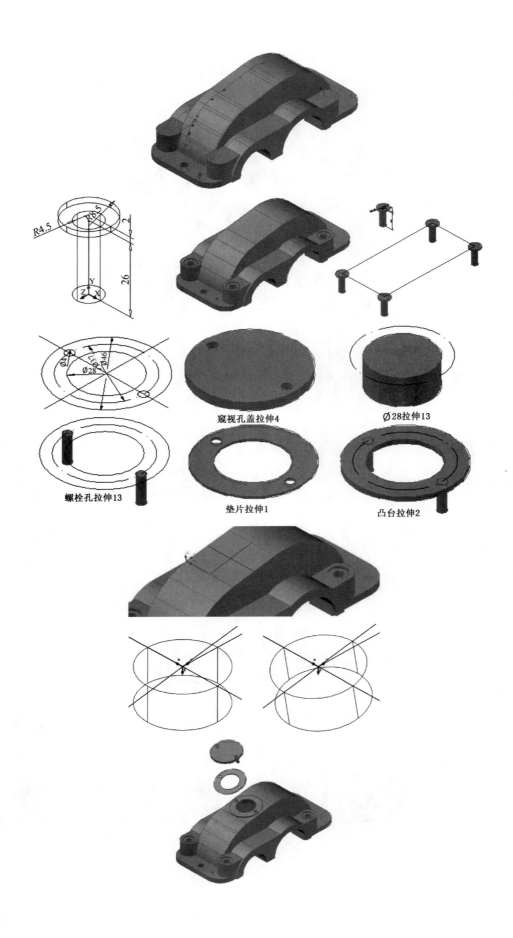

窥视孔盖拉伸4

∅28拉伸13

螺栓孔拉伸13

垫片拉伸1

凸台拉伸2

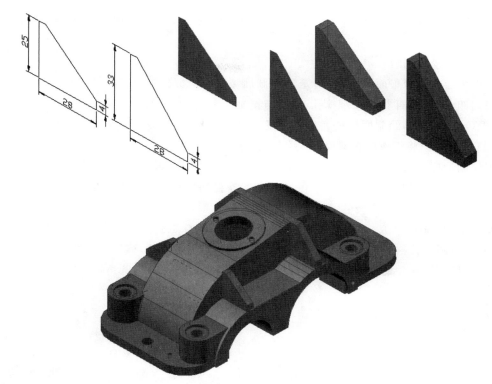

图 10-57　**箱盖的绘制过程**

（2）绘制箱座。

箱座与箱盖一起支持和固定减速箱中的各个零件，并保证传动件的啮合精度，使箱体内零件有良好的润滑和密封。

①绘制箱座底部尺寸，面域，拉伸 9。

②绘制底座四角与地面接触的凸台，先画平面图，拉伸 3，移至底座地面左前角圆心处，再镜像出另外三个，全部并集。

③画四角地脚螺栓孔，移至底板，差集。

④绘制箱座外壁平面图，将外框向内偏移 6，面域，拉伸两个矩形，拉伸高度 61；将外面的长方体减去里面的，中点对中点，移至底座上表面，并集。

⑤绘制箱座与箱盖连接处的凸缘：

a. 先绘制 231×100，倒角 R23 的平面，面域，拉伸 7。

b. 用圆柱工具画 Ø9、高 30 的四个螺栓，复制移至连接板处（定位尺寸与箱盖处对齐），差集。

c. 画连接板中间的方槽（168×40，定位 33），差集。

e. 连接板与箱座外壁在与箱盖连接处对齐，并集底座与连接板，并对上面内边缘四条边圆角 R6。

⑥画 R23.5、R31 的两圆柱，长度 110，R31 圆柱圆心距离连接板上面右边 95.5，两圆柱圆心距 70，并集；移至连接板处，差集，箱座减去圆柱，得到安放主动轴和从动轴的圆弧槽。

⑦Ø3 锥销孔及 Ø8.6 的螺栓孔与箱盖处对齐，差集。

⑧切换到前视图，复制面，捕捉圆心和边，绘制凸台平面图，下面的矩形和上面的同心弧各自面域，加强筋部分拉伸 30，其他部分拉伸 32。

⑨镜像前后凸台，复制高度差形成的面，拉伸，补齐缺口，与箱座并集。

⑩为了换油及清洗，在箱座底部设有排油孔，用油塞及油垫密封，排油孔处箱壁有凸台。

在左视图中绘制 R8.5、高 2 的圆柱体，移至底座左侧面定位处，并集；再绘制 R7、高 1 的圆柱，移至凸台处，差集，内凹；绘制螺塞孔三角螺纹，外径 Ø10，螺距（即圈高 1.5），总高 20（即螺纹长度），三角形内接圆半径

R0.4,扫掠成螺纹,另画一直径 Ø10、高 20 的圆柱,与螺纹圆心对齐,差集;再移至凸台侧面凹面圆心处,差集出螺纹孔,并倒圆角 R1。

⑪在轴承座两边绘制凸台:

先在俯视图中绘制凸台平面图,分别对矩形和圆面域,拉伸高度均为 27,但圆拉伸角度 2.8624,形成圆台;并集;镜像出四个,移至四个 Ø11 螺栓孔下方,与箱座并集。

捕捉 Ø62、Ø47 的圆心,绘制两个长度超过箱座宽的圆柱,将箱座减去两个圆柱,以便减去多余的凸台;再复制四个 Ø11 的螺栓,将箱座减去螺栓,得到通至凸台的螺栓孔。

⑫在侧面绘制油标孔凸台平面图,面域,旋转成实体,三维旋转−45。

⑬画好定位线,从底座左下边中点往右 11,往上 20,捕捉油标下圆心移至该辅助线端点;切换到俯视图,捕捉内壁端点为剖切点,把油标多余的部分剖切,删除。

⑭建立新的 UCS,画一个 R3、长 18 的圆柱,移至箱座,与油标 R3 圆心对齐,用箱座减去圆柱,差集出箱座在油标处的孔;再画出公称直径 10、螺距 1.5、螺纹长度 10 的三角螺纹,移至油标孔 Ø10 的上表面圆心处,差集出内螺纹;油标与箱座并集;在需要倒圆角的地方均倒 R2、R1、R0.5 的圆角,完成箱体的绘制,如图 10-58 所示。

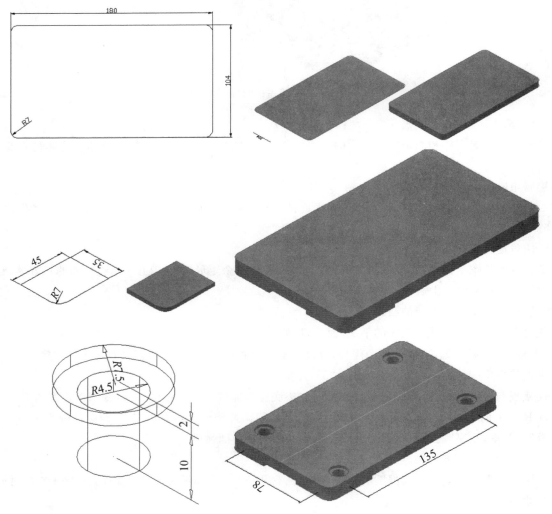

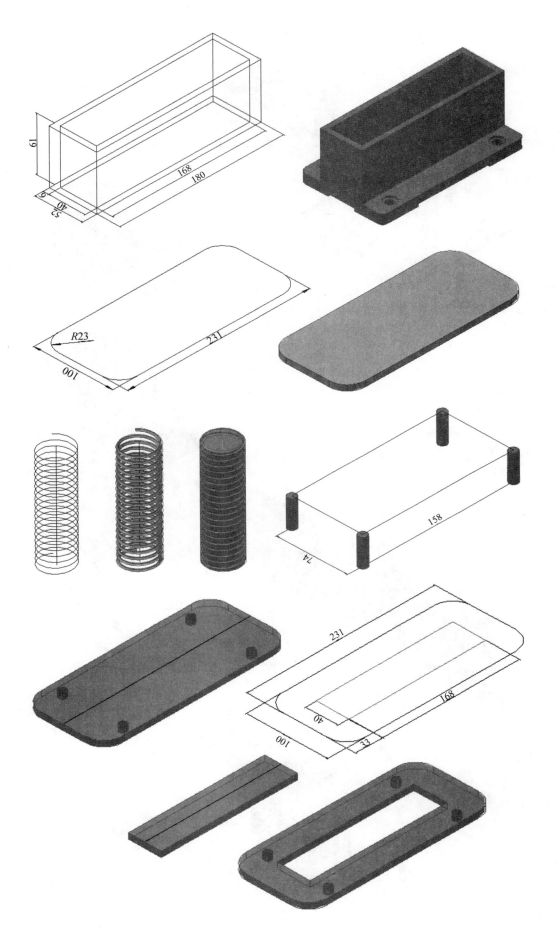

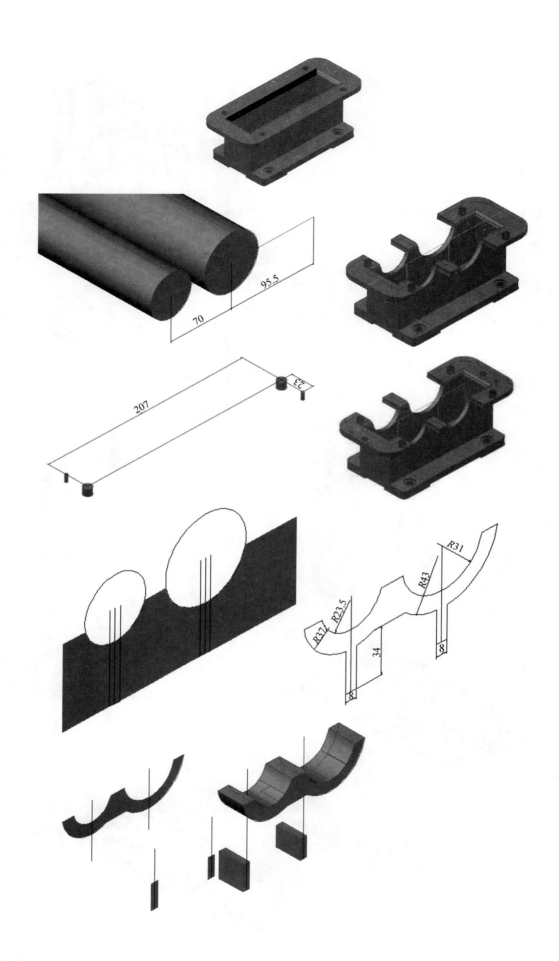

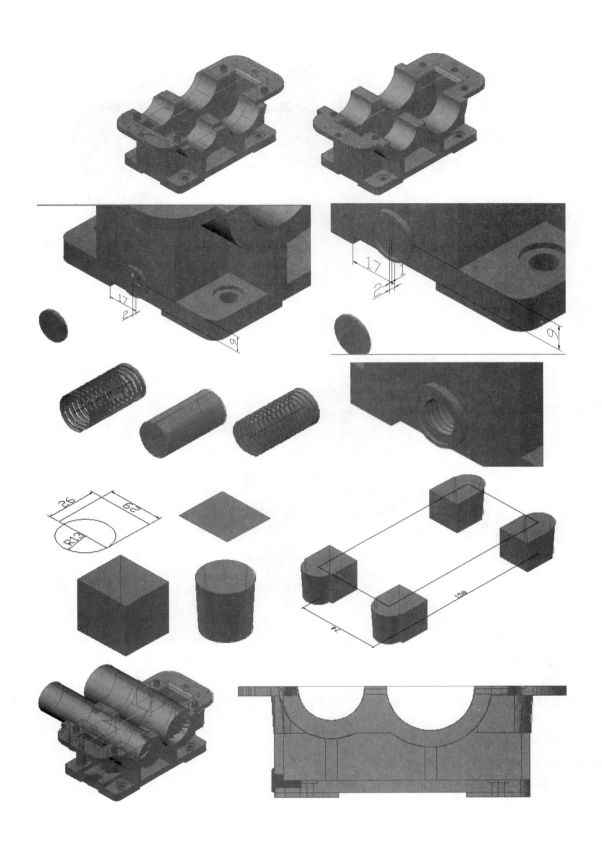

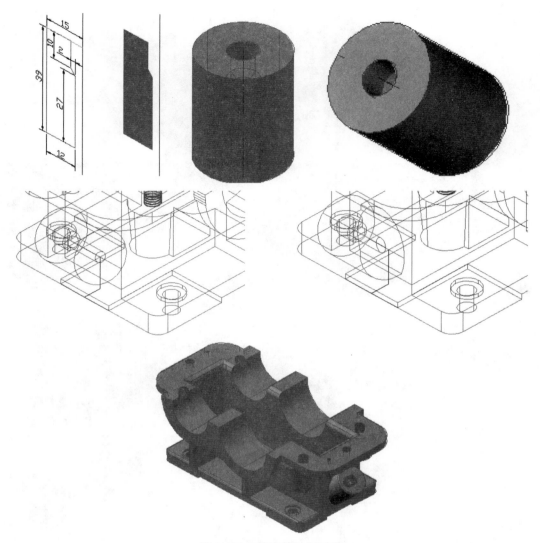

图 10-58　箱座的绘制过程

（3）装配。

①先捕捉箱盖的窥视孔上下面圆心画辅助线,把垫片、窥视孔盖及锁紧螺栓移至辅助线上端点,高度间隔30;再把凸台上的四个螺栓移至凸台螺栓孔上方合适位置,以及箱盖连接板上的螺栓和定位销也移至相应位置。

②把前面组装完毕的啮合齿轮对组件移至箱座内腔上方合适位置,切换视图方向,把油标尺旋转45°与油塞孔对齐。

③把主动轴的附件孔盖、透盖、闷盖、垫圈、轴承、挡油圈、支撑环、毡圈分组置于箱体前后两侧;从动轴的附件也依次如此操作,完成装配前的定位。

最后减速器装配前的定位图如图 10-59 所示。

图 10-59　减速箱装配

第11章　CAD 上机及练习素材

11.1　常见机械零件 CAD 的绘制

一、生产用标题栏

生产用标题栏如图 11-1 所示。

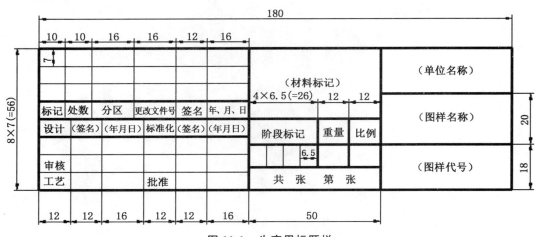

图 11-1　生产用标题栏

二、学生用标题栏

学生用标题栏及其在图纸的位置如图 11-2 所示。

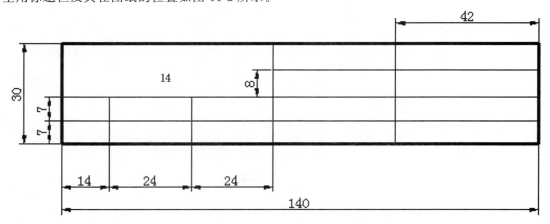

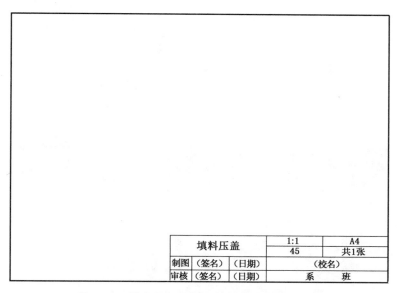

填料压盖	1:1	A4
	45	共1张
制图	(签名)	(日期)	(校名)
审核	(签名)	(日期)	系　　班

图 11-2　学生用标题栏及标题栏在图纸的位置

三、六角头螺栓实体编辑

以绘制 M10×1.5 的螺纹为例,公称长度 $l<125$(本例中取 30),具体尺寸如下:

六角头螺栓 $d=10$,$d_1=0.85d=8.5$,$c=0.1d=1$,$b=2d=26$,$R=1.5d=15$,$k=0.7d=7$,$e=2d=20$,$R_1=d=10$。

(1)根据标准图册图样,绘制水平中心线,长 55,竖直中心线约 25。

(2)以正六边形内接圆半径 8.66 为上边、2 为厚度、斜边与上边夹角 150°的梯形,并面域,旋转成实体。

(3)复制正六边形,面域,拉伸 5;再复制一个正六边形,面域,拉伸高度 2,并与上一步实体求交集,得到倒角的螺母;再与拉伸 5 的正六棱柱并集;形成有倒角的螺栓头,总高 7。

(4)复制柱身(直径 10),修改成小径直径 8.5,面域,旋转成实体。

(5)画螺纹:60°三角形螺纹牙高(10-8.5)/2=0.75;螺旋线底径顶径 8.5,圈高 1.5,总高 26,把倒了角的三角形螺纹牙面域后移至螺旋线一端,扫掠成螺纹实体;与直径 8.5 的柱身实体并集;另画一段光柱,公称直径为 Ø10,长度 30-26=4,与螺纹段实体并集。

(6)再与螺栓头并集,主视图中看一下效果。

(7)轴测图中看一下效果;注意靠近六角螺栓头部处长度 4 的圆柱段是没有螺纹的;对尾部进行倒角 C1,如图 11-3 所示。

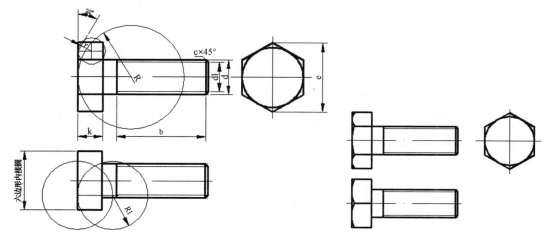

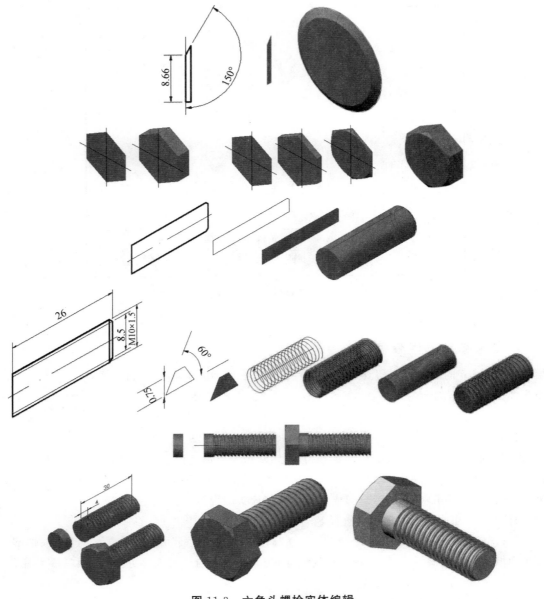

图 11-3　六角头螺栓实体编辑

四、渐开线齿形的直齿圆柱齿轮实体编辑

标准直齿圆柱齿轮渐开线齿廓的绘制：

例如，绘制模数 $m=4$，齿宽 24，轴孔 $\varnothing24$，键槽宽 8，齿数 30 的标准直齿圆柱齿轮，齿轮上有 4 个 $\varnothing15$ 的通孔，其他尺寸看图示。其参数计算见表 11-1。

表 11-1　直齿圆柱齿轮参数计算

基本参数：模数 m，齿数 z				
序　号	名　　称	符　号	计算公式	计算结果
1	齿距	P	$P=\pi m$	
2	齿顶高	h_a	$h_a=m$	

基本参数:模数 m,齿数 z

序　号	名　称	符　号	计算公式	计算结果
3	齿根高	h_f	$h_f=1.25m$	
4	齿高	h	$h=h_a+h_f=2.25m$	
5	分度圆直径	d	$d=mz$	$\varnothing120$
6	齿顶圆直径	d_a	$d_a=m(z+2)$	$\varnothing128$
7	齿根圆直径	d_f	$d_f=m(z-2.5)$	$\varnothing110$
8	中心距	a	$a=m(z_1+z_2)/2$	
9	基圆	d_b	$d_b=mz\cos a$	$\varnothing112.8$

标准齿:齿顶高系数 $h_a^*=1.25$,顶隙系数 $c^*=1$,分度圆处齿厚和齿槽宽相等,即 $s=e=p/2$,压力角 $a=20°$,即 $\cos20°=0.94$。

步骤:

(1)画中心轴线,依次画出齿顶圆、分度圆、齿根圆、基圆。

(2)过圆心 O 画任意射线,与分度圆交于 A 点,捕捉 OA 中点为圆心画圆,交基圆于 B。

(3)以 B 为圆心,BA 为半径作圆,交齿顶圆于 C,交齿根圆于 D,交分度圆于 E,CDE 弧即为齿廓一段。

(4)连接 OE,并以 O 为基点把 OE 逆时针旋转 $360/4z=360/(4\times30)=3°$,形成齿槽的对称轴线。

(5)齿根圆弧修剪成齿槽的一半,并以 OE 的旋转后的直线为镜像轴,把上一步所作的齿轮齿槽的一半镜像。

(6)阵列 30 个,并画齿顶圆,修剪,得到齿形。

(7)面域,拉伸高度为齿宽 24,成齿坯。

(8)画上下各一个直径 104、高 4 的圆柱,并集后移至齿轮处,差集出圆坑;再画出直径 40、高 28 的圆柱,即为轮毂,复制一份,移至齿轮定位处,差集出装轮毂的孔。

(9)另一份中间画出装轴的 $\varnothing24$ 孔和键槽的截面,再面域拉伸成实体,差集出键槽。键槽及键槽尺寸按国家标准查表得轴孔直径 $\varnothing24$ 时:键 $b\times h=8\times7$,键长度 28,$t_2=3.3$,$d+t_2=27.3$。

(10)画直径分别为 20、15、20,高 2、12、2 的小圆柱,并集后环形阵列四个,再并集,移至齿轮定位处,差集出沉头孔,如图 11-4 所示。

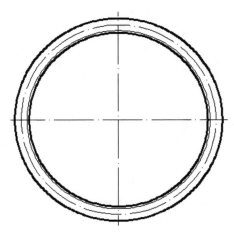

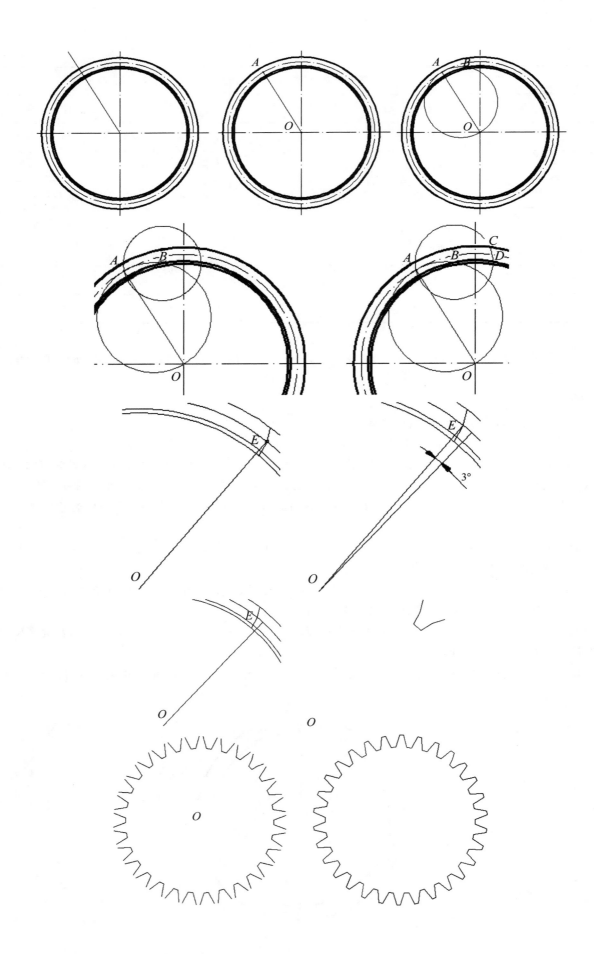

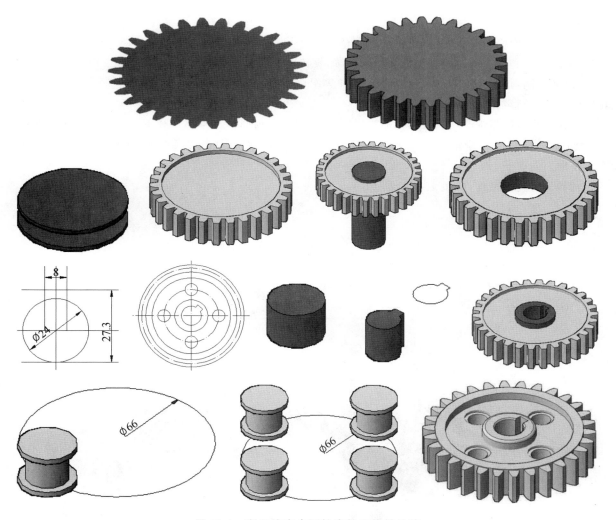

图 11-4　渐开线直齿圆柱齿轮实体的绘制

五、滚珠轴承的绘制

（1）绘制深沟球轴承 6206 平面图。

（2）面域旋转。

（3）在保持架中心画滚珠球体，半径 5.3，绕中心轴线环形阵列 12 个；并集，并捕捉轴线端点移至轴承轴线相同端点处，如图 11-5 所示。

图 11-5　滚珠轴承的绘制

六、轴承套

轴承套是安装保护转轴的。

步骤：

(1)在主视图中绘制对称回转轴以上一半图形。

(2)去除凸台和两个圆，整理成封闭图形，面域，旋转出实体。

(3)面域小圆，拉伸30(大于等于20均可)，并集两个小圆柱，复制定位尺寸14，移至圆柱的长度中间，与旋转实体差集，得带圆通孔的轴承套。

(4)切换到左视图，画凸台所在圆柱的投影圆 Ø26 和凸台顶面所在圆柱半径 R(13＋2)＝R15，即圆直径 Ø30，及凸台侧面是15°的扇形图(竖直轴各向前后旋转 7.5°)，修剪、面域，切换到主视图，对好定位线，与上一步实体并集。

(5)剖切，看内部结构，如图 11-6 所示。

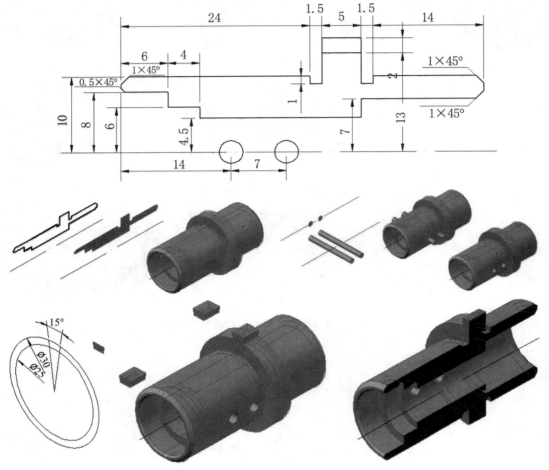

图 11-6　轴承套的绘制

七、由装配示意图及零件图绘制机用虎钳实体

1. 已知条件

机用虎钳装配示意图如图 11-7 所示。

(1)工作情况说明：

机用虎钳是用来夹持工件进行加工用的部件，它主要由固定钳身、活动钳身、钳口板、丝杠及螺母等组成的，丝杠固定在固定钳身上，转动丝杠可带螺母作直线移动，螺母与活动钳身用螺钉连成整体。因此，当丝杠转动时，活动钳身就会沿固定钳身移动，钳口就可以闭合或开放，以夹紧或松开工件。该部件共有 11 种 15 件，其中标准件 4 种 7 件，非标准件 7 种 8 件。本例中机用虎钳采用平口虎钳。螺杆 06 与圆环 05 之间通过圆锥销连接,螺杆 06 只能在固定钳体 01 上打转。活动钳身 03 的底面与固定钳体 01 的顶面相接触,方块螺母 07 的上部装在活动钳身 03 的孔中,它们之间通过螺钉 04 固定在一起,而方块螺母 07 的下部与螺杆 06 之间通过螺纹连接起来。当转动螺杆 06 时,通过螺纹连接带动方块螺母 07 左右移动,从而带动活动钳身 03 左右移动,达到闭合或开放,以夹紧或松开工件。钳座(固定钳体 01)和活动钳身 03 上都装有钳口护口板 02,它们之间通过螺钉连接起来。为了便于夹紧工件,钳口护口板 02 上加工有交叉的 60°的小 V 形槽。

(2)机用平口钳的拆卸顺序:

用弹簧卡钳夹螺钉 04 顶面的两个小工艺孔,旋出螺钉 04 后,活动钳身 03 即可取下。拔出左端圆锥销,卸下圆环 05、垫圈,然后旋转螺杆 06,待方块螺母 07 松开后,从固定钳体 01 的右端抽出螺杆 06,再从固定钳体 01 的下面取出方块螺母 07,旋出螺钉,即可取下钳口护口板 02。

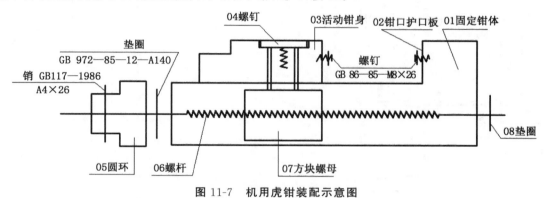

图 11-7　机用虎钳装配示意图

(3)各零件图如图 11-8 至图 11-13 所示。

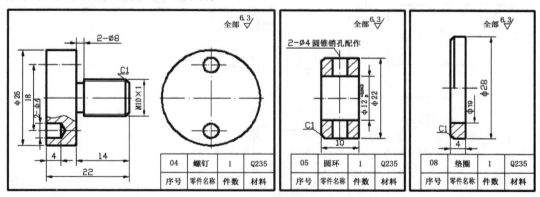

图 11-8　螺钉、圆环、垫圈零件图

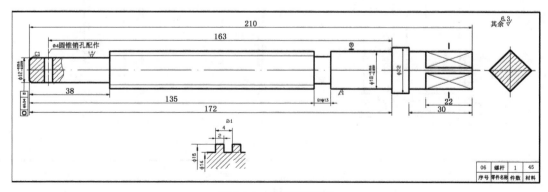

图 11-9　螺杆零件图

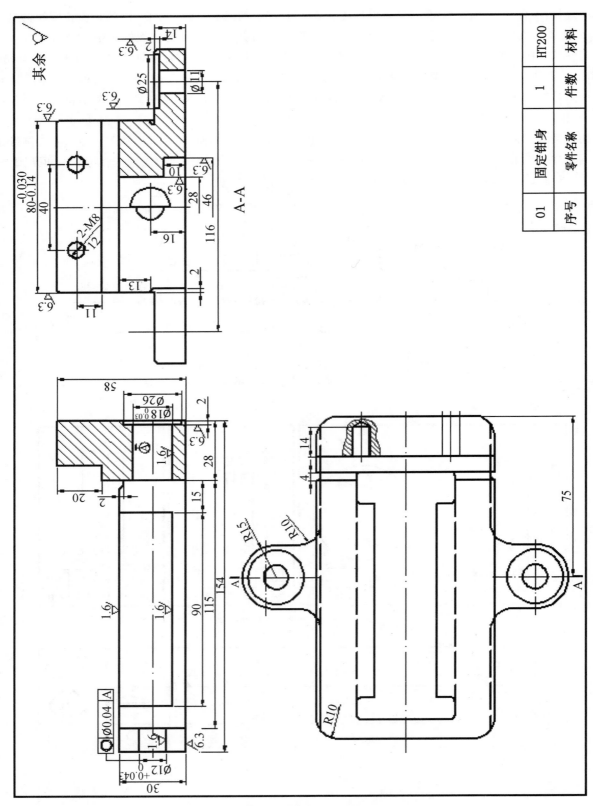

图 11-10 固定钳身零件图

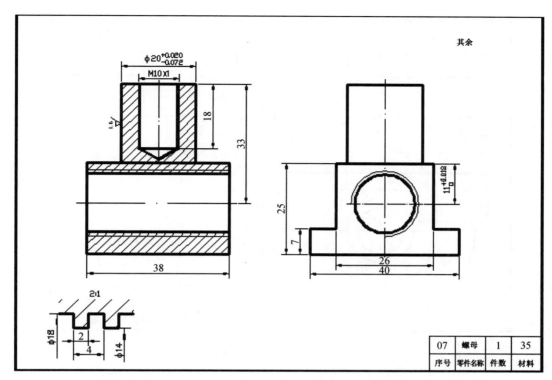

图 11-11　螺母零件图

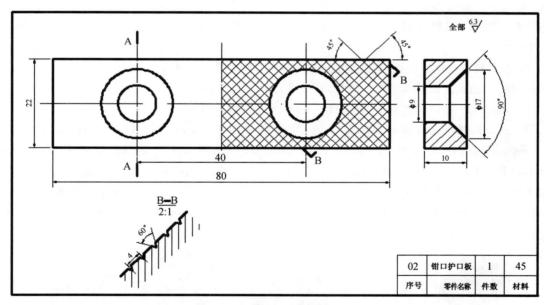

图 11-12　钳口护口板零件图

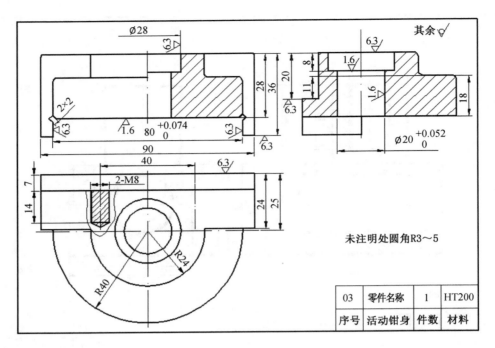

图 11-13　活动钳身零件图

2. 绘制各零件的实体

(1) 04 螺钉实体编辑部分

① 用建模→圆柱工具绘制 $\varnothing26\times8(22-14=8)$ 的圆柱,并从圆柱左端面圆心向下画出 2—$\varnothing4$ 小螺钉的定位尺寸线 $18/2=9$。

② 画 $\varnothing4$ 小螺钉的一半主视图,面域,用建模→旋转工具旋转出小螺钉实体。

③ 取过圆柱中轴线所在的水平面为镜像面,三维镜像出另一个小螺钉实体。

④ 向外复制一个小螺钉实体备用;差集:圆柱—两个小螺钉实体。

⑤ 从圆柱左端面圆心往右画 8,再向上画 2—$\varnothing8$ 的半径 4,向右 2 画出 2—$\varnothing8$ 的长,向上画 1(M10×1 与 $\varnothing8$ 半径差),向右 11(14—2—1=11),再画出 M10×1 的 C1 倒角斜线,向下捕捉中轴的垂足画垂线,过垂足向左闭合形成右端圆柱一半截面;面域,旋转成实体;并集,切换到东南等轴测看一下效果。

⑥ 用建模→螺旋线工具画底径和顶径均为 10、圈高 1、总高 12 的螺旋线,再画出倒角的小三角形作为牙形截面,面域;建模→扫掠工具扫掠出螺纹实体;捕捉螺纹实体圆心连线右端点移动螺纹实体至 04 螺钉右端面圆心处,差集:圆柱—螺纹实体,完成 04 螺钉实体编辑,如图 11-14 所示。

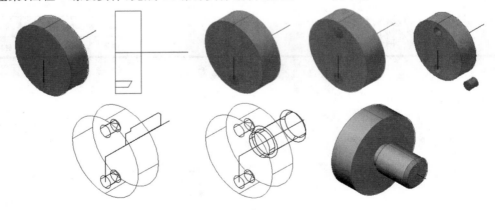

图 11-14　04 螺钉实体编辑

(2)05 圆环实体编辑部分：

①复制 05 圆环的零件图；删除一半视图，整理成封闭图形，面域；以水平轴线为旋转轴，旋转成实体。

②切换到俯视西南轴测图，画一条长度 22 作为 2—Ø4 圆锥销的高，捕捉上端点为圆心，画 Ø4 的圆，捕捉下端点为圆心，画 Ø3.56 的圆，放样(仅截面、直纹)出 Ø4 圆锥销。

③复制圆锥销，移至 05 圆环实体竖直轴定位处，差集，完成 05 圆环实体编辑，如图 11-15 所示。

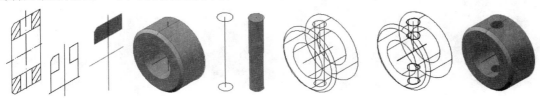

图 11-15　05 圆环实体编辑

注：实用的机用虎钳 05 圆环实际是螺母，在内孔和 06 螺杆最左端均要加工连接用的三角螺纹，本例省略。

(3)08 垫圈实体编辑部分：

复制 08 垫圈视图，粘贴到新建文件的主视图中；整理成封闭图形，面域；旋转成 08 垫圈实体，如图 11-16 所示。

(4)07 螺母实体编辑部分：

①复制 07 螺母视图，粘贴到新建文件的主视图中；整理成封闭图形，面域；拉伸 26，成 07 螺母外形为长方体的实体。

②复制螺母与螺杆配合的孔 Ø18 的投影线(大径的半径值)，整理成封闭图形，面域。

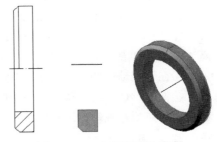

图 11-16　08 垫圈实体编辑

③旋转成 07 配合孔圆柱实体。

④切换到左视轴测图，画底径与顶径均为 Ø18、圈高 4、总高 42 的螺旋线；连接两圆心为辅助线。

⑤在主视图中画 2×2 的小矩形，面域，移至螺旋线处。

⑥扫掠成矩形螺纹实体；移至螺母外形为长方体的实体处，差集；复制一份，剖开看一下主视图的效果。

⑦面域并旋转成螺母外形为长方体的实体的上面 Ø20 圆柱体部分。

⑧面域并旋转成螺母外形为长方体的实体的上面 M10×1 圆柱体部分。

⑨按上面方法画出 M10×1 三角牙螺纹实体。

⑩把 M10×1 三角牙螺纹实体与 M10×1 圆柱体部分并集。

⑪剖切端面突出的小部分螺纹。

⑫复制一份上一步的实体，移至 Ø20 圆柱体处，差集出螺纹孔；复制一份，剖开看效果。

⑬与下面具有矩形螺纹孔的方形外形的实体并集；复制一份，剖开看效果。

⑭绘制 38×40×7 的底座，与上一步实体并集，完成 07 螺母实体编辑部分，如图 11-17 所示。

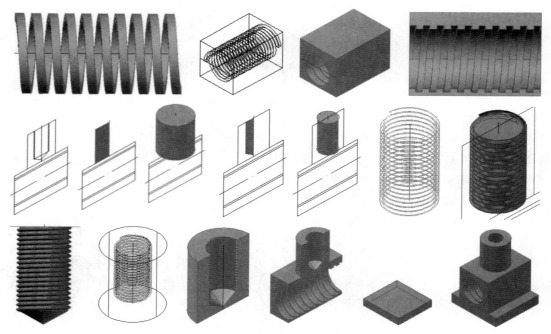

图 11-17 07 螺母实体编辑

(5)06 螺杆实体编辑部分：

①复制 06 螺杆视图，粘贴到新建文件的主视图中；整理成封闭图形，面域。

②旋转，成 06 螺杆左端面长至 172 处的阶梯轴实体。

③切换到左视轴测图，用建模工具栏中的螺旋线，画中间段矩形牙螺杆的螺旋线：底径、顶径均为 Ø18，圈高 4，螺旋高度 135－38＝97。

④在俯视轴测图中画出 2×2 矩形，面域；扫掠成 06 螺杆中间段矩形螺纹实体。

⑤把矩形螺纹实体移至螺杆中间段，差集。

⑥切换到左视轴测图在上一步螺杆实体右端面，用圆柱建模工具再画一段圆柱：长 210－172－30＝8，直径 Ø22；并集。

⑦再在上一步螺杆实体右端面用圆柱建模工具再画一段圆柱：长 30－22＝8，直径 Ø18。

⑧先画 Ø18 的外接圆，再画出圆的内接正方形，面域，拉伸 22；移动矩形实体，与上段长 30、直径 Ø18 的圆柱右端面处，并集。

⑨切换到东南轴测图，看螺杆的整体效果。

⑩切换到俯视轴测图，画上圆 Ø4，下圆 Ø3.56，高度距离 22，放样出 Ø4 圆锥销实体。

⑪把圆锥销实体移至上一步实体距左端面 172－163＝9 处，差集出圆锥销孔；完成 06 螺杆实体编辑部分，如图 11-18 所示。

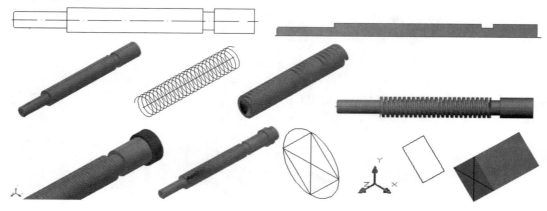

图 11-18　06 螺杆实体编辑

(6)03 活动钳身实体编辑部分：

①复制 03 主视图中视图，粘贴到新建文件的主视图中；取矩形部分，整理成封闭图形，面域；拉伸 24；继续整理外半圆 R40、倒角弧及它们的端点连线形成封闭图形，面域；拉伸 18。

②继续整理内半圆 R24、倒角弧及它们的端点连线形成封闭图形，面域；拉伸 28－18＝10。

③两个半圆柱上下叠加，中点对齐，并集；捕捉小半圆柱上表面边中点再移至方形体前上边中点。

④复制 2×2 的小方槽的斜边及定位线至方形体的左前棱边上，用菜单栏中的修改→三维操作→剖切，选三点剖切：分别点击斜线 2 的两端点和竖直棱边的垂线方向；分两次进行，分别选左、右斜线，把半圆柱剖掉左右两小块；并集方形体与剖切后的半圆柱叠加体。

⑤再次复制主视图中左右两个 2×2 小方槽的四条边及竖直棱边，面域两个 2×2 小方槽四条边组成的封闭图形，拉伸 24，与上面的并集后实体差集出斜方槽。

⑥比较一下没处理时的细节与处理过后的细节变化。

⑦画安装 04 螺钉的螺钉孔，头部 Ø28×8、杆部 Ø20×18，捕捉安装 04 螺钉的螺钉孔的圆柱上表面圆心移至上面的实体的上表面圆心处，与上面的实体差集出螺钉孔。

⑧画好安装钳口护口板的槽的宽度 7，高度距下底面 36－20＝16 的剖切线，分两次、选择三点剖切，剖切出安装钳口护口板的方槽；一座不要的实体，并删除；并集被剖开的实体；旋转 180°看另一侧的效果。

⑨复制俯视图中连接活动钳身与护口板的 2－M8，距离 40 的螺纹孔截面的一半，面域，旋转成实体。

⑩画三角螺纹的倒角后的小正三角形及螺旋线，扫掠成实体，与上面旋转成的实体差集。

⑪复制一份，两个定位尺寸 40，并集。

⑫复制一份，移至画好定位线 03 活动钳身处[定位尺寸长度方向(90－40)/2＝25，高度方向从安放钳口护口板的槽底往上画 11]，差集出与钳口护口板相连接的螺纹孔，完成 03 活动钳身实体编辑部分，如图 11-19所示。

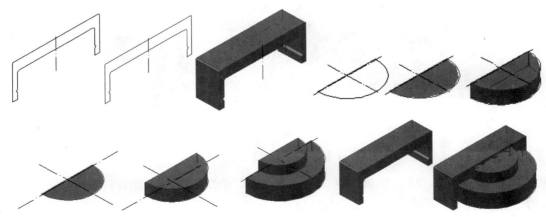

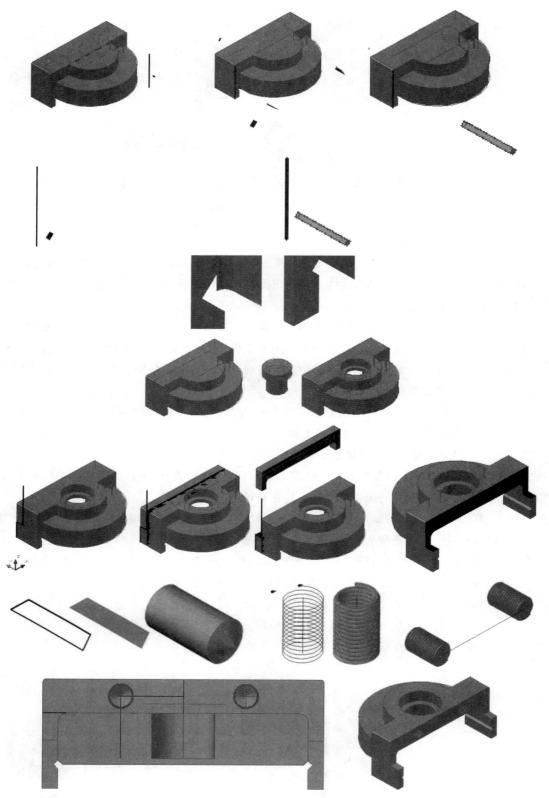

图 11-19　03 活动钳身实体编辑

（7）02 钳口护口板实体编辑部分：

①在左视图中画 80×22 的矩形，面域，拉伸 10，成为钳口护口板实体；复制钳口护口板零件图中的连接螺钉截面的一半封闭图形，面域，旋转成沉头螺钉孔圆柱实体。

②画螺纹实体的螺旋线:底径与顶径 Ø9,圈高 $H=1$,螺旋线总高 6;画三角牙型,面域,沿着螺旋线扫掠成螺纹实体;移至沉头螺钉孔圆柱实体处,并集。

③复制带螺纹的圆柱实体,两个距离 40,并集。

④捕捉钳口护口板高度中点,画好距离钳口护口板前端面定位线:$80-40=40,40/2=20$,移至钳口护口板实体处,差集出带螺纹孔的钳口护口板实体。

⑤定义 UCS,画出钳口护口板的表面挖的 V 形槽的截面图(三角形),面域;拉伸 100(取长些)。

⑥在护板端面大小的矩形上画顺时针和逆时针 45°,间距 4 网格定位线;复制一份 V 形槽实体(捕捉 V 形槽实体上表面三角形边中点)至第一个 45°线端点,以此复制。

⑦复制多份,并集;分别沿矩形边两个方向剖切并集后的 V 形槽实体。

⑧三维镜像出另一方向的 V 形槽实体,并集。

⑨用建模工具栏中圆柱工具画出圆柱,Ø17×1;移动到矩形上表面第一个螺钉孔圆心处,复制一个到第二个螺钉孔圆心处,先后差集出孔(螺钉孔处没有 V 形槽)。

⑩把所得实体移至护口板端面处,差集出槽(有利于增加摩擦力),完成 02 钳口护口板实体编辑部分,如图 11-20 所示。

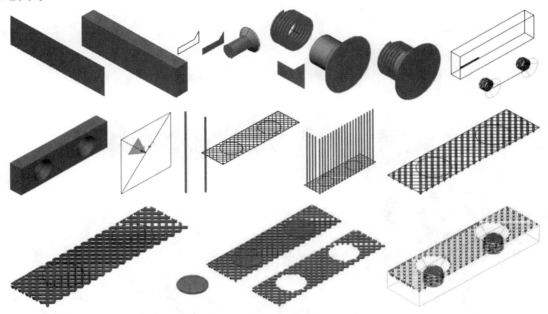

图 11-20　02 钳口护口板实体编辑

(8)01 固定钳身实体编辑部分:

①复制 01 固定钳身视图,粘贴到新建文件的俯视图中;整理第一部分,成封闭图形,面域;拉伸 14;并集。

②整理第二部分 Ø25 和 Ø11,成封闭图形,面域;Ø25 的拉伸 2,Ø11 的拉 $14-2=12$;并集;移至上一步实体中,差集出孔。

③整理第三部分(总长 $154-28=126$,右边离圆中心轴线 $75-28=47$,左边离圆中心轴 $126-47=79$;宽 80)成有倒角 R10 矩形封闭图形,面域,拉伸 30。

④整理第四部分(总长 115,右边离圆中心轴线 $75-28=47$,左边离圆中心轴 $115-47=68$;宽 46、28)成有倒角 R3 工字形封闭图形,面域,拉伸 20。

⑤整理第五部分(总长 115,右边离圆中心轴线 $75-28=47$,左边离圆中心轴 $115-47=68$;宽 46)成有倒角 R3 矩形封闭图形,面域,拉伸 10;第三部分先后与第四部分、第五部分差集出槽。

⑥切换到左视轴测图,定位上面实体的左端面中心点,画 Ø12×11 的圆柱,差集出圆通孔。

⑦整理第六部分(总长 28,右边离圆中心轴线 75,左边离圆中心轴线 47;长 $75-47=28$,宽 80)成有倒角

R10 矩形封闭图形，面域，拉伸 58。

⑧上面的两个实体并集。

⑨以实体右端上表面左边线为起点画安放钳口护口板的方形槽（长方体 8×80×20），差集。

⑩切换到右视轴测图，定位好头部 Ø26×2、穿螺杆段 Ø18×26(28－2＝26) 的安装孔位置线（离底面 15，前后的中间）；定位好间距 40、2－M8，螺纹长度 14、距离安装钳口护口板槽的底面 11 的螺纹孔位置线，画出截面的一半，面域，旋转成实体；画螺纹的螺旋线，扫掠成实体，并集；复制一份，再次并集；差集出螺纹孔。

⑪画好高 2、槽上表面宽 4、底面左边倒角 R0.5 的梯形，面域，拉伸 80，移至固定钳身实体处，差集出方槽。

⑫与两拱形实体并集，完成 01 固定钳身实体编辑，如图 11-21 所示。

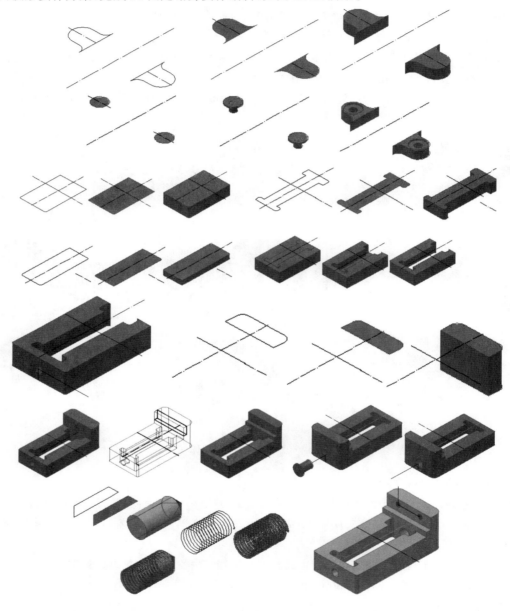

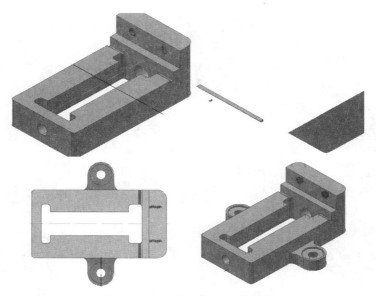

图 11-21　01 固定钳身实体编辑

（9）各部分实体装配：

①新建文件，切换到轴测图，复制 01 固定钳身实体，粘贴到当前位置。

②复制 07 方形螺母，粘贴到新建文件里，画好安装的定位线（从 01 固定钳身实体的左端面 Ø12 的安装螺杆的孔圆心向右画 79 长再向上画 33 的高），捕捉 07 方形螺母上表面圆心移动 07 方形螺母到指定的位置。

③复制 06 螺杆粘贴到新建文件里，画好安装的定位线（从 01 固定钳身实体的左端面 Ø12 的安装螺杆的孔圆心向右画 9+5+4＝18 长，也可长些，但最短的为 18，因为其中螺杆左端面到 05 圆环和定位销的中心轴线距离为 9，05 圆环的中心对称轴向右厚为总厚 10 的一半即为 5，05 圆环右端装垫圈，垫圈厚 4，垫圈紧贴着固定钳身 01 的左端面），捕捉 06 螺杆左端面圆心移动到指定的位置。

④复制 08 垫圈粘贴到新建文件里，捕捉垫圈右端面圆心，移动到固定钳身 01 的左端面 Ø12 的安装螺杆的孔圆心处。

⑤复制 05 圆环粘贴到新建文件里，捕捉圆环左端面圆心，移动到右边距离 06 螺杆的左端面圆心 9－(10/2)＝4 处。

⑥复制与 05 圆环实体同文件中的圆锥销实体粘贴到新建文件里，画好圆环的左右端面圆心连线，再捕捉连线的中点向上画 10 的高度线作为定位线，捕捉圆锥销的上端面圆心，移至定位处[Ø4 的圆锥销长度 22，锥度 1：50，所以小端直径为(4×50－22)/50＝Ø3.56]。

⑦复制 03 活动钳身实体粘贴到新建文件里，捕捉 03 活动钳身的上表面圆心移至安放 07 方块螺母时所画的定位高度线 33 的端点。

⑧复制 04 螺钉实体粘贴到新建文件里，捕捉 04 螺钉大头端 04 螺钉圆心移至安放 07 方块螺母时所画的定位高度线 33 的端点。

⑨复制 02 钳口护口板实体粘贴到新建文件里，镜像出另一个钳口护口板实体，一个装在 03 活动钳身右边，一个装在 01 固定钳身左边，钳口护口板具有 V 字槽的端面要相对。

⑩最后安装钳口护口板与固定钳身、钳口护口板与活动钳身连接的螺钉，共 4 个，完成装配图，如图 11-22 所示。

图 11-22　各部分实体装配

(10)剖开看效果,如图 11-23 所示。

图 11-23　机用虎钳实体编辑部分

11.2　生活中常见物件的 CAD 绘制

一、逼真南瓜

(1)画两个直径与高度均相等的一样的互相垂直的圆柱,交集,再三维环形阵列 3 个,并集。

(2)在前视图中画弧,切换到俯视图中画一大一小的圆,放样,选两个截面,输入选项 P(路径),回车,选弧线,放样出瓜把,与瓜身并集;对棱边倒圆角,圆角半径 R4,如图 11-24 所示。

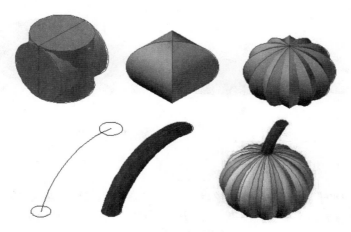

图 11-24　逼真南瓜实体编辑

二、放大镜模型的创建

　　放大镜主要是由镜框、镜片和手柄三个部分组成。这几个部分又恰好都是旋转体,也就是说,我们可以绘制出它们截面的一半,然后使用三维建模里的"旋转"命令,完成实体创建。

　　(1)先在主视图中画水平线作为旋转轴,只画出手柄的一半及镜片截面的四分之一,注意图中整条圆弧决定镜片的形状。

　　(2)创建镜框包边的截面,也就是矩形右下角的一小段圆弧,并适当修剪下圆弧。

　　(3)复制平面图形,修剪出三个封闭区域,创建成面域;首先面域手柄,旋转成实体。

　　(4)重复旋转命令,缺角的矩形面域;旋转为包框实体,旋转轴为竖直旋转轴;面域镜片,并绕右边同一条竖直轴旋转成实体。

　　(5)利用镜像命令,镜像出另一半镜框和镜片,各自并集,切换到主视图看效果。

　　(6)组装,基点选竖直轴的下端点对齐;渲染,如图 11-25 所示。

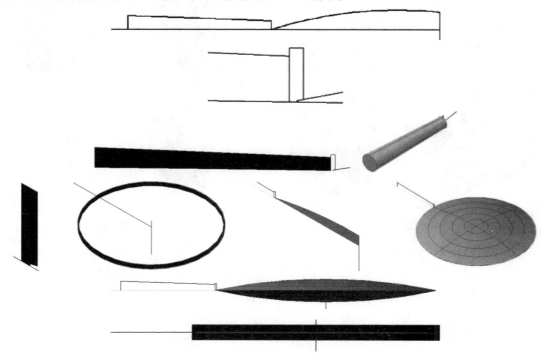

图 11-25　放大镜实体编辑

三、篮球画法

（1）画一个半径 40 的水平圆，连接四个相像点，并作一 45°半径；过半径端点作 X 轴垂线，得垂足。

（2）在正面以圆心为椭圆心作一个椭圆，短半轴为圆心到垂足长；长半轴比圆半径 40 略小，如 36。

（3）面域椭圆并拉伸，长比 40 略长些，如 50。

（4）以圆心为球心作一半径为 40 的球，并求椭圆柱与球的交集，并用修改工具栏中的分解工具炸开它，删除后面一块；对剩下球残片再次分解，得一空间曲线。

（5）删除椭圆，再画一半径 40 的侧平圆，用相交点把空间曲线打断，再以水平圆为分界，截断一半弧，得一小段弧。

（6）在水平面画一个半径 1 的水平圆，并以立体弧为路径扫掠为小管。

（7）把小管多次三维镜像，并删除原来第六步扫掠的管；再并集剩下的两段管即可；再次对并集的管三维镜像，然后再并集；再次三维镜像，然后并集成管网；

（8）以原来的圆心为圆心，以 40 为外径，以 1 为半径作侧面环和正面环，再和上面篮球管网并集。

（9）画一个以原来圆心为球心、半径 40 的枣红球，抽壳 2，复制一个备用。

（10）把其中一个球移至与球管网纹同圆心处，复制一个，一个求差集（球减去网纹，得带沟槽的球），一个求交集，得（内表面去除环的一半的）内表面平滑而外表面是环状凸起的网纹。

（11）最后把交集移至另一个差集的球上完成篮球制作，如图 11-26 所示。

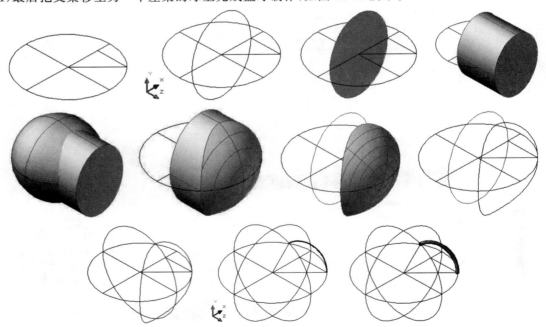

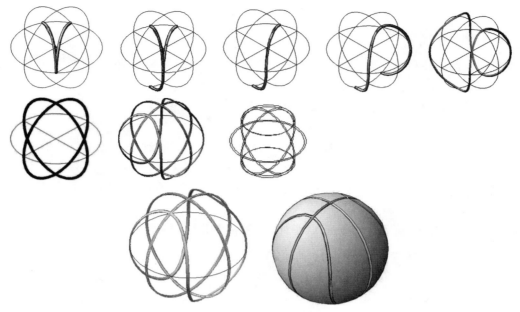

图 11-26　篮球实体编辑

四、灯　笼

（1）首先分别在西南轴测图和东南轴测图中绘制两个直径、高度均相等的圆柱 Ø40×40，并捕捉圆心，画出高度线；切换视觉样式，捕捉其中一个圆柱高度线的中心，移至另一个圆柱的高度线中心处；对两个圆柱体进行布尔运算，取交集。

（2）视图切换为俯视图；将得到的实体再复制两个，并以中心点为旋转基点，将其中的一个旋转 30°，另一个旋转 60°；利用夹点编辑，使三个实体完全重叠起来，体的中心点对到一起，对三个实体进行并集；视图切换成西南等轴侧看效果，并对得到的实体进行抽壳操作，指定的偏移距离 2 为灯笼的壁厚。

（3）接下来要对实体进行水平剖切：先将视图切换到前视图，对实体进行剖切，剖切点指定为合适高度水平直线的两个端点，保留侧为直线的下侧；切换到轴测图，先复制面；移动面；利用建模工具栏中"拉伸"，将此时的实体顶面拉伸 4 成实体；移回原位，如图 11-27 所示。

图 11-27　灯笼实体编辑

五、圆茶壶

（1）在主视图绘制转轴和壶身及壶嘴、壶盖曲线，用样条曲线绘制线条为壶把扫掠路径，将图形进行镜像。

（2）修剪整理；复制多份，各自面域旋转成实体，或扫掠成实体。

①壶盖面域，旋转；壶身面域，旋转；内壶胆面域，旋转。

②壶嘴面域，旋转；内壶嘴面域，旋转。

③壶身与壶嘴内胆差集出孔；壶嘴差集壶胆，减去多余突出部分，基点均选竖直转轴下端点。

④开洞的壶身和有切割的壶嘴并集，切换到主视图，斜切壶嘴。

⑤切换到俯视图中画一个小椭圆，扫掠出壶把，比例选 0.8；复制壶身内胆与壶把，壶把差集壶胆，切除多余部分。

（3）组装；看到壶盖过大，也可重做壶盖；赋予材质，渲染，如图 11-28 所示。

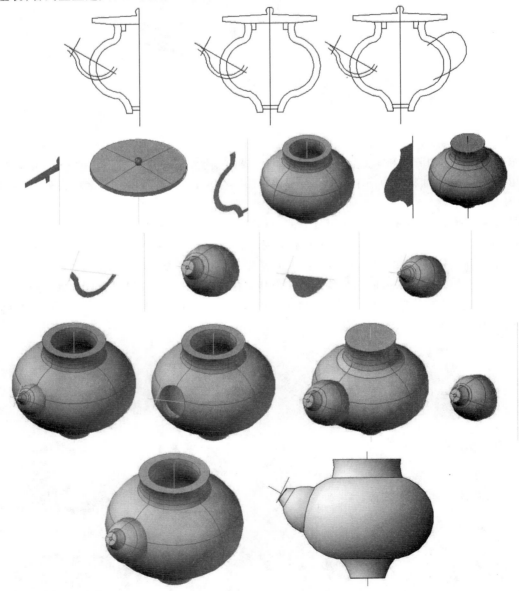

图 11-28　茶壶实体编辑

六、十字头螺丝刀三维模型的创建

(1)切换到俯视轴测图,画 R10 圆和小椭圆;修剪椭圆弧,阵列 6 个,面域;拉伸 65 成实体,然后三维旋转成平放;左侧面各边倒圆角 R0.5。

(2)在主视图中绘制螺丝刀(也称改锥)的锥身,面域、旋转。

(3)在主视轴测图切换成三维线框视觉样式,绘制 R1 长 14 的定位销,定位在 R6 圆柱段左端面右边 6 的地方;真实视觉样式下也看一下;木头手柄与锥身并集。

(4)在主视图绘制三角形;面域;先以自己三角形底边为旋转轴,旋转 30° 成实体;再以锥身水平轴线为阵列中心三维阵列 4 个,并集;移至锥尖处;用锥身差集它,形成有十字槽的螺丝刀头。

(5)看一下最后建模效果,如图 11-29 所示。

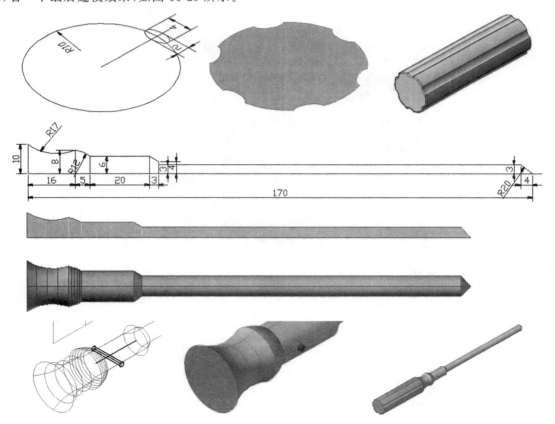

图 11-29　十字头螺丝刀实体编辑

上机考试题型：

1. 如图 11-30 所示，按给定的实体及尺寸绘制 1∶1 的三视图并标注。

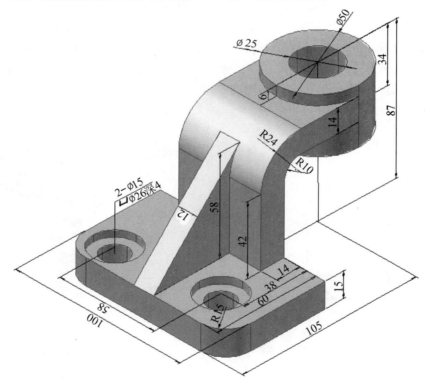

图 11-30　绘制三视图并标注

2. 如图 11-31 所示，根据实体绘制三视图并标注或实体编辑原图。

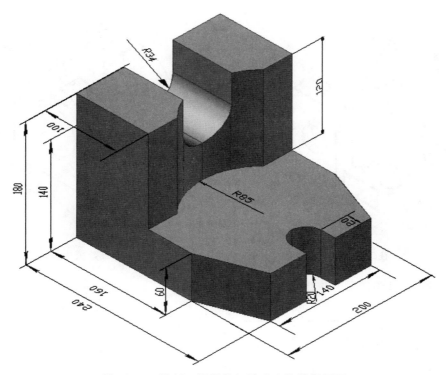

图 11-31　绘制三视图并标注或实体编辑原图

3. 如图 11-32 所示,根据二视图,抄绘二视图及尺寸标注,补画第三视图。

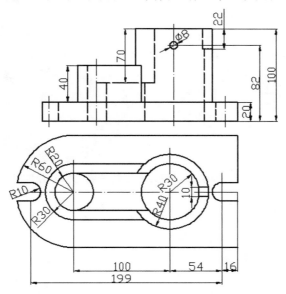

图 11-32　抄绘二视图并补画第三视图

4. 如图 11-33 所示,在二维平面内绘制轴测图。

5. 如图 11-34 所示,在三维建模中抄绘三维线框图。

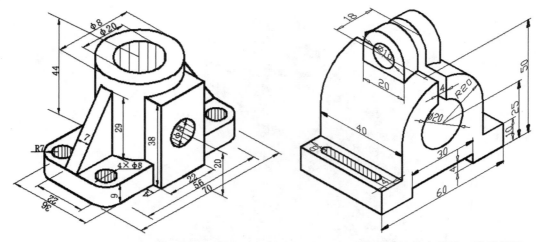

图 11-33　在二维平面内绘制轴测图　　　　　图 11-34　在三维建模中抄绘三维线框图

6. 如图 11-35 所示,抄绘二视图并补画第三视图或抄绘实体。

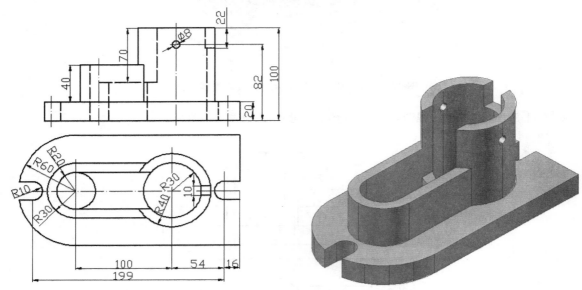

图 11-35　抄绘二视图并补画第三视图或抄绘实体

附　录

为了便于学生查阅,附录中的图、表均为标准的摘录。

一、常见零件结构要素

1. 倒圆、倒角形式(GB/T 6403.4—2008)

倒圆、倒角型式如图 A-1 所示,其尺寸系列值见表 A-1。

图 A-1　倒圆、倒角型式

注:α 一般采用 45°,也可采用 30°或 60°。倒角半径、倒角尺寸标注符合 GB/T 4458.4 的要求。

表 A-1　倒圆、倒角尺寸系列值　　　　　　　　　　　　　　　　　单位:mm

R、C	0.1	0.2	0.3	0.4	0.5	0.6	0.8	1.0	1.2	1.6	2.0	2.5	3.0
	4.0	5.0	6.0	8.0	10	12	16	20	25	32	40	50	—

2. 内角、外角分别为倒圆、倒角(倒角为 45°)的装配型式(GB/T 6403.4—2008)

内角、外角分别为倒圆、倒角(倒角为 45°)的装配型式如图 A-2 所示。R_1、C_1 的偏差为正,R、C 的偏差为负。

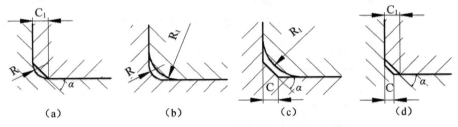

(a)　　　　　　　(b)　　　　　　　(c)　　　　　　　(d)

图 A-2　内角、外角分别为倒圆、倒角的装配图

R、R_1、C、C_1 的确定:

(1)内角倒圆,外角倒角时,$C_1 > R$,如图 A-2(a)所示。

(2)内角倒圆,外角倒圆时,$R_1 > R$,如图 A-2(b)所示。

(3)内角倒角,外角倒圆时,$C < 0.58R_1$,如图 A-2(c)所示。

(4)内角倒角,外角倒角时,$C_1 > C$,如图 A-2(d)所示。

注:上述关系装配时,内角与外角取值要适当,外角的倒圆或倒角过大会影响零件的工作面,内角的倒角或倒圆过小,会产生应力集中。

C_{max} 与 R_1 的关系见表 A-2，C 和 R 值见表 A-3。

表 A-2　内角倒角,外角倒圆时 C 的最大值 C_{max} 与 R_1 的关系　　　单位:mm

R_1	0.1	0.2	0.3	0.4	0.5	0.6	0.8	1.0	1.2	1.6	2.0
C_{max}	——	0.1	0.1	0.2	0.2	0.3	0.4	0.5	0.6	0.8	1.0
R_1	2.5	3.0	4.0	5.0	6.0	8.0	10	12	16	20	25
C_{max}	1.2	1.6	2.0	2.5	3.0	4.0	5.0	6.0	8.0	10	12

表 A-3　与直径 $\varnothing$ 相应的倒角 C、倒圆 R 的推荐值　　　单位:mm

$\varnothing$	<3	>3～5	>6～10	>10～18	>18～30	>30～50
C 或 R	0.2	0.4	0.6	0.8	1.0	1.6
$\varnothing$	>50～80	>80～120	>120～180	>180～250	>250～320	>320～400
C 或 R	2.0	2.5	3.0	4.0	5.0	6.0
$\varnothing$	>400～500	>500～630	>630～800	>800～1000	>1000～1250	>1250～1600
C 或 R	8.0	10	12	16	20	25

3. 砂轮越程槽(GB/T 6403.5—2008)

回转面及端面砂轮越程槽的型式如图 A-3 所示,其尺寸见表 A-4。

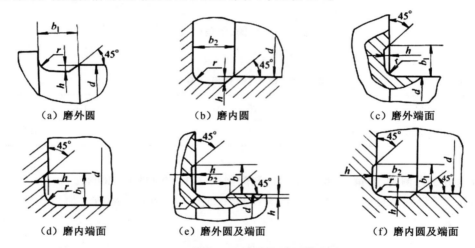

（a）磨外圆　　　（b）磨内圆　　　（c）磨外端面
（d）磨内端面　　　（e）磨外圆及端面　　　（f）磨内圆及端面
图 A-3　回转面及端面砂轮越程槽的型式

表 A-4　回转面及端面砂轮越程槽的尺寸　　　单位:mm

b_1	0.6	1.0	1.6	2.0	3.0	4.0	5.0	8.0	10
b_2	2.0	3.0		4.0		5.0		8.0	10
h	0.1	0.2		0.3		0.4	0.6	0.8	1.2
r	0.2	0.5		0.8		1.0	1.6	2.0	3.0
d		～10		>10～50		>50～100		>100	

注：①越程槽内两直线相交处,不允许产生尖角;②越程槽深度 h 与圆弧半径 r,应满足 $r \leqslant 3h$;③磨削具有数个直径的工件时,可使用同一规格的越程槽;④直径 d 值大的零件,允许选择小规格的砂轮越程槽;⑤砂轮越程槽的尺寸公差和表面结构要求根据该零件的结构、性能确定。

4. 普通螺纹收尾、肩距、退刀槽和倒角(GB/T 3—1997)

内外螺纹收尾、肩距、退刀槽的型式如图 A-4 至图 A-8 所示。内外螺纹收尾、肩距、退刀槽尺寸见表 A-5

至表 A-8。

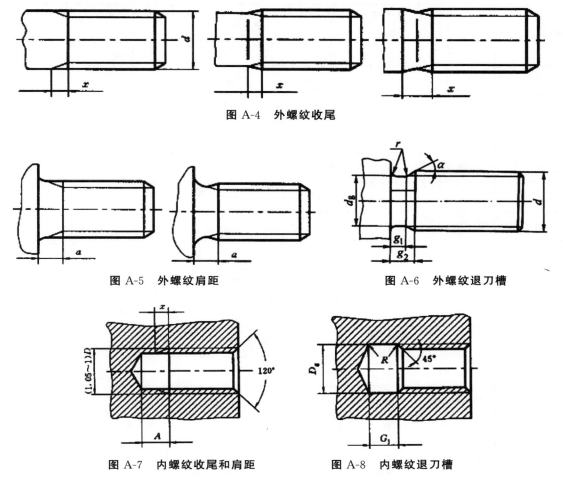

图 A-4　外螺纹收尾

图 A-5　外螺纹肩距　　　　　　　　图 A-6　外螺纹退刀槽

图 A-7　内螺纹收尾和肩距　　　　　图 A-8　内螺纹退刀槽

表 A-5　外螺纹的收尾和肩距　　　　　　　　　　　　　　　　　　mm

螺距 P	收尾 x		肩距 a		
	max		max		
	一般	短的	一般	长的	短的
0.2	0.5	0.25	0.6	0.8	0.4
0.25	0.6	0.3	0.75	1	0.5
0.3	0.75	0.4	0.9	1.2	0.6
0.35	0.9	0.45	1.05	1.4	0.7
0.4	1	0.5	1.2	1.6	0.8
0.45	1.1	0.6	1.35	1.8	0.9
0.5	1.25	0.7	1.5	2	1
0.6	1.5	0.75	1.8	2.4	1.2
0.7	1.75	0.9	2.1	2.8	1.4

螺距 P	收尾 x max		肩距 a max		
	一般	短的	一般	长的	短的
0.75	1.9	1	2.25	3	1.5
0.8	2	1	2.4	3.2	1.6
1	2.5	1.25	3.	4	2
1.25	3.2	1.6	4	5	2.5
1.5	3.8	1.9	4.5	6	3
1.75	1.3	2.2	5.3	7	3.5
2	5	2.5	6	8	4
2.5	6.3	3.2	7.5	10	5
3	7.5	3.8	9	12	6
3.5	9	4.5	10.5	14	7
4	10	5	12	16	8
4.5	11	5.5	13.5	18	9
5	12.5	6.3	15	20	10
5.5	14	7	16.5	22	11
6	15	7.5	18	24	12
参考值	≈2.5P	≈1.25P	≈3P	≈4P	=2P

注:应优先选用"一般"长度的收尾和肩距;容屑需要较大空间时可选用"长"肩距,结构限制时可选用"短"收尾。

表 A-6　外螺纹的退刀槽   mm

螺距 P	g_2 max	g_1 min	d_g	r ≈
0.25	0.75	0.4	$d-0.4$	0.12
0.3	0.9	0.5	$d-0.5$	0.16
0.35	1.05	0.6	$d-0.6$	0.16
0.4	1.2	0.6	$d-0.7$	0.2
0.45	1.35	0.7	$d-0.7$	0.2
0.5	1.5	0.8	$d-0.8$	0.2
0.6	1.8	0.9	$d-1$	0.4

螺距 P	g_2 max	g_1 min	d_g	r $\approx$
0.7	2.1	1.1	$d-1.1$	0.4
0.75	2.25	1.2	$d-1.2$	0.4
0.8	2.4	1.3	$d-1.3$	0.4
1	3	1.6	$d-1.6$	0.6
1.25	3.75	2	$d-2$	0.6
1.5	4.5	2.5	$d-2.3$	0.8
1.75	5.25	3	$d-2.6$	1
2	6	3.4	$d-3$	1
2.5	7.5	4.4	$d-3.6$	1.2
3	9	5.2	$d-4.4$	1.6
3.5	10.5	6.2	$d-5$	1.6
4	12	7	$d-5.7$	2
4.5	13.5	8	$d-6.4$	2.5
5	15	9	$d-7$	2.5
5.5	17.5	11	$d-7.7$	3.2
6	18	11	$d-8.3$	3.2
参考值	$\approx 3P$	—	—	—

注：①d 为螺纹公称直径代号；②d_g 公差为 h13（$d>3$ mm），h12（$d\leqslant3$ mm）。

表 A-7　内螺纹的收尾和肩距　　　　　　　　　　　　　　　　mm

螺距 P	收尾 x		肩距 a	
	一般	短的	一般	长的
0.2	0.8	0.4	1.2	1.6
0.25	1	0.5	1.5	2
0.3	1.2	0.6	1.8	2.4
0.35	1.4	0.7	2.2	2.8
0.4	1.6	0.8	2.5	3.2
0.45	1.8	0.9	2.8	3.6

螺距 P	收尾 x		肩距 a	
	一般	短的	一般	长的
0.5	2	1	3	4
0.6	2.4	1.2	3.2	4.8
0.7	2.8	1.4	3.5	5.6
0.75	3	1.5	3.8	6
0.8	3.2	1.6	4	6.4
1	4	2	5	8
1.25	5	2.5	6	10
1.5	6	3	7	12
1.75	7	3.5	9	14
2	8	4	10	16
2.5	10	5	12	18
3	12	6	14	22
3.5	14	7	16	24
4	16	8	18	26
4.5	18	9	21	29
5	20	10	23	32
5.5	22	11	25	35
6	24	12	28	38
参考值	$=4P$	$=2P$	$\approx 6-5P$	$\approx 8-6.5P$

注:应优先选用"一般"长度的收尾和肩距;容屑需要较大空间时可选用"长"肩距,结构限制时可选用"短"收尾。

表 A-8　内螺纹的退刀槽　　　　　　　　　　　　　　　　　　　　mm

螺距 P	G_1		D_g	R $\approx$
	一般	短的		
0.5	2	1		0.2
0.6	2.4	1.2		0.3
0.7	2.8	1.4	$D+0.3$	0.4
0.75	3	1.5		0.4
0.8	3.2	1.6		0.4

螺距 P	G_1		D_g	R
	一般	短的		$\approx$
1	4	2		0.5
1.25	5	2.5		0.6
1.5	6	3		0.8
1.75	7	3.5		0.9
2	8	4		1
2.5	10	5		1.2
3	12	6	$D+0.5$	1.5
3.5	14	7		1.8
4	16	8		2
4.5	18	9		2.2
5	20	10		2.5
5.5	22	11		2.8
6	24	12		3
参考值	$=4P$	$=2P$	—	$\approx 0.5P$

注:①"短"退刀槽仅在结构受限制时采用;②D_g公差为 H13;③D 为螺纹公称直径代号。

5. 紧固件通孔及沉头座尺寸

紧固件通孔及沉头座尺寸见表 A-9。

二、螺 纹

普通螺纹(GB/T 193—2003 和 GB/T 196—2003)基本尺寸如图 A-9 所示。

标记示例:

粗牙普通螺纹,公称直径 10 mm,右旋,中径公差带代号 5g,顶径公差带代号 6g,短旋合长度,外螺纹,其标记为 M10—5g6g—S。

细牙普通螺纹,公称直径 10 mm,螺距 1 mm,左旋,中径和顶径公差带代号都是 6H,中等旋合长度,内螺纹,其标记为 M10×1—6H—LH。

直径与螺距标准组合系列、基本尺寸见表 A-10。

表 A-9 紧固件通孔(摘自 GB/T 5277—1985)及沉头座尺寸(摘自 GB/T 152.2 至 152.4—1988)

mm

螺纹规格 d			2	2.5	3	4	5	6	8	10	12	14	16	18	20	22	24
通孔直径	精装配		2.2	2.7	3.2	4.3	5.3	6.4	8.4	10.5	13	15	17	19	21	23	25
	中等装配		2.4	2.9	3.4	4.5	5.5	6.6	9	11	13.5	15.5	17.5	20	22	24	26
	粗装配		2.6	3.1	3.6	4.8	5.8	7	10	12	14.5	16.5	18.5	21	24	26	28
六角头螺栓和螺母用沉孔 (GB/T 152.4-1988)	用于标准宽度对边六角头及六角螺母	d_2 (H15)	6	8	9	10	11	13	18	22	26	30	33	36	40	43	48
		d_3	—	—	—	—	—	—	—	—	16	18	20	22	24	26	28
		d_1 (H13)	2.4	2.9	3.4	4.5	5.5	6.6	9	11	13.5	15.5	17.5	20	22	24	26
圆柱头用沉孔 (GB/T 152.3-1988)	用于 GB/T 70	d_2 (H13)	4.3	5.0	6.0	8.0	10	11	15	18	20	24	26	—	33	—	40
		t (H13)	2.3	2.9	3.4	4.6	5.7	6.8	9	11	13	15	17.5	—	21.5	—	25.5
		d_3	—	—	—	—	—	—	—	—	16	18	20	—	24	—	28
	用于 GB/T 65 及 GB/T 67	d_1 (H13)	2.4	2.9	3.4	4.5	5.5	6.6	9	11	13.5	15.5	17.5	20	22	24	26
用于沉头及半沉头螺钉 (GB/T 152.2-2014)		d_2 (H13)	4.5	5.5	6.4	9.6	10.6	12.8	17.6	20.3	24.4	28.4	32.4	—	40.4	—	—
		$t\approx$	1.2	1.5	1.6	2.7	2.7	3.3	4.6	5	6	7	8	—	12.5	—	—
		d_1 (H13)	2.4	2.9	3.4	4.5	5.5	6.6	9	11	13.5	15.5	17.5	—	10	—	—

注:对于螺栓和螺母用沉孔的尺寸 t:只要能制出与通孔轴线垂直的圆平面即可,即刮平圆平面为止,常称锪平。表中尺寸 d_1,d_2,t 的公称带都是 H13。

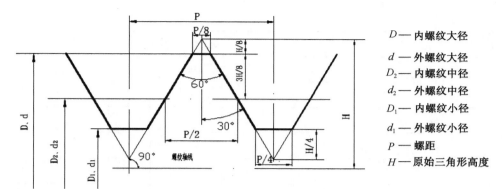

D — 内螺纹大径
d — 外螺纹大径
D_2 — 内螺纹中径
d_2 — 外螺纹中径
D_1 — 内螺纹小径
d_1 — 外螺纹小径
P — 螺距
H — 原始三角形高度

图 A-9　普通螺纹基本尺寸

表 A-10　直径与螺距标准组合系列、基本尺寸　　　　mm

公称直径 D、d			螺距 P													
第一系列	第二系列	第三系列	粗牙	细牙												
				8	6	4	3	2	1.5	1.25	1	0.75	0.5	0.35	0.25	0.2
1			0.25													0.2
	1.1		0.25													0.2
1.2			0.25													0.2
	1.4		0.3													0.2
1.6			0.35													0.2
	1.8		0.35													0.2
2			0.4												0.25	
	2.2		0.45												0.25	
2.5			0.45												0.35	
3			0.5												0.35	
	3.5		0.6												0.35	
4			0.7											0.5		
	4.5		0.75											0.5		
5			0.8											0.5		
		5.5												0.5		
6			1									0.75				
	7		1									0.75				
8			1.25								1	0.75				
		9	1.25								1	0.75				
10			1.5							1.25	1	0.75				
		11	1.5								1	0.75				

续表

公称直径 D、d				螺距 P												
第一系列	第二系列	第三系列	粗牙	细牙												
				8	6	4	3	2	1.5	1.25	1	0.75	0.5	0.35	0.25	0.2
12			1.75						1.5	1.25	1					
	14		2						1.5	1.25*	1					
		15							1.5		1					
16			2						1.5		1					
		17							1.5		1					
	18		2.5					2	1.5		1					
20			2.5					2	1.5		1					
	22		2.5					2	1.5		1					
24			3					2	1.5		1					
		25						2	1.5		1					
		26							1.5							
	27		3					2	1.5		1					
		28						2	1.5		1					
30			3.5				(3)	2	1.5		1					
		32						2	1.5							
	33		3.5				(3)	2	1.5							
		35**							1.5							

注:①优先选用第一系列,括号内的尺寸尽可能不用。②中径、顶径未入列。③M14×1.25 仅用于火花塞,M35×1.5 仅用于滚动轴承锁紧螺母。

三、常用紧固件

1. 螺栓

C 级六角头螺栓型式如图 A-10 所示,A 级和 B 级六角头螺栓如图 A-11 所示。

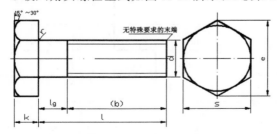
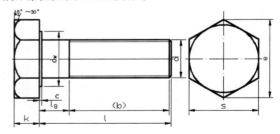

图 A-10　C 级六角头螺栓(GB/T 5780—2000)　　　图 A-11　A 级和 B 级六角头螺栓(GB/T 5782—2016)

标记示例:螺栓　GB/T 5782 M12×80:螺纹规格 d＝M12、公称长度 l＝80、性能等级8.8级、表面氧化、A 级的六角头螺栓。

A、B、C 级六角头螺栓的基本尺寸见表 A-11。

mm

表 A-11　A,B,C 级六角头螺栓的基本尺寸

螺纹规格 d		M3	M4	M5	M6	M8	M10	M12	M16	M20	M24	M30	M36	M42
$b_{参考}$	l≤125	12	14	16	18	22	26	30	38	46	54	66	—	—
	125<l≤200	18	20	22	24	28	32	36	44	52	60	72	84	96
	l>200	31	33	35	37	41	45	49	57	65	73	85	97	109
c		0.4	0.4	0.5	0.5	0.6	0.6	0.6	0.8	0.8	0.8	0.8	0.8	1
d_w	产品等级 A	4.57	5.88	6.88	8.88	11.63	14.63	16.63	22.49	28.19	33.61	—	—	—
	产品等级 B,C	4.45	5.74	6.74	8.74	11.47	14.47	16.47	22	27.7	33.25	42.75	51.11	59.95
e	产品等级 A	6.01	7.66	8.79	11.05	14.38	17.77	20.03	26.75	33.53	39.98	—	—	—
	产品等级 B,C	5.88	7.50	8.63	10.89	14.20	17.59	19.85	26.17	32.95	39.55	50.85	60.79	72.02
k	公称	2	2.8	3.5	4	5.3	6.4	7.5	10	12.5	15	18.7	22.5	26
r	公称	0.1	0.2	0.2	0.25	0.4	0.4	0.6	0.6	0.8	0.8	1	1	1.2
s	公称	5.5	7	8	10	13	16	18	24	30	36	46	55	65
l(商品规格范围)		20~30	25~40	25~50	30~60	40~80	45~100	50~120	65~160	80~200	90~240	110~300	140~360	160~440
l系列		12,16,20,25,30,35,40,45,50,55,60,65,70,80,90,100,110,120,130, 140,150,160,180,200,220,240,260,280,300,320,340,360,380,400, 420,440,460,480,500												

注:①A级用于d≤24和l≤10d 或≤150 的螺栓;B级用于 d>24和 l>150 的螺栓。
②螺纹规格 d 范围:GB/T 5780 为 M5~M64;GB/T 5782 为 M1.6~M64。
③公称长度范围:GB/T 5780 为 25~500;GB/T 5782 为 12~500。

2. 螺母

A 级和 B 级 I 型六角螺母(GB/T 6170—2000)型式如图 1-12 所示。

C 级 I 型六角螺母(GB/T 41—2000)型式如图 A-13 所示。

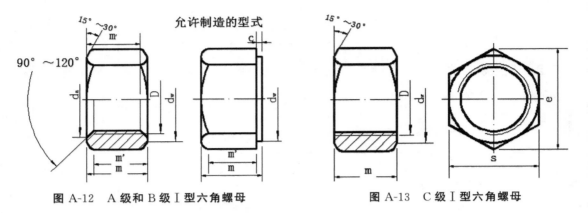

图 A-12　A 级和 B 级 I 型六角螺母　　　　　　图 A-13　C 级 I 型六角螺母

标记示例:

螺母 GB/T 41 M12(螺纹规格 D=M12、性能等级 5 级、不经表面处理、C 级的 I 型六角螺母)。

螺母 GB/T 6171 M24×2(螺纹规格 D=M24、公称长度 P×2、性能等级 10 级、不经表面处理、B 级的 I 型六角螺母)。

A、B、C 级 I 型六角螺田的基本尺寸见表 A-12。

表 A-12　A、B、C 级 I 型六角螺母的基本尺寸　　　　　　　　　　　　　mm

螺纹规格 D		M3	M4	M5	M6	M8	M10	M12	M14	M16	M20	M30	M36
e_{min}		6.01	7.66	8.79	11.05	14.38*	17.77	20.03	26.75	32.95	39.55	50.85	60.79
s	max	5.5	7	8	10	13	16	18	24	30	36	46	55
	min	5.32	6.78	7.78	9.78	12.73	15.73	17.73	23.67	29.16	35	45	53.8
c_{max}		0.4	0.4	0.5	0.5	0.6	0.6	0.6	0.8	0.8	0.8	0.8	0.8
d_{wmin}		4.6	5.9	6.9	8.9	11.6	14.6	16.6	22.5	27.7	33.2	42.7	51.1
d_{amx}		3.45	4.6	5.75	6.75	8.75	10.8	13	17.3	21.6	25.9	32.4	38.9
GB/T 6170—2015 m	max	2.4	3.2	4.7	5.2	6.8	8.4	10.8	14.8	18	21.5	25.6	31
	min	2.15	2.9	4.4	4.9	6.44	8.04	10.37	14.1	16.9	20.2	24.3	29.4
GB/T 6172.1—2016 m	max	1.8	2.2	2.7	3.2	4	5	6	8	10	12	15	18
	min	1.55	1.95	2.45	2.9	3.7	4.7	5.7	7.42	9.10	10.9	13.9	16.9
GB/T 6175—2016 m	max	—	—	5.1	5.7	7.5	9.3	12	16.4	20.3	23.9	28.6	34.7
	min	—	—	4.8	5.4	7.14	8.94	11.57	15.7	19	22.6	27.3	33.1

注:①GB/T 6170 和 GB/T 6172.1 的螺纹规格为 M1.6～M64;GB/T 6175 的螺纹规格为 M5～M36。

②A 级用于 D≤M16 的螺母;B 级用于 D>M16 的螺母;C 级用于 D≥M5 的螺母。

③螺纹公差:A、B 级为 6H;C 级为 7H。机械性能等级:A、B 级为 6.8;C 级为 4.5 级。

3. 双头螺柱

双头螺柱——$b_m=1d$（GB/T 897—1988），双头螺柱——$b_m=1.25d$（GB/T 898—1988），双头螺柱——$b_m=1.5d$（GB/T 899—1988），双头螺柱——$b_m=2d$（GB/T 900—1988）。

A、B 型双头螺栓型式分别如图 A-14 和图 A-15 所示。

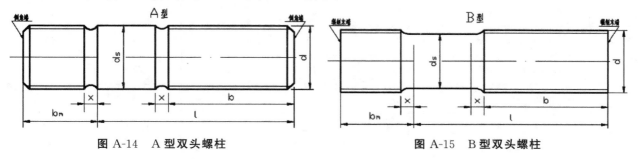

图 A-14　A 型双头螺柱　　　　　　　　　　图 A-15　B 型双头螺柱

标记示例：

两端均为粗牙普通螺纹，$d=10$ mm，$l=50$ mm，性能等级为 4.8 级、B 型、$b_m=1d$ 的双头螺柱的标记为螺柱 GB/T 897 M10×50。

旋入机体一端为粗牙普通螺纹，旋螺母一端为螺距 $P=1$ mm 的细牙普通螺纹，$d=10$ mm，$l=50$ mm，性能等级为 4.8 级、A 型、$b_m=1d$ 的双头螺柱的标记为螺柱 GB/T 897 AM10—M10×1×50。

旋入机体一端为过渡配合螺纹的第一种配合，旋螺母一端为粗牙普通螺纹，$d=10$ mm，$l=50$ mm，性能等级为 8.8 级、镀锌钝化、B 型、$b_m=1d$ 的双头螺柱的标记为螺柱 GB/T 897 GM10—M10×50—8.8—Zn.D。

双头螺栓的基本尺寸见表 A-13。

表 A-13　双头螺栓的基本尺寸　　　　　　　　　　　　　　　　mm

螺纹规格 d		M5	M6	M8	M10	M12	M16
b_m	GB/T 897—1998	5	6	8	10	12	16
	GB/T 898—1998	6	8	10	12	15	20
	GB/T 899—1988	8	10	12	15	18	24
	GB/T 900—1988	10	12	16	20	24	32
d_s		5	6	8	10	12	16
x		1.5P	1.5P	1.5P	1.5P	1.5P	1.5P
$\dfrac{l}{b}3$		$\dfrac{16\sim12}{10}$ $\dfrac{25\sim50}{16}$	$\dfrac{20\sim22}{10}$ $\dfrac{25\sim30}{14}$ $\dfrac{32\sim75}{16}$	$\dfrac{20\sim22}{10}$ $\dfrac{25\sim30}{16}$ $\dfrac{32\sim90}{22}$	$\dfrac{25\sim28}{14}$ $\dfrac{30\sim38}{16}$ $\dfrac{40\sim120}{26}$ $\dfrac{130}{32}$	$\dfrac{25\sim30}{16}$ $\dfrac{32\sim40}{20}$ $\dfrac{45\sim120}{30}$ $\dfrac{130\sim180}{36}$	$\dfrac{30\sim38}{20}$ $\dfrac{40\sim55}{30}$ $\dfrac{60\sim120}{38}$ $\dfrac{130\sim200}{44}$

续表

螺纹规格 d		M20	M24	M30	M36	M42
b_m	GB/T 897—1998	20	24	30	36	42
	GB/T 898—1998	25	30	38	45	52
	GB/T 899—1988	30	36	45	54	65
	GB/T 900—1988	40	48	60	72	84
d_s		20	24	30	36	42
x		1.5P	1.5P	1.5P	1.5P	1.5P
$\dfrac{l}{b}$③		$\dfrac{35\sim40}{25}$ $\dfrac{45\sim65}{35}$ $\dfrac{70\sim120}{46}$ $\dfrac{130\sim200}{52}$	$\dfrac{45\sim50}{30}$ $\dfrac{55\sim75}{45}$ $\dfrac{80\sim120}{54}$ $\dfrac{130\sim200}{60}$	$\dfrac{60\sim65}{40}$ $\dfrac{70\sim90}{50}$ $\dfrac{95\sim120}{60}$ $\dfrac{130\sim200}{72}$ $\dfrac{210\sim250}{85}$	$\dfrac{65\sim75}{45}$ $\dfrac{80\sim110}{60}$ $\dfrac{120}{78}$ $\dfrac{130\sim200}{84}$ $\dfrac{210\sim300}{91}$	$\dfrac{65\sim80}{50}$ $\dfrac{85\sim110}{70}$ $\dfrac{120}{90}$ $\dfrac{130\sim200}{96}$ $\dfrac{210\sim300}{109}$
l 系列		16,(18),20,(22),25,(28),30,(32),35,(38),40,45,50,(55),60,(65),70, (75),80,(85),90,(95),100,110,120,130,140,150,160,170,180,190,200, 210,220,230,240,250,260,280,300				

注:①P 是粗牙螺纹的螺距。

②尽可能不用括号内的规格,末端按 GB/T 2—2001 规定。

③$b_m=1d$ 一般用于钢对钢,$b_m=(1.25d\sim1.5d)$ 一般用于钢对铸铁,$b_m=1.5d$ 一般用于钢对铝合金。

4. 螺钉

螺钉的三种型式如图 A-16～图 A-18 所示。

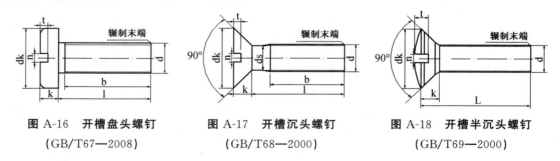

图 A-16　开槽盘头螺钉　　　图 A-17　开槽沉头螺钉　　　图 A-18　开槽半沉头螺钉
　（GB/T67—2008）　　　　　（GB/T68—2000）　　　　　（GB/T69—2000）

注意:无螺纹部分杆径≈中径=螺纹大径。

标记示例:

螺纹规格 $d=$M5,公称长度 $l=$20mm,性能等级为 4.8 级,不经表面处理的开槽沉头螺钉,其标记为　螺钉 GB/T 68 M5×20。

螺钉的基本尺寸见表 A-14。

表 A-14　螺钉的基本尺寸

螺纹规格 d	P	n	n 公称	f GB/T 69	r_f GB/T 69	k_{max} GB/T 67	k_{max} GB/T 68 GB/69	d_{max} GB/T 67	d_{max} GB/68 /69	t_{min} GB/T 67	t_{min} GB/T 68	t_{min} GB/T 69	l 范围 GB/T 67	l 范围 GB/T 68 GB/T 69	全螺纹时最大长度 GB/T 67	全螺纹时最大长度 GB/T 68 GB/T 69
M2	0.4	25	0.5	4	0.5	1.3	1.2	4	3.8	0.5	0.4	0.8	2.5~20	3~20	30	30
M3	0.5		0.8	6	0.7	1.8	1.6	5.6	5.5	0.7	0.6	1.2	4~30	5~30		
M4	0.7		1.2	9.5	1	2.4	2.7	8	8.4	1	1	1.6	5~40	6~40		
M5	0.8	38		9.5	1.2	3	2.7	9.5	9.3	1.2	1.1	2	6~50	8~50		
M6	1		1.2	12	1.4	3.6	3.3	12	12	1.4	1.2	2.4	8~60	8~60	40	45
M8	1.25		2	16.5	2	4.8	4.65	16	16	1.9	1.8	3.2	10~80	10~80		
M10	1.5		2.5	19.5	2.3	6	5	20	20	2.4	2	3.8	10~80	10~80		

l 系列　2,2.5,3,4,5,6,8,10,12,(14),16,20~50(5 进位),(55),60,(65),70,(75),80　机械性能等级:4.8,5.8。产品等级:A。

注:螺纹公差:6g。机械性能等级:4.8,5.8。产品等级:A。

5. 紧定螺钉

紧定螺钉的三种型式如图 A-19～图 A-21 所示。

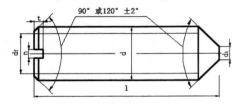

图 A-19　开槽锥端紧定螺钉
(GB/T 71—1985)

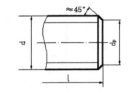

图 A-20　开槽平端紧定螺钉
(GB/T 73—1985)

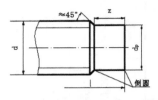

图 A-21　开槽长圆柱端紧定螺钉
(摘自 GB/T 75—1985)

标记示例：螺纹规格 $d=$ M8，公称长度 $l=20$ mm，性能等级为 14H 级，表面氧化的开槽长圆柱端紧定螺钉，其标记为螺钉 GB/T 75 M8×20。

紧定螺钉的基本尺寸见表 A-15。

表 A-15　紧定螺钉的基本尺寸　　　　　　　　　　　　　　　mm

螺纹规格 d	P	d_f	d_{max}	$d_{p\,max}$	n 公称	t_{max}	x_{max}	l 范围		
								GB/T 71	GB/T 73	GB/T 76
M2	0.4		0.2	1	0.25	0.84	1.25	3～10	210	310
M3	0.5		0.3	2	0.4	1.05	1.75	416	316	516
M4	0.7		0.4	2.5	0.6	1.42	2.25	620	420	620
M5	0.8	螺纹小径	0.5	3.5	0.8	1.63	2.75	826	525	825
M6	1		1.5	4	1	2	3.25	830	630	830
M8	1.25		2	5.5	1.2	2.5	4.3	1040	840	1040
M10	1.5		2.5	7	1.6	3	5.3	1250	1050	1250
M12	1.75		3	8.5	2	3.6	6.3	1460	1260	1460
l 系列	2、2.5、3、4、5、6、8、10、12、(14)、16、20～50(5 进位)、(55)、60、(65)、70、(75)、80									

注：螺纹公差：6g。机械性能等级：14H、22H。产品等级：A。

6. 内六角圆柱头螺钉(GB/T 70.1—2000)

内六角圆柱头螺钉型式如图 A-22 所示。

标记示例：螺钉 GB/T 70.1 M5×20：螺纹规格 $d=\varnothing5$，$l=20$，性能等级为 8.8 级，表面氧化的内六角圆柱头螺钉。

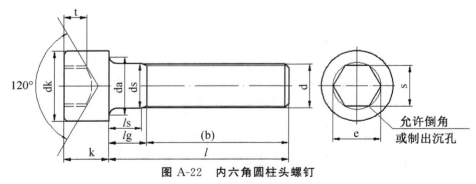

图 A-22　内六角圆柱头螺钉

内六角圆柱头螺栓基本尺寸见表 A-16。

表 A-16　内六角圆柱头螺钉的基本尺寸

螺纹规格 d	M4	M5	M6	M8	M10	M12	M(14)	M16	M20	M24	M30	M36
螺距 P	0.7	0.8	1	1.25	1.5	1.75	2	2	2.5	3	3.5	4
$b_{参考}$	20	22	24	28	32	36	40	44	52	60	72	84
d_k max 光滑头部	7	8.5	10	13	16	18	21	24	30	36	45	54
d_k max 滚花头部	7.22	8.72	10.22	13.27	16.27	18.27	21.33	24.33	30.33	36.39	45.39	54.46
k_{max}	4	5	6	8	10	12	14	16	20	24	30	36
l_{min}	2	2.5	3	4	5	6	7	8	10	12	15.5	19
$S_{公称}$	3	4	5	6	8	10	12	14	17	19	22	27
e_{min}	3.44	4.58	5.72	6.86	9.15	11.43	13.72	16	19.44	21.73	25.15	30.35
$d_{s\,max}$	4	5	6	8	10	12	14	16	20	24	30	36
$I_{范围}$	6~40	8~50	10~60	12~80	16~100	20~120	25~140	25~160	30~200	40~200	45~200	55~200
全螺纹时最大长度	25	25	30	35	40	45	55	55	65	80	90	100
$l_{系列}$	6,8,10,12,(14),(16),20~50(5进位),(55),60,(65),70~160(10进位)180,200											

注:①尽可能不采用括号内的规格;末端按 GB/T 2—2001 规定。
　　②机械性能等级:8.8、12.9 级。
　　③螺纹公差:机械性能等级 8.8 级时为 6g,12.9 级时为 5g、6g。
　　④产品等级:A。

7. 垫圈

垫圈有 A 级小垫圈（GB/T 848—2002）、A 级平垫圈（GB/T 97.1—2002）、A 级倒角型平垫圈（GB/T 97.2—2002）、C 级平垫圈（GB/T 95—2002）、A 级大垫圈（GB/T 96.1—2002）、C 级特大垫圈（GB/T 5287—2002）。垫圈型式如图 A-23 所示。

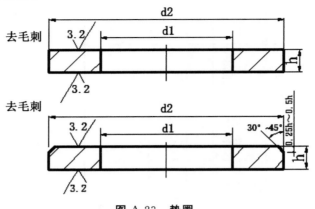

图 A-23　垫圈

标记示例：

垫圈 GB/T 95—85 8—100HV（标准系列、公称直径 d ＝ Ø8、性能等级为 100HV 级、不经表面处理的平垫圈）。

垫圈 GB/T 97.2—85 8—A140（标准系列、公称直径 d ＝ Ø8、性能等级为 A140 级、倒角型、不经表面处理的平垫圈）。

垫圈的基本尺寸见表 A-17。

表 A-17　垫圈的基本尺寸　　　　　　　　　　　　　　　　　mm

公称规格（螺纹大径 d）		1.6	2	2.5	3	4	5	6	8	10	12	14	16	20	24	30	36
d_1	GB/T 848 GB/T 97.1	1.7	2.2	2.7	3.2	4.3	5.3	6.4	8.4	10.5	13	15	17	21	25	31	37
	GB/T 97.2	—	—	—	—	—	5.3	6.4	8.4	10.5	13	15	17	21	25	31	37
d_2	GB/T 848	3.5	4.5	5	6	8	9	11	15	18	20	24	28	34	39	50	60
	GB/T 97.1	4	5	6	7	9	10	12	16	20	24	28	30	37	44	56	66
	GB/T 97.2	—	—	—	—	—	10	12	16	20	24	28	30	37	44	56	66
h	GB/T 848 GB/T 97.1	0.3	0.3	0.5	0.5	0.8	1	1.6	1.6	2	2.5	2.5	3	3	4	4	5
	GB/T 97.2	—	—	—	—	—	1	1.6	1.6	2	2.5	2.5	3	3	4	4	5

注：①A 级垫圈适用于精装配系列，C 级适用于中等装配系列。

　　②C 级垫圈没有 Ra3.2 和去毛刺的要求。

　　③GB/T 848—2002 主要用于圆柱头螺钉，其他用于标准的六角螺栓、螺母和螺钉。

8. 弹簧垫圈

标准型、轻型弹簧垫圈型式分别如图 A-24 和图 A-25 所示。

标记示例：规格 16、材料为 65Mn、表面氧化的标准型弹簧垫圈：垫圈 GB/T 93 16。

弹簧垫圈的基本尺寸见表 A-18。

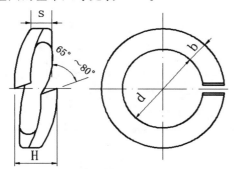

图 A-24　标准型弹簧垫圈(GB/T 93—1987)

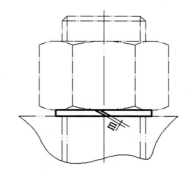

图 A-25　轻型弹簧垫圈(GB/T 859—1987)

表 A-18　弹簧垫圈的基本尺寸　　　　　　　　　　　　　　　　　　　mm

规格 （螺纹大径）	4	5	6	8	10	12	16	20	24	30	36	42	48
d_{1min}	4.1	5.1	6.1	8.1	4.2	12.2	16.2	20.2	24.5	30.5	36.5	42.5	48.5
$S=b_公$	1.1	1.3	1.6	2.1	2.6	3.1	4.1	5	6	7.5	9	10.5	12
$m\leqslant$	0.55	0.65	0.8	1.05	1.3	1.55	2.05	2.5	3	3.75	4.5	5.25	6
H_{max}	2.75	3.25	4	5.25	6.5	7.75	10.25	12.5	15	18.75	22.5	26.25	30

注：m 应大于零。

四、常用键与销

1. 销

(1)圆柱销：其型式如图 A-26 所示。

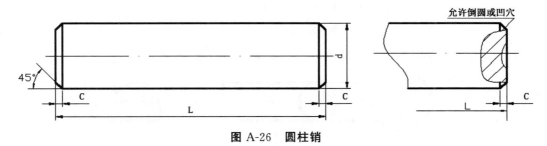

图 A-26　圆柱销

标记示例：

销 GB/T 119.1 6m6×30(公称直径为 $d=\varnothing6$、公差 m6、公称长度 $l=30$、不经表面处理的圆柱销)。

销 GB/T 119.1 10m6×30－A1(公称直径为 $d=\varnothing10$、公差 m6、公称长度 $l=30$、材料为 A1 组奥氏体不锈钢、表面简单处理的圆柱销)。

圆柱销的基本尺寸见表 A-19。

d（公称）m6/h8	2	3	4	5	6	8	10	12	16	20	25
c≈	0.35	0.5	0.65	0.8	1.2	1.6	2	2.5	3	3.5	4
$l_{范围}$	6～20	8～30	8～40	10～50	12～60	14～80	18～95	22～140	26～180	35～200	50～200
$l_{系列}$	2、3、4、5、6～32（2 进位）、35～100（5 进位）、120～200（按 20 递增）										

（2）圆锥销（GB/T 117—2000）：其有 A 型与 B 型，分别如图 A-27 和图 A-28 所示。

标记示例：公称直径 $d=10$ mm，长度 $l=60$ mm，材料为 35 钢、热处理硬度 28～38HRC，表面氧化处理的圆锥销，标记为销 GB/T 117 10×60。

圆锥销的基本尺寸见表 A-20。

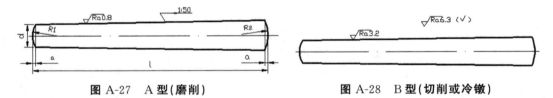

图 A-27　A 型（磨削）　　　　　　　　　图 A-28　B 型（切削或冷镦）

表 A-20　圆锥销的基本尺寸　　　　　　　　　　　　　　mm

d 公称	2	2.5	3	4	5	6	8	10	12	16	20	25
a≈	0.25	0.3	0.4	0.5	0.63	0.8	1.0	1.2	1.6	2.0	2.5	3.0
$l_{范围}$	10～35	10～35	12～46	14～55	18～60	22～90	22～120	26～160	32～180	40～200	45～200	50～200
$l_{系列}$	2、3、4、5、6～32（2 进位）、35～100（5 进位）、120～200（20 进位）											

（3）开口销（GB/T 91—2000）：其型式如图 A-29 所示。

允许制造的形式

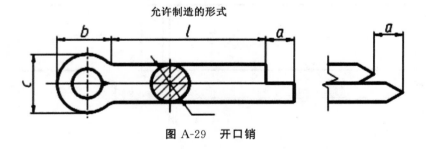

图 A-29　开口销

标记示例：公称直径 $d=5$ mm，长度 $l=50$ mm，材料为低碳钢、不经表面处理的开口销，其标记为销 GB/T 91 5×50。

开口销的基本尺寸见表 A-21。

表 A-21　开口销的基本尺寸　　　　　　　　　　　　　　　　　　　　mm

	公称	0.8	1	1.2	1.6	2	2.5	3.2	4	5	6.3	8	10	12
d	max	0.7	0.9	1	1.4	1.8	2.3	2.9	3.7	4.6	5.9	7.5	9.5	11.4
	min	0.6	0.8	0.9	1.3	1.7	2.1	2.7	3.5	4.4	5.7	7.3	9.3	11.1
c_{max}		1.4	1.8	2	2.8	3.6	4.6	5.8	7.4	9.2	11.8	15	19	24.8
b		2.4	3	3	3.2	4	5	6.4	8	10	12.6	16	20	26
a_{max}		1.6			2.5			3.2		4				6.3	
$l_{范围}$		5~16	6~20	8~26	8~32	10~40	12~50	14~65	18~80	22~100	30~120	40~160	45~200	70~200
$l_{系列}$		4、5、6~32(2 进位)、36、40~100(5 进位)、120~200(20 进位)													

注:销孔的公称直径等于 d 公称,d_{min}≤销的直径≤d_{max}。

2.键

(1)普通平键型式尺寸(GB/T 1096—2003),如图 A-30~图 A-32 所示。

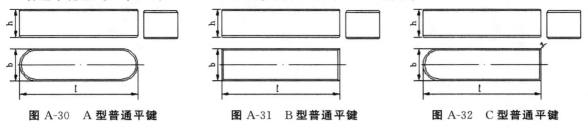

图 A-30　A 型普通平键　　　　图 A-31　B 型普通平键　　　　图 A-32　C 型普通平键

标记示例:

普通 A 型平键、b=18 mm、h=11 mm、L=100 mm,其标记为 GB/T 1096 键 18×11×100。

普通 B 型平键、b=18 mm、h=11 mm、L=100 mm,其标记为 GB/T 1096 键 B 18×11×100。

普通 C 型平键、b=18 mm、h=11 mm、L=100 mm,其标记为 GB/T 1096 键 C 18×11×100。

(2)平键和键槽的剖面尺寸(GB/T 1095—2003)。轴、键、轮毂配合图如图 A-33 所示,其基本尺寸见表 A-22。

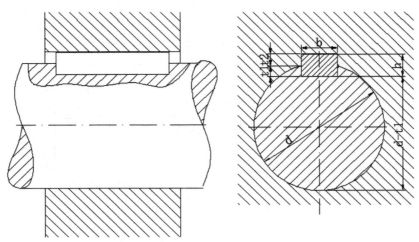

图 A-33　轴、键、轮毂配合图

mm

表 A-22 轴、键、键槽的基本尺寸

轴	键		键槽											
公称直径 d	公称尺寸 b×h	长度 L	宽度 公称尺寸 b	极限偏差 较松键连接 轴 H9	极限偏差 较松键连接 毂 D10	极限偏差 一般键连接 轴 N9	极限偏差 一般键连接 毂 JS9	极限偏差 较紧键连接 轴和毂 P9	深度 轴 t₁ 基本尺寸	深度 轴 t₁ 极限偏差	深度 毂 t₂ 基本尺寸	深度 毂 t₂ 极限偏差	半径 r 最小	半径 r 最大
>10~12	4×4	8~45	4	+0.030 / 0	+0.078 / +0.030	0 / −0.030	±0.015	−0.012 / −0.042	2.5	+0.10	1.8	+0.1 / 0	0.080	0.16
>12~17	5×5	10~56	5	+0.030 / 0	+0.078 / +0.030	0 / −0.030	±0.015	−0.012 / −0.042	3.0	+0.10	2.3	+0.1 / 0	0.080	0.16
>17~22	6×6	14~70	6	+0.030 / 0	+0.078 / +0.030	0 / −0.030	±0.015	−0.012 / −0.042	3.5	+0.10	2.8	+0.1 / 0	0.16	0.25
>22~30	8×7	18~90	8	+0.036 / 0	+0.098 / +0.040	0 / −0.036	±0.018	−0.015 / −0.051	4.0	+0.20	3.3	+0.20	0.16	0.25
>30~38	10×8	22~110	10	+0.036 / 0	+0.098 / +0.040	0 / −0.036	±0.018	−0.015 / −0.051	5.0	+0.20	3.3	+0.20	0.16	0.25
>38~44	12×8	28~140	12	+0.043 / 0	+0.120 / +0.050	0 / −0.043	±0.0215	−0.018 / −0.061	5.0	+0.20	3.3	+0.20	0.25	0.40
>44~50	14×9	36~160	14	+0.043 / 0	+0.120 / +0.050	0 / −0.043	±0.0215	−0.018 / −0.061	5.5	+0.20	3.8	+0.20	0.25	0.40
>50~58	16×10	45~180	16	+0.043 / 0	+0.120 / +0.050	0 / −0.043	±0.0215	−0.018 / −0.061	6.0	+0.20	4.3	+0.20	0.25	0.40
>58~65	18×11	50~200	18	+0.043 / 0	+0.120 / +0.050	0 / −0.043	±0.0215	−0.018 / −0.061	7.0	+0.20	4.4	+0.20	0.25	0.40
>65~75	20×12	56~220	20	+0.052 / 0	+0.149 / +0.065	0 / −0.052	±0.026	−0.022 / −0.074	7.5	+0.20	4.9	+0.20	0.40	0.60
>75~85	22×14	63~250	22	+0.052 / 0	+0.149 / +0.065	0 / −0.052	±0.026	−0.022 / −0.074	9.0	+0.20	5.4	+0.20	0.40	0.60
>85~95	25×14	70~280	25	+0.052 / 0	+0.149 / +0.065	0 / −0.052	±0.026	−0.022 / −0.074	9.0	+0.20	5.4	+0.20	0.40	0.60
>95~110	28×16	80~320	28	+0.052 / 0	+0.149 / +0.065	0 / −0.052	±0.026	−0.022 / −0.074	10.0	+0.20	6.4	+0.20	0.40	0.60

注：①$(d-t_1)$和$(d+t_2)$两组合尺寸的极限偏差值按相应的 t_1 和 t_2 的极限偏差选取，但$(d-t_1)$极限偏差应取符号$(-)$。
②轴的直径不在本标准所列，仅供参考。

参考文献

[1]《机械制图》国家标准工作组.机械制图新旧标准代换教程[M].北京:中国标准出版社,2003.

[2]李学京.机械制图和技术制图国家标准学用指南[M].北京:中国标准出版社,2013.

[3]刘力.机械制图[M].2版.北京:高等教育出版社,2004(2011.5重印).

[4]秦志峰,齐月静,胡仁喜,等.AutoCAD 2005机械设计及实例解析[M].北京:机械工业出版社,2005.

[5]唐克中,郑镁.画法几何及工程制图[M].北京:高等教育出版社,2017.

[6]许亮,刘海琼.机械制图习题集[M].北京:北京航空航天大学出版社,2007.

[7]余强,付新伟.中文版AutoCAD机械零件绘制技巧与典型实例[M].北京:人民邮电出版社,2004.